普通高等教育网络空间安全系列教材

匿名通信与暗网

谭庆丰　时金桥　王学宾　编著

科学出版社

北京

内 容 简 介

本书重点介绍匿名通信与暗网，内容涵盖匿名通信基本理论、关键技术、典型匿名通信系统工作原理，以及暗网的工作原理、实现机理，阐述暗网空间测绘研究内容、关键技术、暗网建模和理论分析等前沿研究问题。内容涉及当前匿名通信研究领域各个方面的热点问题。主要内容包括：匿名通信基本概念、实现机理、匿名表示和度量等基础知识；Tor、I2P 等典型匿名通信系统及其可访问性技术；暗网以及暗网空间测绘；匿名追踪等。本书理论联系实际、图文结合，书中的内容既涵盖了当前匿名通信技术的前沿研究工作，又有大量实际的应用实例可供参考，对于全面了解和掌握网络空间通信隐私保护的基本方法和关键技术具有重要的指导意义。

本书可作为计算机、通信和网络空间安全等专业匿名通信与暗网方向的本科高年级及研究生的教材或参考书，也可作为研究人员、工程技术和技术管理人员了解和掌握匿名通信一般方法与关键技术的参考手册。

图书在版编目(CIP)数据

匿名通信与暗网/谭庆丰，时金桥，王学宾编著. —北京：科学出版社，2019.9

普通高等教育网络空间安全系列教材

ISBN 978-7-03-061495-7

I. ①匿… II. ①谭… ②时… ③王… III. ①通信保密-高等学校-教材 IV. ①TN918

中国版本图书馆 CIP 数据核字 (2019) 第 109261 号

责任编辑：潘斯斯 / 责任校对：杜子昂

责任印制：赵 博 / 封面设计：迷底书装

科学出版社 出版

北京东黄城根北街 16 号

邮政编码：100717

http://www.sciencep.com

固安县铭成印刷有限公司印刷

科学出版社发行 各地新华书店经销

*

2019 年 9 月第 一 版 开本：787 × 1092 1/16

2025 年 1 月第五次印刷 印张：12 1/4

字数：275 000

定价：59.00 元

(如有印装质量问题，我社负责调换)

序

近年来，有关暗网上承载各种网络犯罪信息的新闻报道屡屡出现，匿名通信网络与暗网日益引起人们的广泛关注。然而，到底什么是暗网？匿名通信网络和普通的通信网络有什么不同？由于缺少全面、系统的介绍，这些问题并没有得到有效解答，这使得人们对匿名通信与暗网产生了很多片面甚至错误的理解，有人认为那些没有权限而不能访问的网站就是暗网，甚至有的互联网专家认为那些没有域名而需要直接用 IP 地址访问的网站就是暗网。在他们看来，任何访问都需要 IP 地址，既然能访问到那个网站，当然就得知道 IP 地址所在，这是网络协议所决定的。有这种想法的人，是因为不理解还存在这样的网络访问，其信息的传递是靠中间节点逐跳从网站传递到访问者手里的，所以访问者确实不知道要访问的网站在哪里。为了解释清楚这方面的问题，就需要有一本专业的书籍来详细阐述这方面的原理。

事实上，匿名通信是一项重要的隐私保护技术，是网络空间安全领域的经典研究问题，其研究可以追溯到 20 世纪 80 年代初期，著名密码学家 David Chaum 提出的不可追踪的电子邮件系统方案。在此后的几十年中，围绕这个专门领域，相关学者开展了大量的研究，并将研究成果推向实际应用，催生了我们今天所知道的 Tor、I2P 等匿名通信网络以及架构其上的各类暗网服务。匿名通信与暗网发展至今，已经成为一个涉及密码技术、分布式系统、网络测量与行为分析、信息内容安全、网络攻防对抗、网络安全评估以及安全经济学等多个技术领域的综合性、系统性研究方向。

该书作为国内少有的匿名通信与暗网领域的教材，针对匿名通信与暗网的基本理论、关键技术、工作原理、应用系统等进行了全面、系统的介绍，内容覆盖基础知识、发展历史、研究现状、热点问题及前沿技术等。相信该书的出版，会为匿名通信与暗网领域的技术研究人员了解和掌握网络通信隐私保护的基本方法、关键技术提供全面指导，也会为网络空间安全相关管理者开展暗网空间治理提供重要参考依据。

2019 年 5 月

前　　言

随着互联网的发展，互联网的通信隐私问题越来越受到人们的关注，然而，我国还没有一本全面、系统地介绍匿名通信与暗网的教材；本书重点聚焦通信隐私的重要研究领域，如匿名通信基础理论、典型应用系统及可访问性技术、暗网及其暗网空间测绘、匿名追踪等。本书从基本思想、关键技术以及典型应用等多个层次进行系统化介绍，全书内容涵盖匿名通信基本理论、关键技术，典型匿名通信系统工作原理、实现机制、通信协议，系统阐述当前匿名通信系统的可访问性研究问题以及匿名网络跨域追踪的基本方法和关键技术。此外，本书还介绍典型暗网的工作原理、实现机理，阐述暗网空间测绘研究内容、关键技术、暗网建模和理论分析等前沿研究问题。本书既包含匿名通信的基础理论、关键技术，也体现了最新的研究成果。

本书在编写过程中，主要参考了国内外已发表的研究论文，总结归纳其中最新的研究思路、方法和关键技术问题。此外，本书作者在匿名通信方向有十余年的研究积累，本书也是作者研究工作的总结。本书适合网络空间安全教学与研究的特点，注重问题导向，强调理论和实践相结合。本书取材新颖、内容丰富、重点突出、富有启发性、图文结合、便于教学与自学。

本书由谭庆丰、时金桥、王学宾编著，具体分工如下：广州大学谭庆丰编写第 1 章、第 2 章、第 5 章、第 6 章。北京邮电大学时金桥编写第 4 章，中国科学院信息工程研究所王学宾编写第 3 章，全书由谭庆丰统稿。此外，中国科学院信息工程研究所高悦、陈牧谦、赵璨、王美琪等帮助收集整理资料并撰写了部分章节的内容。这里向他们及本书所列参考文献的作者，还有为本书出版给予热心支持和帮助的朋友们，表示衷心的感谢。

出版一本优秀的、特色鲜明的、适合网络空间安全教学和研究的教材，使广大学子受益是作者追求的目标。但受作者水平所限，本书难免存在不足之处，恳请读者给予批评指正。

谭庆丰

2019 年 1 月

目 录

第 1 章　匿名通信基础知识

1.1　基本概念、分类及其安全问题

Internet(互联网) 的飞速发展给整个社会带来了日新月异的变化，促进了社会的不断进步。如今的 Internet 已经成为人们获取和发布信息的重要渠道之一。然而，Internet 的普及在为人们的日常生活带来便利的同时，也引发了信息的安全 (security) 和隐私 (privacy) 问题。

隐私是现代社会的一项基本权利。在现实社会中，人们对个人隐私问题有了很好的定义与理解，也存在各种法律或技术手段保护个人隐私。然而，作为人们日常网络行为的平台，Internet 本身并不提供隐私保护。这是因为 Internet 在其设计初期主要是面向科研用户，没有隐私保护的需求，而这种缺乏隐私保护的现状也一直延续至今。

隐私指的是用户控制个人信息的能力。隐私并不意味着不向任何人泄露个人信息，而是意味着用户有能力决定泄露什么信息、泄露给什么人。匿名是人们对 Internet 上隐私保护的一种最常见的需求。匿名是一种用户身份信息的隐私，在互联网环境下，身份信息并不仅仅指用户的真实姓名，还包括电子邮件或 IP 地址等其他信息。如今，随着互联网应用日益深入人们的日常生活，匿名已经成为人们在互联网平台上进行信息获取和交流的一种基本需求。这主要体现在如下三个方面。

(1) 对敏感或个人事务的讨论。举例来说，很多网络用户期望在互联网上进行有关疾病、性、酗酒或滥用药品等私密问题的在线咨询 (e-consultancy) 或治疗的过程中可以保持匿名。网络用户在使用电子银行 (e-banking) 或者电子商务 (e-commerce) 系统时也不期望泄露支付者的身份信息。在电子拍卖系统 (e-auctions) 的运行过程中，也有必要隐蔽竞拍者的身份信息。此外，在一些军事或情报部门的通信过程中，也有保持通信者身份匿名的需求。

(2) 信息检索。网络用户通常期望在搜索信息时能保持匿名。举例来说，当公司雇员在检索竞争公司的职位信息时，很明显他不期望自己的身份泄露。另外，当消费者浏览电子商务网站检索关心的商品信息时，也期望能够保持匿名。用户担心如果网站拥有者能获取他的身份信息 (如电子邮件)，可能会给他发送大量商品广告之类的垃圾邮件。

(3) 调查或选举。在网络上参加调查或者电子选举 (e-voting) 的过程中，参与者期待保持自己身份的匿名，这也是这类活动的一项基本需求。

上述三个方面并不能完全概括网络用户对个人身份信息隐私的需求。在某些特定的环境中，用户在进行 Web 浏览 (web browsing) 以及发送电子邮件 (E-mail)、进行即时通信 (immediate communicating)、使用网络存储 (network storage) 或网络发布 (web publishing) 系统时也需要保持匿名。由此可见，Internet 上对于匿名的需求无处不在。同现实社会中一样，匿名已经成为 Internet 用户的一项基本需求。

然而，当前 Internet 上的匿名保护现状不容乐观。首先，现有的互联网是基于 TCP/IP 协议簇，在互联网设计之初，并没有充分考虑到网络安全性问题尤其是用户的隐私保护需

求。攻击者不仅可以清楚直接地看到通信的内容，还可以非常容易地观察到整个通信过程，包括通信行为本身以及通信主体 (发送者和接收者) 的位置信息。因而在技术层面上缺乏对网络用户的匿名保护。例如，在应用层，通过分析用户访问 Web 网站的 HTTP 数据流，可以了解用户访问哪些网站；通过分析 SMTP 或 POP3 协议的收发邮件的数据流，可以了解用户与哪些人进行邮件通信等。在网络层，分析 IP 报文的源地址、目的地址信息、TCP 报文的端口信息等，可以了解用户在使用哪些网络服务，并且可以通过在 ISP 上安装跟踪软件，将 IP 地址信息映射到具体的地理位置。尽管一些网络加密协议如 SSL 等增加了攻击者对网络数据报文解密的计算复杂度，使攻击者很难获取通信过程中传递的信息内容，但攻击者通过分析通信过程中传输的数据报文的个数、长度、频率、时间等信息，仍然可以获取通信者的身份信息、网络行为特征或通信参与者之间的对应关系，从而破坏个人隐私。另外，出于利益的考虑，Internet 用户的个人隐私可能受到来自个人、企业甚至国家的威胁。其中，非法窃听者可以通过搭线监听、无线截取等手段窃听网络上的数据包并进行统计与分析，进而推断网络上的通信关系，获取感兴趣的信息。企业的网络管理者则可以通过监视出口路由器或在主机上安装监听软件等方式跟踪和检查内部员工的个人通信行为，目标是发现侵害企业利益的行为。而斯诺登爆料的大量信息则向全世界人民揭示了网络监控无处不在，无论大国政要还是普通市民，个人通信时刻有可能受到情报部门的监控，个人隐私根本无法得到保证。

面对 Internet 上如此严峻的隐私保护现状，网络用户对此表示了极大的担忧，缺乏隐私保护已经成为妨碍 Internet 的发展与互联网应用普及的重要原因之一。在这种背景下，以保护用户通信行为隐私为目的的匿名通信技术得到了各方越来越多的关注。在互联网发展初期，人们通过网络代理，或者匿名代理绕过互联网监视和审查，如 Anonymizer.com 和 Zero Knowledge 等提供匿名的 Web 浏览，通过加密 HTTP 请求来保护用户的隐私，然而这种匿名代理的方式存在单点失效问题，基于加密的通信，内容虽不可见，但是不能够保证用户的匿名性，此外其加密连接的通信行为会引起审查者怀疑，甚至有些组织会对所有的加密连接进行直接过滤。此后，为了保护互联网用户的通信内容及其用户行为隐私，Chaum 于 1981 年首次提出了 Mix(消息混合) 技术和匿名通信的概念。在随后的三十余年中，根据 Mix 技术原理催生了大量的匿名通信系统，如 Tor、JAP、I2P 等，这些系统在互联网上得到了普及和应用，成为保护网民在线通信隐私的主要工具之一。

综上所述，随着 Internet 日益深入地应用于人们的日常生活，人们对使用网络过程中的信息安全及个人隐私提出了更高的要求。网络匿名作为一种特殊的隐私保护需求，在互联网应用中广泛存在，需求迫切。匿名通信技术是保护网络通信隐私的一种主要技术手段，已经成为人们的关注热点。

本章首先给出匿名的定义及相关概念，接着介绍匿名的描述与衡量方法，然后阐述匿名的实现机制及应用，最后对匿名通信技术的攻击方法以及对抗措施进行阐述。

1.1.1　基本概念

1. *匿名*

英文中表示匿名的单词 anonymous 来源于希腊词干 ονιμα(onyma，name，名字) 加上一

个前缀 α-(a-，表示缺少某种属性)。因此匿名 (anonymity) 可以被理解为无名的或者缺少标识的状态。

对于通信系统中的匿名问题，不同的组织 (如 ISO 等) 及学者有着不同的理解。本书给出的匿名相关定义来自于德国学者 Pfitzmann 等提出的匿名与隐私研究领域的术语提案，这份提案最早出现于 PET 2000 国际会议并经过不断扩充完善。目前，这是网络匿名通信研究领域最广泛接受的匿名定义方法。

定义 1.1 匿名

在一组对象的集合 (即匿名集合，anonymity set) 中不可识别的状态。

“对象”指的是一个可能的行动实体 (acting entity)，如一个自然人或者一台计算机。匿名集合指的是“所有可能的对象构成的集合”。一个消息的发送者只有在可能的发送者构成的集合中才是匿名的，这个集合就是他的发送者匿名集合 (sender anonymity set)，可能是全世界中时时刻刻所有的消息发送者构成的集合的一个子集。同理，一个接收者只有在其接收者匿名集合 (receiver anonymity set) 中才是匿名的。匿名集合中的成员以及每个成员的概率大小是依赖于攻击者知识的，因此匿名集合是因攻击者而异的。匿名集合可以用来反映匿名性的强弱。匿名集合越大，匿名集合中每个对象可能成为攻击者关注项目 (Item of Interest, IOI) 的概率越平均，匿名性越强。并且，随着攻击者知识的变化，匿名集合是可能发生变化的。

因此，匿名集合的大小可以用来评价匿名性的强弱，匿名集合的变化可以用来衡量攻击者对匿名系统的攻击效果。匿名集合的概念非常重要。现有的针对匿名通信机制的设计与匿名性的评价的研究绝大部分都是基于匿名集合的概念提出的，因此，理解匿名集合的概念是理解网络匿名通信技术的基础。

2. 匿名与不可关联性及不可观察性的关系

不可关联性 (unlinkability) 和不可观察性 (unobservability) 是与匿名紧密相关的概念，理解它们有助于对匿名及相关实现机制有更深入的认识。

不可关联性适用于系统中的任意对象 (如实体、消息、行为等)。两个或多个对象是不可关联的，意味着从攻击者的角度来看，对象的相关性并不随着攻击者的观察而发生变化。即对攻击者来说，拥有先验知识 (攻击运行前) 与后验知识 (攻击运行后) 对于确定对象间的关联没有任何帮助。举例来说，如果攻击者在攻击前和攻击后认为两条消息是由同一个发送者发送的概率保持不变，则这两条消息是不可关联的，攻击后两条消息相关的概率无论增加还是减少，都代表着攻击是成功的，两条消息是不具备不可关联性的。匿名可以定义为攻击者关注项目和任意对象的不可关联性。类似地，发送者匿名可以定义为一个具体的消息不可关联到任何一个发送者，且对于一个具体的发送者来说，没有消息是可以与之关联的。接收者匿名可以定义为一个具体的消息不可关联到任何一个接收者，且对于一个具体的接收者来说，没有消息是可以与之关联的。

不可观察性保护的是攻击者关注项目本身。攻击者关注项目的不可观察性指的是攻击者关注项目同其他关注项目之间是不可区分的，这意味着消息和“随机噪声”是不可区分的。不可观察性可以保证用户在第三方无法察觉的情况下使用资源或服务，保证其他用户或对象无法确定一个操作是否正在进行。对于一个相同的攻击者来说，不可观察性所泄露的信息仅是匿名泄露信息的真子集。

不可观察性可以通过以下两种方式实现：① 无论 IOI 是否存在，攻击者无法观察到代理 (agents) 的任何消息或 IOI。② 与 IOI 相关的其他代理的匿名性与该 IOI 相关的其他代理相同。例如，所有代理同时通过网络发送相同大小的消息。不可观察性与匿名性的关系：

$$\text{Unobservability} \Rightarrow \text{Anonymity}$$
$$\text{Anonymity} + \text{Dummy Traffic} \Rightarrow \text{Unobservability}$$

不可观察性是匿名性的充分条件，但不是必要条件。例如，发送者是不可观察的，意味着发送者肯定是匿名的，这是因为既然攻击者无法观察到这个发送者是否发送了消息，那么必然无法将发送者同任何消息进行关联。但是不可观察性的破坏不一定导致匿名被破坏。例如，在某种情况下，攻击者可能观察到发送者集合中有人发送消息，但是他仍然无法确定是哪个人发送了消息。掩护消息是一种常用的实现不可观察性的技术，这种技术也经常应用到匿名通信领域的研究中。此外，信息隐藏 (steganography) 与扩频 (spread spectrum) 技术是另外两种不可观察实现机制。

3. 通信系统中的匿名问题

在通信系统中，匿名一般可以分为三种类型：发送者匿名 (sender anonymity)、接收者匿名 (receiver anonymity)、通信关系匿名 (relationship anonymity)。匿名通信基础设施如图 1.1 所示。其中发送者匿名保护发送者的身份信息不会泄露给攻击者，接收者匿名保护消息的接收者身份信息不会泄露给攻击者，而通信关系匿名则保证攻击者无法确定谁在与谁进行通信。在这三种类型中，发送者匿名与接收者匿名要强于通信关系匿名，有如下的关系：

$$\text{发送者匿名} \Rightarrow \text{通信关系匿名}$$
$$\text{接收者匿名} \Rightarrow \text{通信关系匿名}$$

攻击者可能会推测出谁发送了哪条消息以及谁接收了哪条消息，但是无法将发送的消息与接收的消息对应起来，从而无法获得发送者与接收者之间的通信关系。发送者匿名或接收者匿名的情况下一定是通信关系匿名的，但是通信关系匿名的前提下发送者或接收者不一定是匿名的。例如，在某些情况下虽然发送者与接收者之间的通信关系是匿名的，但是通信双方却知道对方的身份。通信关系匿名中通信参与者相互匿名这种情况称为互匿名 (mutual anonymity)。这种情况是通信关系匿名的一种特例，不仅攻击者无法确定谁与谁进行通信，通信参与者也无法了解对方的身份信息。某些应用系统存在着对互匿名的需求，例如，在点对点系统中，通信节点之间交换信息时需要隐藏各自的身份。

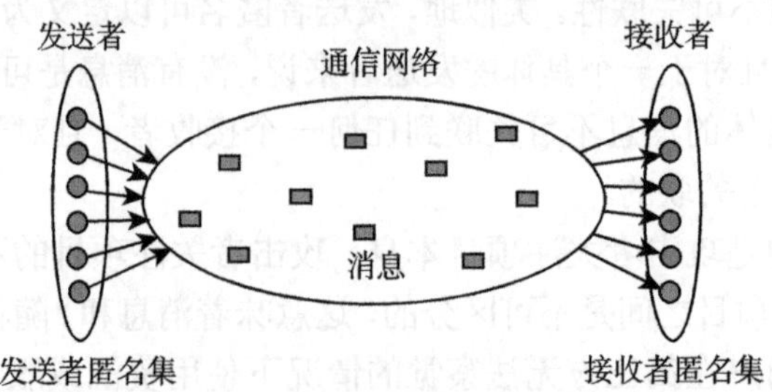

图 1.1　匿名通信基础设施

Dingledine 等在 Free Haven 分布式匿名文件存储项目研究过程中将通信过程细化，针对文件存储过程中参与的角色及动作分别定义其匿名问题，主要包括作者匿名、发布者匿名、读者匿名、服务器匿名、文档匿名以及查询匿名。

1.1.2 分类

1. *基于保护层面的分类*

从匿名保护的层面来看，匿名可以分为数据匿名 (data anonymity) 和连接匿名 (connection anonymity)。数据匿名指的是在数据通信过程中过滤掉可能泄露个人身份信息的数据，如 Cookie 等，而连接匿名指的是在通信过程中网络连接本身不泄露身份信息，攻击者不会通过流量分析 (traffic analysis) 来破坏匿名保护。

2. *基于理论基础的分类*

从匿名实现机制的基本原理来看，通信系统中的匿名可以分为两类：计算匿名和信息理论匿名。其中，计算匿名的基本假设是攻击者拥有的计算能力不足以破解匿名通信协议，而基于信息理论的匿名则依赖于无限计算能力都不可破解的问题。著名的 DC-Net 匿名通信协议就是依赖于不可破解的“密码学家晚餐问题”。

3. *基于匿名属性的分类*

(1) 发送者匿名：一个特定的消息不会与任何一个发送者联系起来，而对于一个特定的发送者来说，任何消息都是无联系的，见图 1.2。

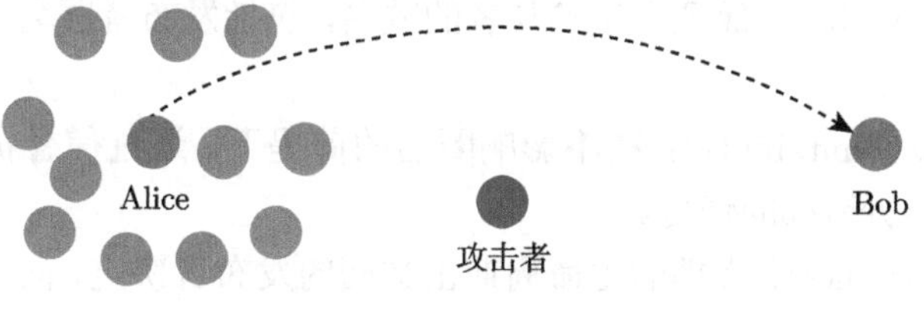

图 1.2 发送者匿名

(2) 接收者匿名：一个特定的消息不会与任何一个接收者联系起来，而对于一个特定的接收者来说，任何消息都是无联系的，见图 1.3。

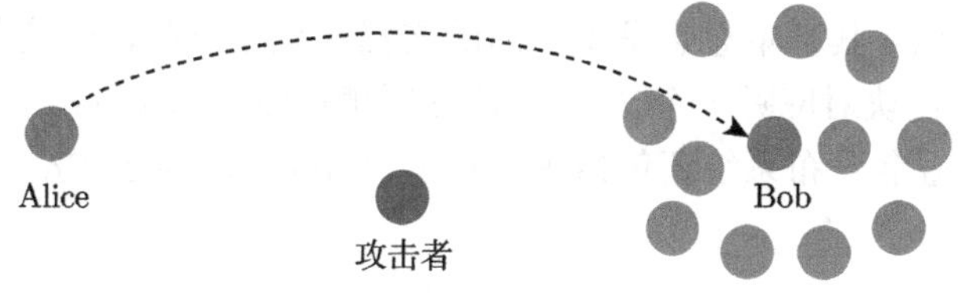

图 1.3 接收者匿名

(3) 通信关系匿名：发送者与接收者 (多播的情况下的多个接收者) 是无联系的，通信关系匿名相对于发送者匿名与接收者匿名比较弱，它所提供的属性是谁发送哪条消息以及谁接收哪条消息是可以追踪到的，但是却无法追踪谁与谁进行通信，见图 1.4。

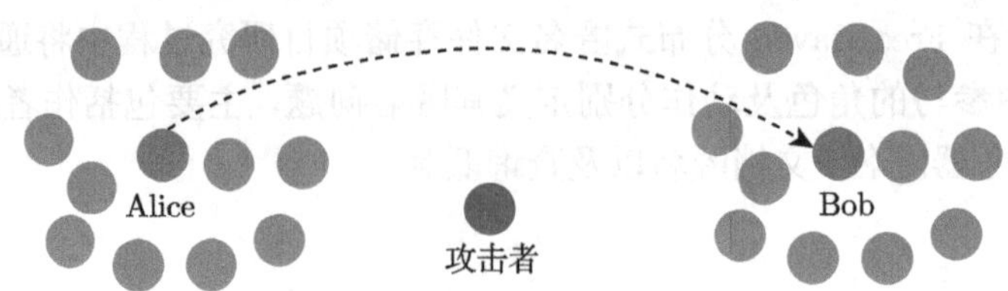

图 1.4　通信关系匿名

4. 基于应用场景的分类

(1) 匿名邮件系统。电子邮件系统是匿名技术的主要应用之一。除了下面介绍的 0 型到 III型匿名邮件系统外，IBM 瑞士苏黎世研究实验室开发的匿名邮件系统 Babel 也是一个非常典型的系统。Babel 基于 Chaum MIX 思想，采用洋葱消息结构与报文填充技术，并同时支持匿名发送与匿名回复。Babel 系统中的主要贡献就是讨论了针对 MIX 的 $n-1$ 攻击问题，并提出绕路传输的抵御措施。

(2) 匿名连接系统。匿名技术的另一大应用为匿名连接系统，目标是为 Internet 上的 Web 浏览、Telnet、Rlogin 等应用提供支持。除了下面将介绍的 WebMixes 系统、洋葱路由 (onion-routing) 系统、Tor 系统外，典型系统还包括 Freedom 系统、点对点的 MorphMix 系统、Tarzan 等。

(3) 匿名存储与发布。匿名存储系统的目标是建立保护参与者匿名的文件存储系统。Free Haven 系统的目标是建立一个分布的、匿名的、持久的数据存储空间，具体目标主要包括如下几点。

① 匿名性 (anonymity)：保证系统参与者的匿名，包括发布者匿名、读者匿名以及存储文档的服务器匿名。

② 可问责性 (accountability)：在不影响匿名的前提下，通过信誉机制以及微支付系统来最小化恶意服务器所造成的伤害。

③ 持久性 (persistence)：文档的生命周期由文档的发布者决定，而不是由文档的存储服务器决定。

④ 灵活性 (flexibility)：节点可以动态地加入或退出。

匿名发布系统除了保护参与者的身份信息外，还经常以对抗监查 (censorship-resistant) 为目标，以防止强力机构进行内容监查并强制删除文档，限制言论自由。Tangler 系统是一种分布式的匿名发布系统，其基本思想是将不同的文档交织在一起，形成大小相等的文档块。强力机构无法确定文档块对应哪一个文件，如果强行删除某一文档块，则可能造成所有的文档毁坏。其他典型的匿名发布系统还包括 Eternity、Publius、TAZ&Rewebber 等。

1.1.3　匿名滥用

匿名通信及其暗网，如 Tor、I2P 和 Freenet 等，在为 Internet 用户提供高级别的隐私保护的同时，会常常用于网络犯罪，如传播儿童色情信息、从事极端政治和宗教等反社会活动、散布网络谣言、实施网络攻击甚至参与网络恐怖活动等。例如，2013 年 12 月哈佛大学一位大学生为了躲过期末考试，利用 Tor 网络保护其身份向学校发送匿名邮件谎报炸弹危险。国内外的研究者对 Tor 网络中出口节点的恶意流量进行了监测和分析发现，Tor 网络存在大量的僵尸网络流量被用于发送垃圾邮件、发起拒绝服务 (deny of sevice, DoS) 攻击等。

此外，匿名网络之上的暗网网络空间因其高的匿名性和虚拟性。图 1.5 所示为暗网的主要类别。

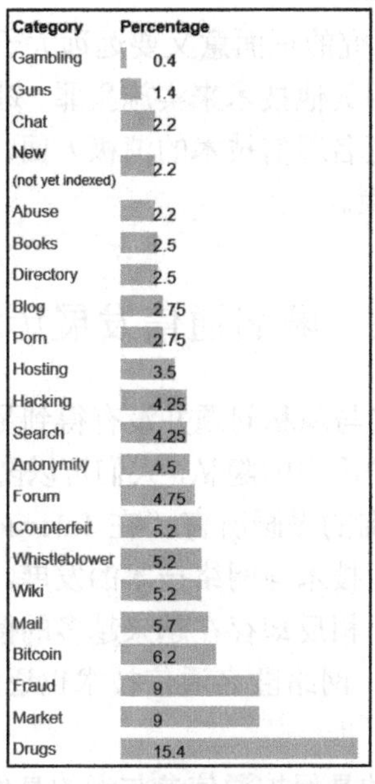

图 1.5 Tor 暗网的内容分类

诸多事例表明，越来越多的不法分子开始利用匿名网络进行违法犯罪活动，匿名网络已经成了僵尸网络、恶意软件指令服务器和网络黑市的庇护所，给国家政治、经济、文化、社会、国防安全及公民的合法权益带来严峻的风险与挑战，具体体现在以下几个方面。

(1) 暗网空间混淆网络边界、挑战国家网络空间主权。尽管 Internet 跨越物理世界的实体边界，但是全球互联网网络空间的边界依然存在。例如，公开互联网的域名是在特定国家注册，其域名和 IP 地址接受互联网名称与数字地址分配机构 (ICANN) 的分配及管理，网站的运营也由特定国家监管。但是，暗网的域名是一套私有的、自定义的协议，也不受ICANN管理，其网站的 IP 地址是匿名的，任何第三方机构和个人都不知道暗网网站的地理位置、运营者。因此，暗网网络空间存在域名等互联网资源的管辖权、网站合法性判定、跨境犯罪的执法权等问题，导致匿名网络及其之上的暗网空间日益演变成各国网络犯罪的“避风港”，以及各国互联网执法机构的利益空间。

(2) 匿名网络及其之上的暗网空间犯罪活动作为一种形态将长期存在和持续发展。暗网始于 1981 年 Chaum 提出的匿名通信概念，主要目的是保护互联网用户的通信隐私。但是，暗网等技术给互联网用户带来的隐秘、便捷且难以查证等特点是暗网成为网络犯罪“避风港”的主要诱因。越来越多的迹象表明，当前网络犯罪逐渐由公开的互联网转向隐蔽的暗网。尽管世界上各个国家对现金出境和互联网金融交易的监管日益严格，但运行在暗网中的数字货币交易平台则为网络犯罪打开了新的融资渠道。

(3) 匿名通信技术和暗网将向纵深方向发展。为了逃避国际执法机构的打击，未来的暗网将呈现更强的匿名性和高对抗性，以防止国际安全监管机构的监管和追查。例如，暗网黑市将转型为一体化的、面向隐私的社交平台，拥有端到端的加密聊天功能，支持加密货币的钱包管理、安全支付、余额转移机制以及 P2P 买卖市场。其开发者也致力于 Tor 和 I2P 的一体化，以进一步加强用户的隐私。

然而，我们认为，匿名技术研究的正面意义要远远大于负面意义。这是因为即使不存在匿名通信技术，犯罪分子也会利用其他技术来实施犯罪、逃避追踪，但普通网络用户所要承受的隐私威胁则会大得多。对于匿名通信技术的消极方面，我们可以通过政策、法规、教育、公众意识甚至技术手段来进行约束。

1.2 匿名通信发展历程

在 Internet 发展的初期，匿名与隐私问题并没有得到足够的重视。甚至一直存在一种错误的认识，认为 Internet 可以保护用户的隐私，人们可以匿名地在网上从事各种活动。正如《纽约客》杂志 1993 年的一幅著名的漫画所言："在 Internet 上没有人会知道你是一条狗。"然而，随着信息技术尤其是数据库技术与网络技术的发展，人们逐渐发现原来 Internet 并不如想象中那样会保护个人的隐私，相反却存在越来越多的侵害个人隐私的案例。作为一种保护 Internet 用户身份信息的手段，网络匿名通信技术也逐渐被人们所认识并吸引越来越多的学者加入研究中。

网络匿名通信技术的基本目的是保护通信参与者的身份信息不被泄露。图 1.6 以非常通用的术语给出了网络匿名通信技术的研究框架。研究框架由消息的发送者 S、接收者 R、消息 M、匿名系统接口 I、匿名通信信道 T 和攻击者 A 构成。其中信息的发送者、接收者为参与通信的双方，通过匿名系统接口与匿名通信信道传递消息 M。匿名通信系统由一组互联的匿名通信构件 C 组成，它们是匿名通信的基础设施，目标是为其上的匿名消息传递提供保障。匿名通信构件相互协作，对发送者的消息进行变换、延迟等操作 (如消息编码、插入掩护流量等)，并将变换后的消息 M' 传递给接收方的匿名通信接口。接收方的匿名通信接口将接收到的消息 M' 还原成初始消息 M 并传递给接收者 R。匿名通信的攻击者通过对通信基础设施甚至接收者进行流量分析、数据分析等方法破坏系统的匿名服务，目的是获取匿名通信参与者的身份信息或通信关系等感兴趣的信息。

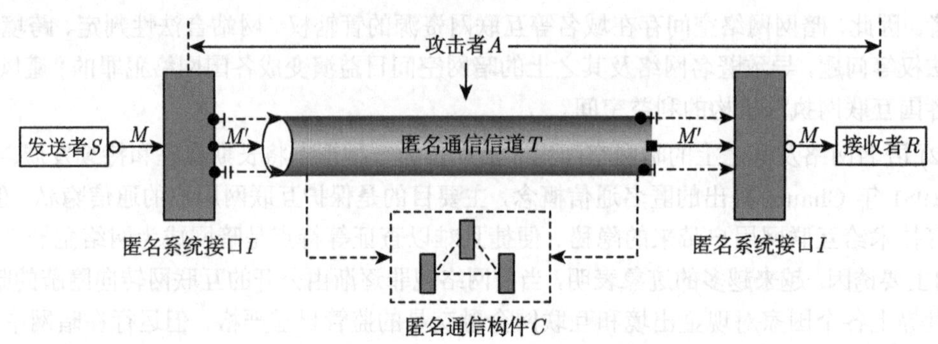

图 1.6 网络匿名通信技术的研究框架

网络匿名通信技术的研究大约始于 1981 年，Chaum 提出了混合 (MIX) 的思想并将其应用到不可追踪的电子邮件系统中，成为此领域的开创性工作。在匿名通信技术发展的最初十年中，由于 Internet 尚未普及，针对网络匿名通信技术的研究并不多见。但是，在此阶段提出的一些基本匿名机制如 MIX、DC-Net 等为匿名通信技术的研究奠定了非常坚实的基础，这些匿名机制至今仍被人们广为研究应用。进入 20 世纪 90 年代，伴随着通信网络尤其是 Internet 的飞速发展以及新的网络应用的不断产生与普及，匿名通信技术得到了长足的发展。

1.2.1 1981~1997 年

电子邮件系统是匿名通信技术的主要应用之一。从 1993 年芬兰人 Helsingius 创建 0 型匿名邮件系统开始，历时二十余年的发展，匿名邮件系统已经由最初的 0 型系统发展为如今的III型系统。新的匿名邮件系统在保留原有系统优点的基础上不断提出新的特性并不断增强安全性。

1. 0 *型匿名邮件系统*: Anony.penet.fi

最早广泛应用的匿名邮件系统 Anony.penet.fi 位于芬兰，是 Helsingius 自 1993 年开始的匿名邮件服务。0 型匿名邮件系统工作原理非常简单，发送者只需要将邮件发给 Anony.penet.fi 服务器，邮件服务器在收到邮件之后，便为发件人生成一个别名 (如果不存在)，并将该别名和发件人的真实邮件地址一起存到数据库中。此后，匿名邮件服务从邮件中剥离任何标识信息，并将其转发给收件人。同样地，接收者回复邮件给假名，remailer 将收到的邮件头剥离，并查询数据库获取真实邮件身份，并转发给该地址。显然，使用匿名邮件的用户必须信任存有大量假名数据库的 Anony.penet.fi 匿名邮件服务器，同样该系统也可能是攻击目标。

Anony.penet.fi 之所以被称为 0 型邮件系统有如下的原因。

(1) 它是最早的匿名邮件服务器。

(2) 它的一些弱点激发了后继的 I 型、II 型等匿名邮件系统的研究，这些弱点主要包括单点失效以及内部管理员可以获取真实邮件地址与别名的对应关系，可能在某种情况下泄露这些秘密。

(3) 一般来说，单点的匿名邮件系统都被称为 0 型邮件系统。

Anony.penet.fi 极大地满足了人们对匿名邮件的需求，每天发送的邮件超过 7000 封，其别名数据库最多保存超过 500000 条记录。Anony.penet.fi 最终由于法律诉讼以及用户滥用而于 1996 年 8 月关闭。这一事件的启示是在可信的第三方保存最小量的数据不仅能够保护用户，还能够保护服务本身，这也是后继匿名通信系统设计的准则之一。如今的 0 型邮件系统大多以免费邮箱的形式存在。

2. I *型匿名邮件系统*: Cypherpunks

0 型匿名邮件系统的缺点促成了 I 型匿名邮件系统 Cypherpunks 的研究。之所以被称为 Cypherpunks 邮件系统，是因为它们的开发主要被公布在 Cypherpunks 邮件列表上。Cypherpunks 最初由 Hughes 和 Finney 开发，是第一个基于 Chaum 的 MIX 网络的匿名邮件系统，该系统于 1994 年正式投入使用。

Cypherpunks 匿名邮件系统由多个分布式服务器组成，客户端选择一系列服务器，并为每一跳添加一个头部信息，该头部信息告知消息转发路径中下一跳服务器的地址，每一跳使用其私钥解密接收到的消息，然后删除头信息，并将有效载荷转发给下一个服务器。其头部信息的格式如图 1.7 所示。具体地，用户将邮件用服务器的 PGP 公钥加密后发送给邮件服务器，邮件中可以嵌套地加入转发其他邮件服务器的请求及其公钥加密后的邮件内容，这样就可以形成转发服务器链以防止单个邮件服务器泄露消息。此外，Cypherpunks 匿名邮件服务通过构造回复块 (reply blocks) 支持匿名回复。类似于普通消息，以分层的方式构建回复块。由于发件人地址用服务器的公钥加密后附在邮件特殊的头部上 (头部还包含其他信息，如消息的延迟时间长度等)，当用户想要回复匿名邮件时，服务器解密邮件地址后将信息转发给原发件人。由于地址信息附带在邮件上，因此服务器无须保留用户身份信息与邮件地址的对应关系，这就避免出现 0 型邮件系统的法律攻击的问题。

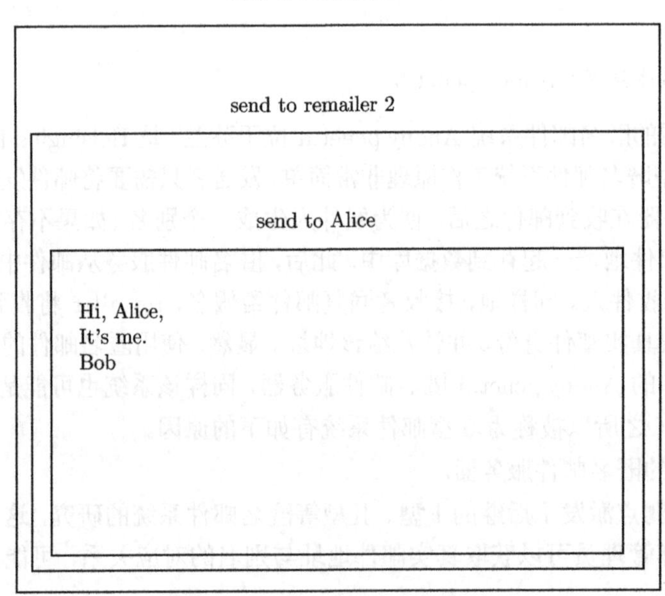

图 1.7　Cypherpunks 消息格式

I 型匿名邮件系统主要解决了 0 型邮件系统的单点失效以及在匿名邮件服务器存有大量用户私有信息的问题。但是 I 型匿名邮件系统不会为消息添加随机填充。因此，被动型敌手可通过监视 MIX 网络中消息通过每一跳地址时其长度逐渐减小来关联潜在的消息。此外 Cypherpunks 匿名邮件也不做任何批量处理和延迟操作，所以被动型敌手也可以根据消息进入和离开的时间关联通过匿名邮件服务器的消息。

3. Ⅱ 型匿名邮件系统: MixMaster

尽管 I 型匿名邮件系统相对 0 型邮件系统已经有了很大的进步，但是它们仍然存在一些安全性问题。因此，从 1995 年开始，Lance Cottrell 开始了 Ⅱ 型匿名邮件系统 MixMaster 的研究。截至 2003 年 11 月，网络上运行着 40 余台 MixMaster 邮件服务器，并且大多数同时支持 I 型与 Ⅱ 型匿名邮件协议。对于人们普遍关心的是否会有邮件服务器被强迫记录消息输入与输出对应关系日志的问题，至少到目前为止，尚未出现这种情况。

Ⅱ型匿名邮件系统主要针对Ⅰ型匿名邮件系统的如下弱点进行改进。

(1) 流量分析，Cypherpunks 邮件服务器会在消息到达后立刻将其转发出去，或者延迟指定的时间后将其转发出去。这种攻击方法可能会导致攻击者关联出邮件服务器对应的输入地址与输出地址。

(2) 暴露信息长度，由于 PGP 加密仅仅考虑了压缩消息，除此之外没有对其隐藏消息长度的信息作出任何考虑，因此，仅仅通过观察消息长度，攻击者就可以跟踪消息的去向。

1) MixMaster 工作原理

MixMaster 实现了 Chaum 的 MIX 网络，为类型Ⅰ remailers 的扩展，MixMaster 支持分层加密、消息填充和批处理机制。具体地，如图 1.8 所示，MixMaster 不再使用 PGP 加密，而是采用专用的客户端与服务器，利用 3DES 对称加密以及 RAS 公钥加密。所有的 MixMaster 消息长度相同。MixMaster 消息对应每一个中间 MIX 服务器有一个包头，包头中包含下一跳地址信息、报文 ID(防止重传攻击)、可选的消息 ID (一条消息可能在不同的报文中传输) 以及对称密钥。包头信息首先由这个 MIX 服务器的公钥加密，然后顺序地由前面的 MIX 服务器的对称密钥加密。当一个 MIX 服务器接收到消息后，首先利用私钥解开最上层的消息头部并获得其中的对称密钥，然后利用此密钥依次解开后面的消息头部以及内部的消息，接着将所有的消息头上移一位，在空余的位置填充垃圾信息或解密前的消息头，这样可以保证所有消息的长度相同。MIX 节点对输入消息采用随机批处理策略来决定是否发送给下一地址。

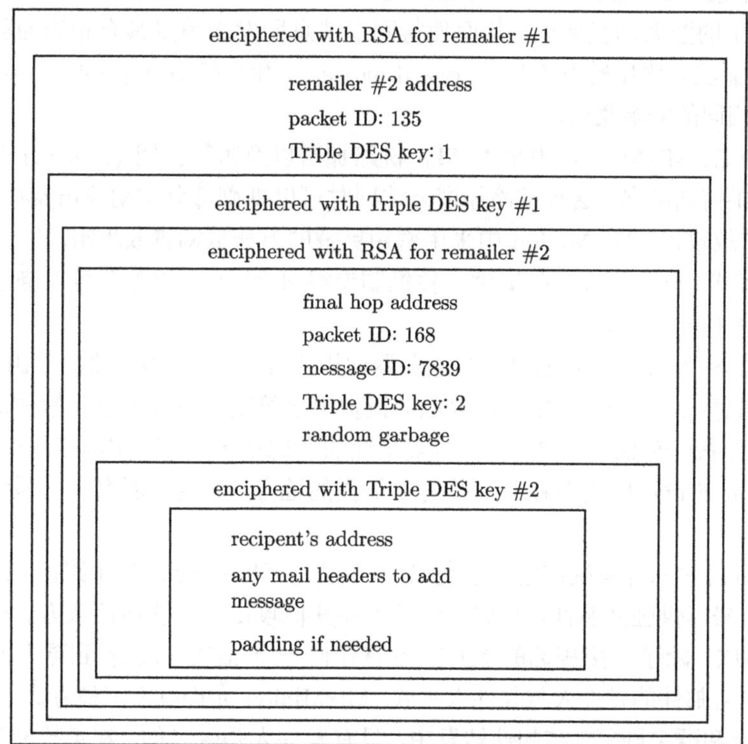

图 1.8 MixMaster 消息格式

MixMaster 不支持匿名回复，目的是防止中间 MIX 服务器被威胁解密回复地址，从而最终追踪到消息发件人。为了提高可用性，MixMaster 允许消息分片独立传输，并且如果所有的分片最终结束于同一个邮件服务器，重组可以自动执行。此外，MixMaster 还允许消息多次从不同的路径进行传输。但是，值得注意的是，这些提高可用性的举措对匿名性的影响并未得到分析。此外，MixMaster 注意到用户滥用对系统的危害，所有的邮件都清晰地标注来自于 MixMaster 的邮件服务器，并且记录不愿意收取匿名邮件的黑名单也随时更新，尽管没有提供内容过滤，但至少期望这种方式能够减少对滥用者的吸引。

2) MixMaster 消息刷新策略

MixMaster 对 I 型匿名邮件系统进行了多项设计改进，包括增加了消息填充和批处理。使用定时动态池刷新算法，每 t 秒一次，随机选择一个组合：

$$\min\{N - N_p, N_f\}$$

每隔 t 秒，MIX 随机选择要转发的消息，其中 N 是 MIX 中的消息总数，N_p 是要保留在池中的最小消息数，f 是每一轮转发的比例。

4. Ⅲ型匿名邮件系统：MixMinion

MixMinion 匿名邮件系统也称为Ⅲ型匿名邮件系统。它除了保留了Ⅱ型邮件系统 MixMaster 的方便特性外，还针对如下弱点进行加强。

(1) 匿名回复：MixMaster 不支持匿名回复。MixMinion 中引入了一种称为 SURB (single-use reply block) 的匿名回复地址，从而使得回复消息同发送消息具有相当的匿名性。即使 MIX 服务器也无法分辨出转发消息 (forward message) 和应答消息 (reply message)，因此这两类消息具有相同的匿名集合。

(2) 前向匿名：MixMinion 中采用 TLS 链路加密以及短暂密钥 (ephemeral key) 交换来为每条消息提供前向匿名。这种链路加密方法同时可以抵御部分主动攻击及被动攻击。

(3) 抵御重放攻击：MixMinion 中采用密钥更替的方法抵御重放攻击。

(4) 终点策略：MixMinion 中提供一种机制使得每台 MIX 服务器可以描述与公布自己的终点策略，从而防止滥用。

(5) 目录服务：MixMinion 通过目录服务器向用户提供 MIX 服务器的公钥和性能统计。

(6) 掩护消息：MixMinion 中采用自己的掩护消息策略以提高消息传输的匿名性。相对此前的匿名邮件系统来说，MixMinion 对安全性的考虑更多，同时实际应用中的限制更少。但是 MixMinion 的设计中尚存在着一些需要加强的地方，这也是匿名邮件系统未来研究中要解决的问题。

MixMinion 匿名邮件系统使用一个类似 MixMaster 和 Babel 的自由路由 MIX 网络 (free-route mix net) 来提供强匿名性，并防止窃听者和其他攻击者关联通信双方。每封电子邮件都经过多个 MIX，除了直接相邻的 MIX，没有任何一个 MIX 可以看到更多的路径；因此，没有 MIX 可以将邮件的发件人与收件人关联。MixMinion 允许以下三种方式之一发送消息：转发、直接回复和匿名回复。在邮件转发中，只有发件人是匿名的；在直接回复中，只有收件人是匿名的；在匿名回复中，发件人和收件人都是匿名的。

MixMinion 的设计同样是对以前匿名邮件系统的改进版本，其中包括客户端 (图 1.9) 如何从 MixMinion 网络中获得匿名邮件服务器的相关信息的协议规范。此外，当客户端加入 MIX 网络时，他们可以从一个分布式的目录服务器处获取 MIX 服务器的摘要信息，关于当前网络中 MIX 的信息 (如 IP 地址、公共密钥等信息)。MixMinion 将每个消息分解并填充成相同大小的数据包，并为每个数据包选择通过 MIX 网络的路径。为了允许收件人匿名，MixMinion 只提供一次性回复块 (SURB)。即使对于 MIX 节点，MixMinion 协议也使回复消息与转发消息不可区分。因此，转发和回复消息可以共享相同的匿名集。MixMinion 使用加密校验和来保护报头，如果有效载荷被攻击者修改，可确保包含在报头中的地址信息已被破坏。由于 MixMaster 的重放攻击检测方法要求 MIX 服务器保留最近处理过的消息 ID 列表，而 MIX 服务器内存有限，旧的消息 ID 必须在一段时间后移除。一旦消息 ID 从 MIX 历史中移除，敌手可以轻松地重放消息。虽然 MixMinion 也保留最近处理过的消息记录，但 MIX 会周期性旋转客户端用来加密消息的密钥。密钥旋转后，使用旧密钥加密的消息不再被接收，因此无法重放。这样 MixMinion 服务器仅在相对较短的时间内保留之前处理过消息的哈希值。同前面的匿名系统相比，MixMinion 增加了匿名回复、抵御重放攻击、增加掩护流量等特性，提高了系统的安全性。

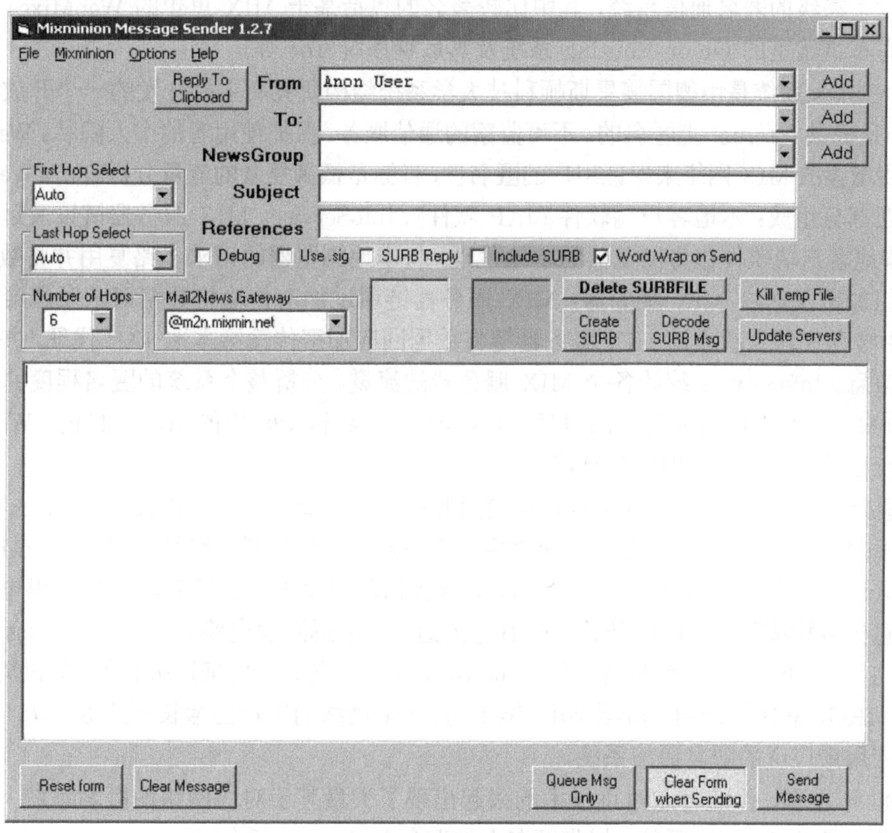

图 1.9 MixMinion 匿名邮件系统客户端

1.2.2　1997～2002 年

从 1981 年 Chaum 提出 MIX 机制至今，随着互联网的普及流行，已经出现了大量行之有效的匿名通信技术和应用。其中第二阶段 (1997～2002 年) 主要是关注匿名 Web 浏览。

从 1996 年开始，伴随着万维网应用的普及出现了大量以匿名连接为目的的系统。这其中应用最广泛的就是代理 (proxy)。代理通过修改消息的源地址向消息的接收者隐藏发送者的身份信息 (这里指 IP 地址)。目前 Internet 上有大量的主机提供免费的 CGI 代理、HTTP 代理、Socks4 代理、Socks5 代理、加密代理等服务。除了这些免费的代理提供者之外，还有一些专门提供匿名代理服务的机构，如 Anonymizer、SafeWeb、Proxydom 等。

三角男孩 (triangle boy) 是 SafeWeb 公司开发的一种分布式加密代理技术。它可以看作传统的匿名代理技术的扩展，它采用数据折射、地址伪装的技术，在隐匿数据请求者的地址信息的同时，隐匿了数据回应者的地址信息。朗讯个性化 Web 助手 (Lucent personalized web assistant，LPWA) 也是一种基于代理的匿名通信技术，它的基本思想是作为本地代理转发用户的浏览请求，在用户访问网站时生成与个人信息无关的别名，从而隐藏用户的真实身份信息。

基于代理的匿名通信技术虽然能够对接收者隐匿发送者的身份信息，但是由于中间的代理服务器会知道用户的真实身份，因此代理服务器被攻占时，匿名保护就遭到破坏。为此，学者开发了高级的匿名通信系统，其中比较著名的包括基于 MIX 思想的 WebMixes 系统以及美国海军试验室的 Onion-Routing 系统及其后继系统 Tor 等。

WebMixes 系统是由德国德累斯顿科技大学系统结构研究所主持开发的一个开放源码项目，目的是提供 Internet 上匿名的、不可监察的通信服务，保护使用者的个人隐私。WebMixes 系统采用增强的 MIX 网络来保证用户的匿名性，目标是抵御复杂的流量分析攻击。WebMixes 系统由四部分组成：本地客户端软件 (JAP 软件)、InfoService、MIX 服务器链以及远端缓存代理。本地客户端软件作为浏览器的本地代理，将本地浏览器的请求多路复用并将数据请求报文重组加密发送给 MIX 服务器，MIX 服务器链通过加密传输将数据请求发送给缓存代理，并由缓存代理重新通过 MIX 服务器链将数据回应加密传输给本地 JAP 代理，并最终返回用户信息。InfoService 统计各个 MIX 服务器的流量，分析整个系统的匿名程度并通知用户。WebMixes 所采用的加密方法包括 1024 位的 RSA 和 128 位的 AES。目前，WebMixes 原型系统已经吸引了大量的用户使用。

洋葱路由 (Onion-Routing) 系统是由美国海军研究实验室 (Naval Research Library, NRL) 主持开发的匿名网络。同匿名邮件系统采用基于消息方式构建匿名路径不同，Onion-Routing 系统中采用虚电路方式构建匿名路径。即消息传输前需要先发送控制消息建立虚电路，此后的消息传输均按照同一路径传输，在消息传输结束后拆除虚电路。Onion-Routing 系统于 2000 年 1 月关闭。Tor 又称为新一代 Onion-Routing 系统，支持延迟敏感的 Web 浏览、即时通信、IRC、SSH 等应用。截至 2019 年 1 月，Tor 网络的用户已增长至约 300 万，已经成为目前应用最广泛的匿名通信系统。

2000 年左右，伴随着点对点技术的兴起出现了大量基于对等网络的匿名系统，如提供匿名浏览服务的 Crowds 系统、提供匿名存储服务的 Freenet 系统等。

Crowds 系统是 AT&T(美国电报电话公司) 实验室的 Reiter 和 Rubin 开发的系统，目的是保护用户 Web 浏览的匿名性。它是最早的基于对等网络思想构建的匿名通信系统。Crowds

的基本思想是消息在不同的转发服务器 (称为 jondo) 之间随机转发，最终发送给目的节点。这样，发送者就被隐藏在一系列转发节点之中。

FreeNet 是点对点思想与匿名应用的经典结合。它起源于 1997 年由爱丁堡大学信息学部的 Ian Clarke 发起的一个研究项目，是在开放源码基础上发展起来的一种自由软件工程。FreeNet 的设计目标是建立一个保护用户隐私的分布式信息存储系统，能够确保信息的匿名发布与匿名使用，能够保证信息存储者的可否认性，能够防止第三者的 DoS 攻击，能够提供高效的信息动态存储及路由。FreeNet 被设计成一种自适应的对等网络应用，它允许匿名的作者和阅读者发表文章，复制数据和读取数据。FreeNet 中的节点是自适应的对等网络节点，通过向邻节点查询和请求来检索与获取数据文件，文件以与位置无关的密钥命名，查找和请求文件是用密钥标识与定位的。FreeNet 系统是一个相互协作的分布式文件系统，文件定位与位置无关并且被透明地复制。FreeNet 在文件存储以及文件传输方面都采用了缜密的加密手段，是文件共享型匿名对等应用的代表。

1.2.3 2002～2007 年

第三阶段主要关注匿名通信系统的不可观察性，主要研究如何利用信息隐藏和信息隐密 (information hiding and steganography) 技术将秘密信息隐藏到其他不易引起怀疑的载体中实现隐蔽传输。隐密的主要目的是在通信双方构建秘密信道使得任何第三方都不能检测出该信道是否存在。Simmons 于 1983 年首次将该问题形式化为“囚徒问题”，处于狱中的 Alice 和 Bob 正在准备一起越狱计划，然而，问题是所有他们的通信都需要通过监狱长 Willie，如果 Willie 在传递的消息中看到密文将会阻止他们的行动，并将他们单独监禁，因此，Alice 和 Bob 必须找到一种秘密交换隐藏消息的途径。Simmons 在文章中表示在某些数字签名方案中存在这样的信道，并将该信道称为阈下信道 (subliminal channel)。此后，大量的研究工作专注于构建、度量、检测和消除数字通信信道中的阈下信道。

实际上，现有的研究论文和实际部署的不可观测通信系统很多都应用信息隐藏和隐密技术来构建隐蔽信道，如 Feamster 等基于 Adler 与 Maggs 不对称通信理论设计出一个抗流量审查的隐蔽通信系统 Infranet，该系统使用 HTTP 请求序列隐蔽通道绕过网络审查，即 Infranet 将一个隐蔽的 HTTP 请求编码为一系列正常的掩体 HTTP 请求，并利用隐写术将目标内容隐藏在掩体资源文件的图片中返回给用户的客户端。此后 MIAB、Collage 这些系统使用 UGC(user-generated content) 站点作为潜在的约会地点，并通过在掩体媒介中的隐蔽信道来传输隐藏消息。

当前，信息隐密的主要挑战是在通信系统中构建健壮的阈下信道，以抵御各种类型的检测和攻击。Hopper 等阐述在数字通信中存在可证明安全信息隐密技术，在该论文中作者给出了可证安全的隐写系统 OneBlock 作为例证。实际上，类似的可证安全隐写方案在真实的应用场景中还存在诸多挑战，首先它们都需要一些先验知识，如目标信息在概率分布上应能够完美匹配掩体资源信息。此外，当前部署的不可观测的通信系统的安全性还不能完全依赖于信息隐藏和信息隐密。

1.2.4 2007 年至今

当前基于 Chaum 的 MIX 网络和洋葱路由基本理论和应用系统已经基本成熟，而新的匿名通信技术尚未重大突破，这一时期的匿名通信主要关注匿名通信系统的安全性、性能优化和抗审查能力。

1. 安全性增强

在匿名通信系统安全性研究方面主要从 Tor 链路选择算法的优化角度研究 Tor 的匿名性，以增强 Tor 抵御 AS 级敌手和节点级敌手的流分析攻击，研究者提出了子网约束的路径选择算法。基本思想是，同一 B 类子网的节点不能出现在同一条链路上。但是，攻击者能够以很小的代价部署多个跨子网的恶意节点，如租赁云服务器或利用僵尸网络等。在这种情况下，子网约束的路径选择算法不再有效。自治域 (autonomous system，AS) 感知的路径选择算法可以防范 AS 级敌手，该算法利用 Tor 权威目录服务器生成较小的互联网全局 AS 结构的近似值，并将此“快照”分发给客户端。给定 AS 级拓扑的快照，客户端可以应用一些启发式方法来逼近数据包在进入或退出 Tor 网络时所经过的 AS 序列，进而通过推断的 AS 路径进行链路选择。研究表明，Tor 的网络规模增长并不能保证路径多样性的提高，Tor 官方对路径选择算法的优化对抵抗 AS 级攻击有效但效果较差，而该方法可以使 AS 级敌手同时观察到 Tor 链路两端的概率明显下降。

基于信任的洋葱路由模型讨论了当这些敌手威胁模型存在时相应的路由算法。基于信任的模型认为不同的用户在洋葱路由器之间具有不同的区域信任分布，因为用户通常被不同的敌手攻击。该模型还研究信任分配的准确性如何影响基于信任的洋葱路由的有效性，由于用户只能根据自己对洋葱路由所有者的先验知识来计算信任，这种信任可能是不正确的，因为正常用户通常审查他人的能力有限。不正确的信任分配可能导致攻击者的路由器进入用户的洋葱电路，从而限制了基于信任的洋葱路由中保护匿名的有效性。此后的研究者提出了一种基于信任图的洋葱路由协议，通过设计一种去中心化的算法从信任图中导出组信任和全局信任，团体信任可以用来增强信任分配的正确性，全球信任可以有效减少信任分配的偏差，从而减轻了使用信任保护匿名的关键限制。基于信任感知的路径选择算法建议用户通过信任 (即敌手地理位置的概率分布) 去选择路径。信任路径选择算法可以在满足正常路径选择的前提下避免流量分析攻击。

2. 性能优化

多跳链路在保证匿名性的同时，必然导致性能的下降。为了提高链路性能，研究者从不同的层次对链路的性能进行优化，提出了不同的链路选择算法。

(1) 基于节点属性的改进方案。Tor 利用节点的估计带宽作为其路径选择算法的中心特征。然而，该算法中没有考虑节点的当前负载，如一些节点将长期处于闲置，然而大量的用户同时选择相同 Tor 节点作为他们的中继节点，导致网点出现拥塞状态。为了减少拥塞和改善负载平衡，Tor 网络提出了拥塞控制机制，分别为信道级拥塞控制机制和数据流级拥塞控制机制。信道级拥塞控制机制用于数据流复用后整个传输通道的流量控制；数据流级拥塞控制机制用于传输通道中某一个数据流的流量控制。

为了更好地评估节点的拥塞程度，研究者使用节点拥塞延迟作为拥塞的度量指标，提出一种拥塞感知的路径选择算法。具体地，采用主动探测和被动流分析相结合的方法进行延迟测量，将链路延迟分为正常的传播延迟和拥塞延迟，并将拥塞延迟按比例分配给链路中的节点。研究表明，拥塞是节点的固有属性，Tor Guard 拥塞最为严重，然而，带宽和拥塞程度之间没有明显的关系。

(2) 基于链路属性的改进方案。通常在链路创建阶段花费较长时长的链路极有可能在数据传输阶段也产生较高的延迟，因此，研究者提出基于链路创建时间的链路优化算法，当链路创建时间超过某个阈值时，便弃用该条链路。Annessi 认为链路的性能取决于链路的整体性能，应该测量链路的往返时间，当该时间超过某个阈值时，弃用该链路以此提高性能。Sherr 等提出基于连接属性的路径选择算法，该算法使用与连接相关的属性 (如等待时间、抖动、丢失) 并采用延迟作为路径选择标准。研究表明基于连接的路径选择方法可以避开网络中“热点”流量，因而其性能优于只采用节点带宽权值的路由选择算法。

(3) 基于应用类型的改进方案。在匿名网络中，用户流量可以分为交互式流量和非交互式流量。交互式流量通常是指用户浏览 Web 服务产生的流量，非交互式流量是指用户批量上传和下载产生的流量。一般交互式应用产生的流量较小，但对响应速度的要求较高，而非交互式应用产生的流量较大，但对响应速度的要求较低，且非交互式应用是造成网络拥塞的主要原因。因此，链路选择算法应对两种流量加以区分处理。此后，根据链路的应用类型区别化处理链路的调度方式，最终被 Tor 官方采用。这种链路调度方式对于突发型链路 (如用于网页浏览的链路) 可以获得比繁忙型链路 (如用于批量传输的链路) 更高的优先级。实验结果表明，Tor 上大多数活动的性能得到提高，同时发生的开销最小。此外，研究者提出通过机器学习的算法对交互式浏览的链路与 BitTorrent 文件传输的链路进行分类，并在转发时对非交互式的链路提供了更高的优先级，从而提升用户的性能。研究者通过对朴素贝叶斯、贝叶斯网络以及决策树三种算法进行比较，发现对链路的分类准确率可以达到 95%，且对交互式浏览的响应能力提高了 75%，下载的时间减少了 86%。

3. 匿名支持隐蔽

这一时期匿名通信系统在服务可访问性机制研究方面也表现得非常活跃，在接入点 (Entry) 发布方面，从引入非公开的中继节点 (Bridge) 到研究非公开中继节点的发布策略；在节点资源发布策略方面提出了限制资源发布速率，如在发布节点的过程中引入工作量证明机制、将资源节点按照键空间分割发布 (keyspace partitioning) 等。在协议混淆方面更是提出了各种流量随机化方案，如 Obfs 系列协议，并引入单包认证机制，研究各种协议伪装、拟态方法等。在通信架构方面，提出了端到中代理 (如 Telex 等) 和端到云代理 (如 domain fronting) 思想。相关技术我们将在第 5 章详细阐述。

1.3 匿名的表示与度量

1.3.1 基于连续区间的匿名度定义

Reiter 和 Rubin 在分析 Crowds 系统时提出匿名度的概念，用以描述和衡量匿名性能。在此后针对匿名性能的衡量标准的研究中，匿名度这一名称被广泛采用，但是衡量匿名度的方法却各不相同。

Reiter 和 Rubin 提出的匿名度的定义是一种定性描述，匿名度被描述为从无匿名到完全匿名的连续区间，其间含有若干个关键点，如图 1.10 所示。

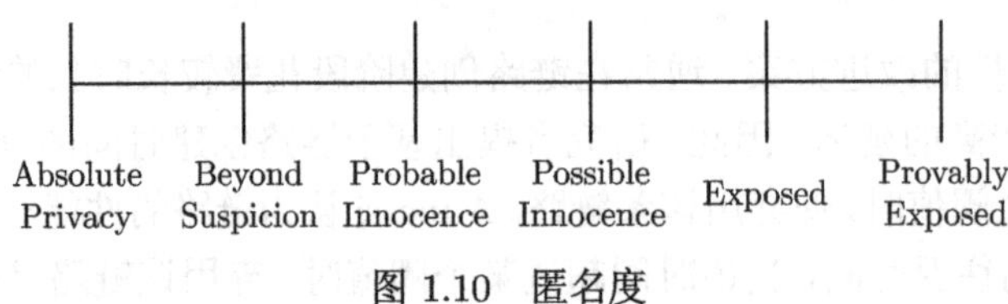

图 1.10 匿名度

此外，Reiter 和 Rubin 还给出了发送者匿名下的各个关键点的非形式化定义，如表 1.1 所示。其中，真实发送者指代真正发送消息的人，消息的发起者指代攻击者认定的发送消息的人。

表 1.1 匿名度连续区间上关键点的含义

匿名度	含义
Absolute Privacy	攻击者无法区分一个可能的发送者真正发送消息与否，发送消息不会引起攻击者注意
Beyond Suspicion	尽管攻击者确认有消息被发送出来，但是真实发送者同系统中其他的可能的发送者相比，看起来更不像是消息的发起者
Probable Innocence	攻击者看来，真实发送者是发起者的可能性不会比其不是发起者的可能性更高
Possible Innocence	攻击者看来，有很大的可能性消息的发起者另有其人
Exposed	攻击者看来，消息的发起者另有其人的可能性很小
Provably Exposed	攻击者不但可以确认消息的真实发送者，还能够向其他人证实真实发送者正是此人

上述定义可以很容易地扩展到接收者匿名与通信关系匿名。其中，Absolute Privacy 匿名性最好，Provably Exposed 匿名性最差，Probable Innocence 较 Beyond Suspicion 匿名性要弱，因为尽管真实发送者被认定是发起者的可能性至少和不是发起者的概率一样，但是攻击者仍然有可能怀疑真实发送者是消息发起者的可能性比其他的可能的发送者要大。在这种匿名性定义下，系统满足 Probable Innocence 是最起码的匿名度要求。

Reiter 和 Rubin 提出的匿名度概念是一种定性的匿名度量方法。同匿名等级一样，匿名区间上的各个关键点之间的差别是模糊的。但是在 Probable Innocence 关键点的非形式化定义中已经给出了一种基于概率的量化分析方法，也就是真实发送者被攻击者判定为发起者的概率应该小于 1/2。Crowds 系统的匿名性分析就是基于这种方法证明了系统满足基本匿名要求的条件。

1.3.2 匿名集合大小

Berthod 等在文献中给出一种基于匿名集合大小的匿名度定义。匿名度 $A = \log_2 N$，其中 N 是可能的消息发送者的个数，也就是发送者匿名集合的大小。这是一种对匿名度的定量描述，因此，匿名集合越大，发送者或接收者的匿名性就越好。然而，匿名集合大小的度量没有考虑到匿名集内通信主体的概率分布，即某个特定主体是消息的发送者或接收者的概率。此外，该方法定义的匿名度仅仅与匿名集合的大小有关，却没有考虑到攻击者可能通过一定的攻击手段获得相关信息后，对匿名集合中对象判定概率的不一致性。因此，这种匿名度的定义方法无法表示攻击者进行攻击获得部分信息后匿名性的变化，所以，后续的研究者提出使用熵来计算匿名集的期望大小。

1.3.3 熵、匿名集合大小的期望和匿名度

信息论是关于信息的本质和传输规律的科学的理论。在衡量匿名系统的性能时，作为一种分析工具，信息论被引入以量化攻击者破坏匿名保护，判定通信参与者身份过程中的不确定性。在信息论中，熵 (entropy) 是接收的每条消息中包含的信息的平均量，又称为信息熵。这里，“消息”代表来自分布或数据流中的事件、样本或特征。

Díaz 给出了基于信息熵的匿名度定义。这种定义方法不仅考虑了匿名集合的大小，还考虑了匿名集合中不同成员的概率分布，因此能够更好地反映攻击者获取部分信息后匿名集合中成员概率分布的不均匀性。

匿名集合为 $S = \{s_1, s_2, \cdots, s_N\}$，其大小 $N = |S|$。定义 X 为离散随机变量，其概率密度函数为 $p_i = \Pr(X = i)$。其实际意义为攻击者赋予匿名集合中的成员 s_i 的概率为 p_i，$\sum_{x=i}^{n} p_i = 1$。则随机变量 X 的熵为

$$H(X) = -\sum_{x \in S} P(X = x) \log_2 P(X = x) \tag{1.1}$$

其中，S 是 X 可能的取值范围。当所有状态都是等概率时，$H(X)$ 达到最大值。

定义 H_M 为最大熵，有

$$H_M = \log_2 N \tag{1.2}$$

记 N 为通信系统中非零概率 $(p_i > 0, \forall i = 1, \cdots, N)$ 通信主体的数量，则匿名集合的有效大小可定义为概率分布 X 的熵 $H(X)$，因此，攻击者获得的信息可以表示为 $H_M - H(X)$。由此，可以定义匿名系统的匿名度为

$$d(\Omega) = 1 - \frac{H_M - H(X)}{H_M} = \frac{H(X)}{H_M} \tag{1.3}$$

其中，Ω 是匿名集合。

当匿名集合只有 1 个元素时，定义系统的匿名度为 0。$0 \leqslant d \leqslant 1$，当匿名集合中的一个成员被认定是消息发送者的概率为 1 时，系统的匿名度最小，$d = 0$；当匿名集合中所有的成员被认定为消息发送者的概率均相等时 $(p_i = 1/N)$，系统的匿名度最大，$d = 1$。Serjantov 等也给出类似的定义，区别在于他们没有将信息熵 $H(X)$ 除以 H_M 进行归一化，并且信息熵 $H(X)$ 称为有效匿名集合 (effective anonymity set)。后续的研究者 Díaz 给出了如何利用信息熵衡量系统匿名度的实例。

Guan 等也给出了基于信息论的匿名度定义。不同的是，这个定义中将攻击者可能获得多种不同信息后对发送者判断概率的不同纳入考虑。但是，这种方法计算过于复杂，实用性不高。

除此之外，国内外研究者还提出基于联合熵的多属性匿名度量模型，用作匿名等级的评价指标，基于互信息 (mutual information)、基于相对熵等方法衡量匿名通信系统的匿名度，并基于此探讨了匿名与信息泄露的关系。研究者基于最小熵定义匿名度，并以此为基础分析了 MIX 网络所提供的匿名保护程度。后续的研究者则对此前的研究工作进行总结，指出没有一种匿名度的衡量方法可以在各种不同的环境下都表现得很好。因此作者提出以香农熵 (Shannon-entropy)、最小熵 (min-entropy)、最大熵 (max-entropy) 的一般化模型 Rényi 熵 (Rényi-entropy) 为框架来分析匿名性能，从而适应不同的环境。

1.3.4　基于概率的匿名度定义

基于概率的匿名度强调在系统中的不同对象的匿名度并不是全部相同的。因此在定义某个对象的匿名度时，必须将其他对象也考虑在内。

定义 $\mathrm{Pr}_a(x)$ 为攻击者 a 判定的对象 x 为消息发送者的概率。x 为非空集合 S 的成员，$\sum_{y\in S}\mathrm{Pr}_a(y)=1$。定义 $d_{x,a}(A)$ 为在使用特定对匿名协议 A 的情况下，从攻击者 a 的角度来看对象 x 的匿名度，则有 $d_{x,a}(A)=\sum_{y\in S\neq x}\mathrm{Pr}_a(y)$。等价地，$d_{x,a}(A)=1-\mathrm{Pr}_a(x)$。如果在攻击者 a 看来，集合 S 中所有的对象是消息发送者的概率都相等，则 $d_{x,a}(A)=1-1/|S|$。基于上述定义，作者给出了匿名协议 A 为提供匿名保护的对象构成的集合 S 提供的总匿名度：$d\left(A\right)=\min\left\{d_{x,a}\left(A\right)\right\},\forall x\in S$。

此外，Clay Shield 等还给出了 Reiter 与 Rubin 所提出的匿名度连续区间上关键点的量化定义，如表 1.2 所示。

表 1.2　匿名度连续区间上关键点的量化定义

匿名度	量化定义
Absolute Privacy	攻击者无法察觉通信的存在，$\lvert S\rvert=\infty$，$d_{x,a}=1$
Beyond Suspicion	x 同系统中其他的可能的发送者相比，看起来更不像是消息的发起者，$\lvert S\rvert>1$，$1-1/\lvert S\rvert\leqslant d_{x,a}$，且对于任意 $y\neq x\in S$ 来说，有 $d_{y,a}<d_{x,a}$
Probable Innocence	从攻击者的角度来看，x 是发起者的可能性不会比其不是发起者的可能性更高，但是 x 看起来比其他的对象更像发起者。对于任意 $y\neq x\in S$ 来说，有 $1/2\leqslant d_{x,a}<d_{y,a}$，可推出 $d_{x,a}<1-1/\lvert S\rvert$
Exposed	存在着 x 不是攻击者的概率，$0<d_{x,a}<1/2$
Provably Exposed	攻击者可以证实 x 是消息的发起者，$d_{x,a}=0$

这种基于观察的匿名度定义考虑了不同对象攻击者赋予的概率不同，因此相比基于匿名集合大小的匿名度概率更加准确地反映了系统的匿名保护程度。同时，这是一种定量的衡量方法，因此相比于基于匿名连续区间的匿名度定义更加精确。

1.4　匿名的实现机理

网络匿名通信技术主要应用于匿名电子邮件系统、匿名网络存储系统、匿名发布系统、匿名 Web 浏览系统。从基本的匿名机制来看，主要有基于源重写技术的匿名通信系统、基于 DC-Net 的匿名通信系统以及基于广播或多播技术的匿名通信系统等。从系统结构上来看，匿名通信系统主要包括单点结构的匿名通信系统、静态网络结构的匿名通信系统以及动态点对点结构的匿名通信系统。从实现方法来看主要有基于消息 (message-based) 的匿名通信系统以及基于虚电路 (circuit-based) 的匿名通信系统。

基于源重写技术的匿名通信系统是目前研究最多的一种。消息在发送者与接收者之间通过一组转发部件进行传输。每个转发部件对消息进行重写，隐藏消息的地址信息、长度信息等。源重写技术中应用最为广泛的是 Chaum 于 1981 年提出的 MIX 匿名机制。DC-Net 是 Chaum 于 1984 年提出的一种基于信息理论的基本匿名通信机制。由于存在实际应用的限制，基于 DC-Net 机制实现的匿名通信系统很少。基于广播或多播技术的匿名机制，借助广播或多播通信过程中的多用户特性构成匿名集合，保证匿名性。目前 Internet 对广播或多播的支持还不是很广泛，因此基于广播或多播的实用匿名通信系统不多。

基于消息的匿名通信系统中，消息中包含处理消息所需的所有信息，如路由信息和密钥信息等。而在基于虚电路的匿名通信系统中，通信开始时首先建立一条虚电路，此后所有消息传输均通过统一路径传输，直至通信结束拆毁链路。基于消息的匿名通信系统更多地应用于延迟非敏感类应用中，如电子邮件。基于虚电路的匿名通信系统适用于支持延迟敏感类应用，如 Web 浏览等。

1.4.1 MIX 和 MIX 网络

MIX 是一种基本的匿名机制。自 1981 年由 Chaum 首次提出以来，MIX 得到了广泛与深入的研究。目前，MIX 是应用最广泛的一种源重写类匿名实现技术，并已被应用于众多实用的匿名通信系统中。

1. *MIX 工作原理*

MIX 的基本思想非常简单，MIX 节点接收一定数量的消息，通过加密 (encryption) 或填充 (padding) 等手段修改消息的外观 (appearance)，通过延迟 (delaying) 或重排序 (reordering) 等手段来修改消息的顺序，从而以一种隐藏输入、输出对应关系的方式输出消息，保证攻击者无法准确推断通信参与者的通信关系。

MIX 服务器的工作过程如图 1.11 所示：输入消息被存储在 MIX 的内部缓冲区中，满足消息发送条件时，MIX 选择待输出的消息，重新排序、重新编码后输出。由于 MIX 对于同样的输入消息会有同样的输出消息，因此为防止攻击者进行重放攻击 (重复输入消息并检查是否有相同输出来确定输入与输出的关系)，MIX 服务器在一次公钥有效期内存储所有的输入消息并进行比较以删除重复的消息。由于消息被重新编码，因此攻击者无法通过内容来推断消息的对应关系。由于消息被重新排序后输出，因此攻击者无法通过消息到达顺序来推断消息的对应关系。

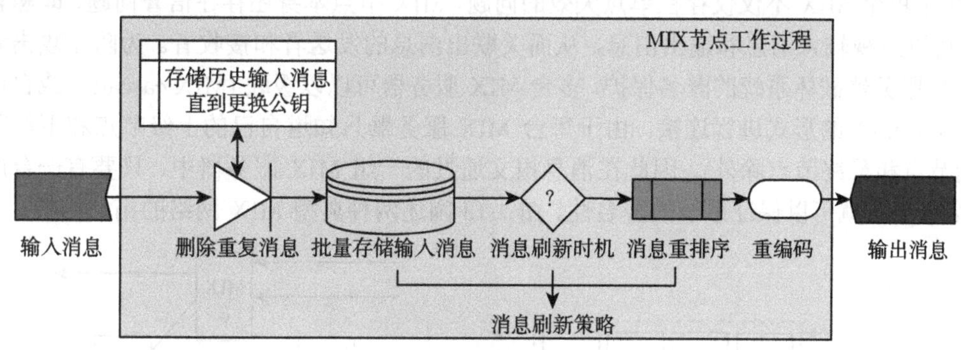

图 1.11 MIX 服务器工作过程

1) 单节点 MIX

单节点 MIX 是指对消息进行存储转发的一个中继节点，它接收来自不同消息源的消息，并对消息进行加密、变换等操作，然后进行转发。其目的是隐藏输入和输出之间的对应关系。

图 1.12(a) 显示了单个 MIX 的主要组件，该节点维护一对密钥 $< K_{\text{pub}}, K_{\text{priv}} >$，并将

公钥 K_{pub} 发布到可信的密钥管理设施，用户选择 MIX 的公钥 K_{pub} 加密消息，然后将密文发送给 MIX 节点，MIX 将每一个输入的消息存储一段时间，并按照一定的刷新策略转发消息 (如阈值 MIX、计时 MIX、阈值或者计时 MIX 策略等)。我们可以将上述过程简单定义为如下形式：

$$E_{\text{pub},X}(R_X, M, A_B) \xrightarrow{X} M$$

其中，$\xrightarrow{X}$ 代表 MIX X 对消息 M 的变换，箭头左边表示消息的输入，右边表示消息的输出，R_X 为填充，A_B 为 B 的地址。

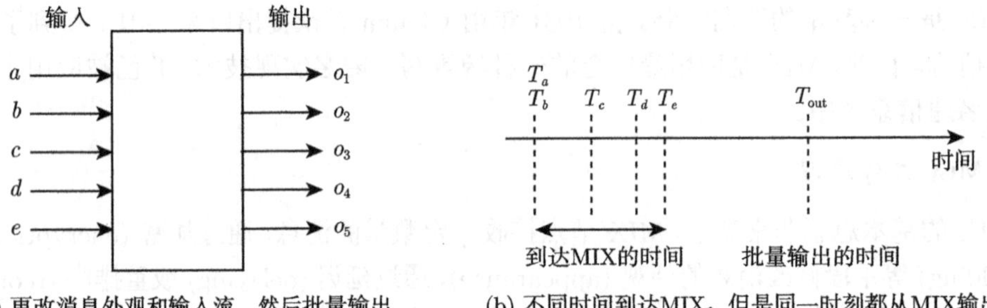

(a) 更改消息外观和输入流，然后批量输出　　(b) 不同时间到达MIX，但是同一时刻都从MIX输出

图 1.12　典型的 MIX

MIX 从通信链路 a、b、c、d、e 处接收消息，并解密收到的消息，然后删除发送者的信息如消息头的地址信息以及消息的计时信息等，并通过重加密或者填充等改变每一条消息的外观，以此生成无关联的消息，然后批量输出给 o_1、o_2、o_3、o_4、o_5。如图 1.12(b) 所示，在不同的时间 $T_a = T_b$、T_c、T_d 和 T_e 到达的消息会在同一时刻输出 T_{out}。即一旦满足某个消息刷新的条件，MIX 就将输入消息转发给消息的接收者或下一个 MIX，这种批处理策略可以防范流分析攻击。

2) MIX 网络

由于单个 MIX 不仅仅存在单点失效的问题，MIX 节点本身还存在信誉问题，即恶意的 MIX 可以监视输入消息和输出消息，从而关联出消息的发送者和接收者。为防止攻击者攻占 MIX 服务器破坏系统的匿名保护，多台 MIX 服务器可以以级联 (MIX cascade) 或自由路由 (free-route) 的形式进行连接。由于每台 MIX 服务器只知道自己的上级节点和下级节点 (初始节点和最终节点除外)，因此在消息报文通过的一组 MIX 服务器中，只要有一台服务器正常工作，就可以保证系统的匿名性。图 1.13 阐述两种典型 MIX 网络的拓扑结构。

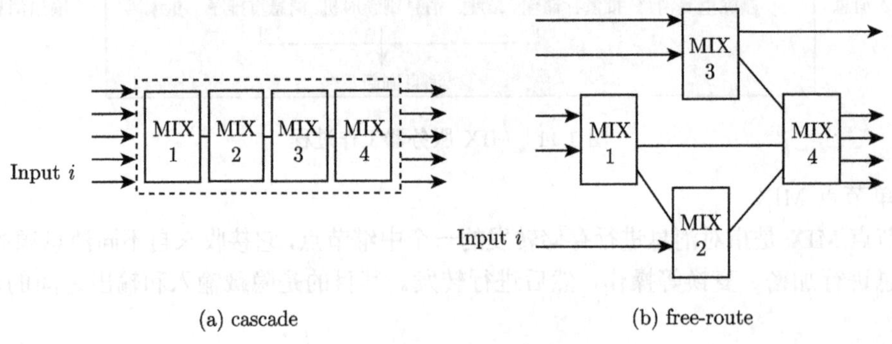

(a) cascade　　(b) free-route

图 1.13　MIX 网络的拓扑结构

图 1.13(a) 阐述了级联 (Cascade) 的拓扑结构，第一个 MIX 将输入消息变换后转发给第二个 MIX，第二个 MIX 重复这个过程并转发给第三个，依次类推。然而，自由路由 (free-route) 拓扑结构 MIX 网络的消息传输的路径由可变数量的 MIX 组成。在图 1.13(b) 中，MIX 2 将输入消息转发给 MIX 4，但是，并非所有的输入都遵循相同的路径。

如果消息的发送者 Alice 匿名地发送一条消息 M 给消息接收者 Bob，Alice 在发送消息之前需要确定一条 MIX 路径 $P=\{Y,X\}$，并获得该路径之上 MIX 服务器的 RSA 公钥，随后构造一个分层加密的消息。然后通过消息混淆 (报文延迟、乱序、报文填充等)，最后，解密并转发其中的一些消息，如图 1.14 所示。

$$K_{\mathrm{pub},Y}(R_X,K_{\mathrm{pub},X}(R_B,M,A_B),A_X)\xrightarrow{Y}K_{\mathrm{pub},X}(R_B,M,A_B)\xrightarrow{X}M \tag{1.4}$$

其中，K_{pub} 为用 MIX 节点的公钥；R_X、R_B 为随机字符串；M 为消息；A 为消息的目的地址。

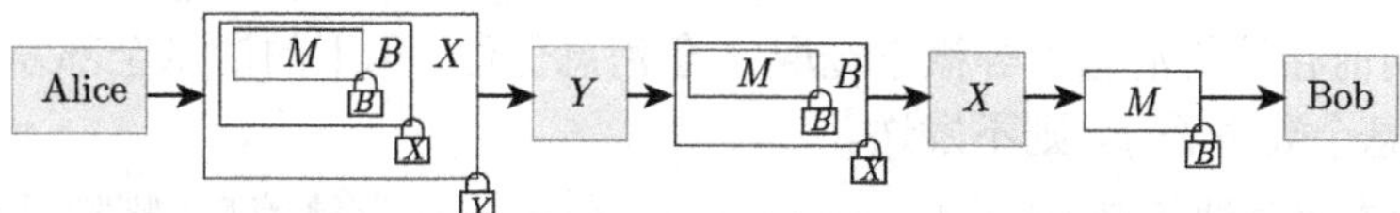

图 1.14 级联 MIX 的消息路由路径

2. 典型 MIX 的消息刷新策略

MIX 的消息刷新策略指的是 MIX 在存储转发过程中为了改变消息的顺序而采取的措施的统称。由于它直接影响 MIX 的匿名性，因此，针对消息刷新策略的研究是 MIX 的设计与研究中最重要的内容之一。MIX 的目标是隐藏输入消息与输出消息的对应关系。MIX 服务器完成对消息的存储转发，在此过程中通过重新编码或填充等手段修改消息的外观，并通过延迟或重排序等手段来修改消息的顺序。消息重新编码以及填充可以保证攻击者无法通过内容来推断消息的对应关系，而消息的乱序输出可以保证攻击者无法根据消息到达与发出的顺序来推断消息的对应关系。由此，MIX 能够保证攻击者无法判定输入消息与输出消息的对应关系。

MIX 在存储转发过程中为了改变消息的顺序而采取的措施统称为 MIX 的消息刷新策略。简单来说，MIX 的消息刷新策略主要需要回答如下几个问题：① 满足什么条件时选择消息进行发送？② 选择多少条消息进行发送？③ 如何确定被选择的消息？这里，我们将满足消息发送条件的时机称为消息刷新时机。本节将对 MIX 的消息刷新策略进行深入的探讨。

(1) 阈值策略 (threshold strategy)：存储消息 (删除重复消息)，消息个数到达阈值 n 时，将所有消息一起发出。无法保证消息的时效性，消息的最长等待时间无穷大。适用于网络流量比较大且比较稳定的环境下。

(2) 定时策略 (timed strategy)：存储消息 (删除重复消息)，每隔 t 单位时间将缓冲区中所有消息一起发出。可以保证消息的时效性，但是并不能保证消息的匿名性。如果在某个时间周期内只有一条消息到达 MIX，则这条消息的匿名性被破坏。适用于消息时效性高的情况。

(3) 阈值与定时策略 (threshold-and-timed strategy)：阈值策略与定时策略的一种结合方式，每隔 t 单位时间检查一下 MIX 节点当前存储的消息个数是否大于等于阈值 n，如果是，则将全部消息一起发出。匿名性强于阈值策略，但时效性等同或弱于阈值策略。

(4) 阈值或定时策略 (threshold-or-timed strategy)：阈值策略与定时策略的另一种结合方式。在间隔 t 单位时间或缓冲区中消息个数到达阈值 n 时，将所有消息一起发出。强调时效性，在消息流量低的情况下等同于定时策略，在消息流量高的情况下时效性优于定时策略。缺点同定时策略。

(5) 阈值静态消息池策略 (threshold static pool strategy)：存储消息 (删除重复消息)，当节点中消息个数到达 $n+f$ 时，从中等概率随机选取 n 条消息发送出去，剩下 f 条消息存储在本地消息池中。这里的阈值 n 指两次发送消息之间的消息个数，而不是本地存储的消息个数。

(6) 定时静态消息池策略 (timed static pool strategy)：存储消息 (删除重复消息)，每隔 t 单位时间从当前存储的消息中等概率选取 f 条消息保留，剩下的消息全部发送出去。如果当前存储的消息个数小于 f，则不发送。

(7) 定时动态消息池策略 (timed dynamic pool strategy)：存储消息 (删除重复消息)，每隔 t 单位时间检查当前存储的消息个数，当消息个数大于 $n+f_{\min}$ 时 (记为 $m+f_{\min}$，$m>n$)，发送 $\max(1,\lfloor m\times \mathrm{frac}\rfloor)$ 条消息，并保留剩余的消息在消息池中。当 $n=1$ 时，称为 Cottrell 策略，这种策略在 MixMaster 系统中应用了多年。在 $n>1$ 的一般情况下称为定时动态消息池策略。

(8) 二项式策略 (binomial strategy)：存储消息 (删除重复消息)，到达消息刷新时机时，对于消息池中的每一条消息以概率 p 发送出去，以概率 $1-p$ 保留。根据消息刷新时机的不同可以分为定时二项式策略和阈值二项式策略。每次发送的消息个数满足二项分布，即缓冲区中消息个数为 n 的情况下，发送 s 条消息的概率为 $\Pr(s)=C_n^s\times p^s\times(1-p)^{(n-s)}$。

(9) Stop-And-Go 策略 (SG strategy)：发送者随机选定若干个节点。为每一个节点 i 计算一个时间窗 $(\mathrm{TS}_{\min},\mathrm{TS}_{\max})_i$，利用参数为 u 的指数分布生成随机的延迟时间 T_i，这些信息将被添加到消息中并利用对应的 MIX 服务器公钥加密。服务器 i 解密后获得时间窗 $(\mathrm{TS}_{\min},\mathrm{TS}_{\max})_i$ 和延迟时间 T_i，如果消息的到达时间不在时间窗口内，则丢弃消息。否则，等待 T_i 单位时间后，MIX 服务器将消息发送给下一节点或目的节点。

除了上述的典型消息刷新策略外，Dingledine 等还在文献中提出一种 $\alpha-$混合策略 ($\alpha-$mixing strategy)。$\alpha-$混合策略是一种可以附加在以上消息刷新策略的机制。通过设置安全参数 α，发送者可以自行权衡安全性与效率。每条消息都附带发送者设置的 α 值，其值会在特定事件发生时减 1。当 α 值减为 0 时，消息将被发送出去。根据 α 值减少的条件，$\alpha-$混合策略可以分为确定性策略和非确定性策略两种。确定性的 $\alpha-$混合策略会在每次消息发送时确定地减少每条消息的 α 值，而非确定性的 $\alpha-$混合策略则会概率性执行减少 α 值的动作。$\alpha-$混合策略的优点是当某些用户选择高的 α 值时，所有的用户都会受益，因为攻击者无法判定到底哪些用户选择什么样的 α 值。

Moskowitz 等在文献中还提出了一种称为泵策略 (Pump MIX) 的消息刷新策略，其基本思想来自于抵御通信系统中隐蔽通道的 Pump 系统。泵策略为一种有状态依赖的 MIX 消息刷新策略，消息传输中会引入随机延迟，而此延迟依赖于既往的行为。此前的消息刷新策略都是无状态依赖，这种有状态依赖的消息刷新策略是否会引起新的攻击尚未得到深入的研究。

3. MIX 消息刷新策略分析

为了更好地对 MIX 的消息刷新策略进行描述与分析，Díaz 等提出了概括描述 MIX 消息刷新策略的方法。MIX 的消息刷新策略被形式化地描述为到达消息刷新时机时，MIX 中的消息个数到待发送消息比例的映射 $P:\mathbb{N}\rightarrow[0,1]$。

利用 Díaz 等的概括描述方法，上述的消息刷新策略可以描述如下。

(1) 定时策略：$P(n)=1$。

(2) 定时静态消息池策略：当到达消息刷新时机时，如果 MIX 存储的消息个数 $n>N_p$(消息池大小)，则保留 N_p 条消息，其余消息全部发送出去。函数为

$$P(n)=(n-N_p)/n=1-N_p/n$$

(3) 定时动态消息池策略：当到达消息刷新时机时，如果消息个数 $n>N_p$(最小消息池的大小)，则至少保留 N_p 条消息，剩下的消息按照比率 frac 发送。函数为

$$P(n)=\text{frac}\times(n-N_p)/n=\text{frac}\times(1-N_p/n)$$

(4) 阈值静态消息池策略：当到达消息刷新策略时机时 (消息池中的消息数 n 为阈值 N 时，则保留 N_p(消息池大小) 条消息)，将剩下的消息全部发送出去。此时，函数曲线退化为一个点 $(N,1-N_p/N)$。

(5) 阈值策略：阈值策略可以认为是阈值静态消息池的一种特例，消息池大小为 0。因此函数曲线退化为平面上的点 $(N,1)$。

MIX 消息刷新策略的概括描述直观地反映了 MIX 设计过程中的时效性与匿名性的权衡关系。一般来说，$P(n)$ 的函数值高表明系统设计过程中强调时效性要高于匿名性，而 $P(n)$ 的函数值低则表明系统更期望以高的消息延迟换取强匿名性。由此可以设计新的函数来实现在消息流量不同的情况下对时效性与匿名性的不同权衡，例如，研究者提出利用正态分布的累积分布函数作为 $P(n)$，从而达到消息流量低时增加消息延迟以保证匿名性、消息流量高时减少消息延迟以保证时效性的目的。

Díaz 等的概括描述方法的缺点是只能够描述确定性的批处理消息刷新策略，而不能描述二项式策略及连续型消息刷新策略。此外，Díaz 等的概括描述方法不能够描述消息刷新时机的不同，而且不能够描述有历史状态依赖的消息刷新策略。

图 1.15 总结了 MIX 消息刷新策略的发展过程与分类。从图中可以看出，MIX 的消息刷新策略主要可以分为批处理策略 (batching strategies) 和连续策略 (continuous strategies) 两大类。消息刷新时机主要包括阈值策略、定时策略以及二者不同方式的结合。MIX 消息刷新策略在发展过程中不断在 MIX 消息存储转发过程中引入新的不确定性，目标是提高攻击者推断输入消息与输出消息对应关系的难度。

批处理策略在到达消息刷新时机时从 MIX 的内部缓冲区中批量选择待输出消息并将其发送出去。批处理策略的发展经历了简单策略、消息池策略及二项式策略三个阶段，目标是

增加不确定性，提高 MIX 的匿名保护水平。最初的 MIX 消息刷新策略均为简单策略，即到达消息刷新时机时将内部缓冲区中所有的消息全部输出，所不同的是各自的消息刷新时机不同。消息池策略在到达消息刷新时机时缓冲区内的消息是否全部输出上引入随机性：当到达消息刷新时机时，一部分消息被保留在内部消息池中，剩余的消息将被输出。这样，对于一条输出消息来说，所有此前输入的消息都有可能与之对应，从而增加了攻击者确认消息对应关系的难度。简单策略与消息池策略具有一个共同的弱点，就是到达消息刷新时机时，待发送消息的个数是确定的，只有哪些消息需要被发送是不确定的。当消息池中的消息个数 n 确定的情况下，待发送的消息个数 s 也可以确定，反之亦然。这样攻击者可以根据已发送的消息数推断内部缓冲区中剩余的消息个数，有助于攻击者对 MIX 进行攻击。二项式策略在到达消息刷新时机时待发送消息的个数上引入不确定性，待发送的消息个数同消息池中的消息个数的概率关系符合二项式分布。因此，攻击者在观察到输出消息的个数时无法确定性地推断 MIX 中剩余的消息个数，从而增加其攻击难度。

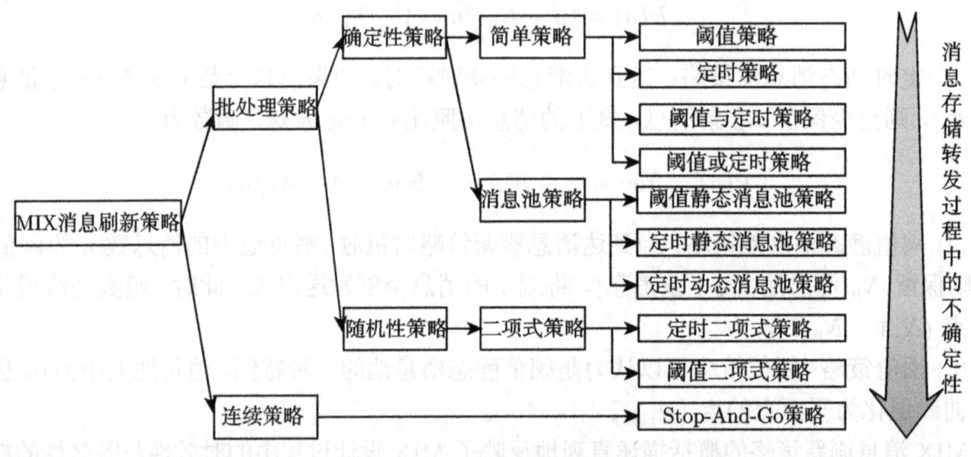

图 1.15 MIX 消息刷新策略

同批处理策略不同，连续策略不再依赖批量处理消息来达到隐藏输入和输出对应关系的目的，而是依赖对不同消息进行不同的延迟来达到此目的。SG 策略是一种连续策略，MIX 针对每条消息单独延迟处理后发送，则消息的输出次序由于用户设置延迟时间的随机性而被打乱。这相当于在消息的发送时间上引入不确定性。

MIX 消息刷新策略的发展是在消息存储转发的过程中不断引入更多的不确定性，这些不确定性的确可以增加攻击者确认输入消息、输出消息对应关系的难度。然而，批处理策略和连续策略各自具有一些固有的缺点和优点。现有的研究分别针对两种策略独立地展开，尽管通过引入不确定性等方法可以扩大其优点，但是却无法掩饰其缺点。

批处理策略的特点是到达消息刷新时机时一批消息会同时被发送出去，这使得攻击者可以区分不同批次被发送的消息，而这些信息有助于攻击者获取一些未知信息。例如，对于消息池策略来说，攻击者可以根据每批次发送出去的消息个数来推算消息池中剩余消息的个数，这些信息有助于攻击者进行进一步的攻击。另外，应用阈值消息刷新时机的批处理策略具有确定性消息输出行为 (deterministic output behavior) 的特性，即以较高的速率向 MIX 输入消息会导致 MIX 以较高的速率进行消息刷新，从而导致其他消息以较高的输出速率被输出。这种特性是 MIX 遭受主动攻击的原因之一。应用定时刷新时机的批处理策略尽管其消息刷新间隔不会受到攻击者发送消息的影响，也不具备确定性消息输出行为，但是在流量较低的情况下，这种 MIX 对消息的匿名保护程度会降低：当某一消息刷新间隔内只有一条消息到达 MIX 时，此条消息的匿名性无法得到保证。

连续策略的特点是针对每条消息单独进行处理，因此每条消息的延迟时间不依赖于其他消息。这样做的优点有如下两点：① 由于每条消息的延迟时间不依赖于其他消息，因此消息在 MIX 中的延迟时间不依赖于流量信息。这可以从一定程度上保证消息传输的效率，同时使得连续策略不具有确定性消息输出行为的特性。② 由于每条消息的延迟时间符合独立的概率分布，因此攻击者无法利用一条输出消息的延迟时间获取其他未输出消息的延迟信息。然而，连续策略这种单独处理消息的特点同样使得在流量稳定性得不到保证的情况下消息的匿名性也无法得到保证。如 Kesdogan 的分析所示，当一条消息进入 MIX 到延迟结束并发送出去这段时间内，如果没有其他的消息到达 MIX，那么攻击者可以确定性地将输入与输出对应起来。

通过上面的分析可以看出，批处理策略与连续策略各自具有优缺点，并且这些优点与缺点实际上是互补的。例如，连续策略可以解决批处理策略的确定性消息输出行为特性带来的安全隐患，而批处理策略则可以在低消息流量的情况下仍然保证消息的匿名性。因此，我们可以在 MIX 处理消息的不同阶段采取不同类型的刷新策略，结合批处理策略与连续策略各自的优点，弥补各自的弱点。这就是混合型消息刷新策略 (hybrid messages flushing strategies) 的基本思想。

4. 混合型消息刷新策略的设计

混合型消息刷新策略的设计目标是结合批处理策略与连续策略各自的优点，同时弥补其各自的缺点。因此，混合型消息刷新策略的设计必须满足如下几个条件。

(1) 在消息流量不稳定的情况下仍然能够保证消息传输的匿名性。

(2) 不具有确定性消息输出行为。

(3) 攻击者无法利用已输出消息的信息推知待输出消息的延迟信息。

综合上面的分析，我们可以得出混合型消息刷新策略的一些设计准则。首先，混合型消息刷新策略的排队阶段所采用的消息转移时机需要有阈值限制，这样可以使 MIX 在低流量环境下仍然保持一定的匿名保护程度。其次，为了保证消息刷新策略不具有确定性消息输出行为，必须保证消息的输出行为不受输入流量的影响。因此，混合型消息刷新策略必须保证其排队规则与发送规则相互独立，且发送规则不会受到输入流量的间接影响。最后，为保证攻击者无法利用已输出消息的信息推知待输出消息的延迟信息，在 MIX 的消息发送阶段每条消息的延迟分布必须是相互独立的，这样才能够保证不同消息之间的输出行为无关联关系。

5. MIX 的攻击方法

MIX 的攻击者的主要目标是推断输入消息与输出消息的对应关系。针对 MIX 的攻击主要可以分为被动攻击与主动攻击两类。被动攻击主要包括蛮力攻击、时间攻击、交集攻击、计数攻击等，其中最常见的攻击是时间攻击，即攻击者通过观察 MIX 传输消息的输入、输出时间来判定对应关系。针对 MIX 的主动攻击中最强力的一种攻击是 $n-1$ 攻击。攻击者通过消息延迟或发送虚假消息等方法将待攻击 MIX 的内部缓冲区清空，然后将待追踪消息与其他攻击者的虚假消息一起发送给 MIX 服务器。当 MIX 服务器输出消息时，只有一条消息对于攻击者是未知的，则攻击者可以确认这条消息就是待追踪消息。Díaz 等在其博士论文中以这两种攻击为例分析了采取不同消息刷新策略的 MIX 的抵御攻击能力。Serjantor 则分析了采取不同消息刷新策略的 MIX 抵御主动攻击 (特别是 $n-1$ 攻击) 的能力。结论表明，现有的消息刷新策略尽管能够增加攻击者成功攻击的代价，但是攻击者仍然能够最终达到成功攻击的目的。

1.4.2 DC-Net 机制

DC-Net 是 Chaum 于 1984 年提出的一种基于信息理论的基本匿名通信机制，其实现基础是不可破解的数学难题“密码员晚餐”(dining cryptographer，DC) 问题。DC-Net 是一种基于消息广播的协议，提供发送者匿名的服务，并且在存在可靠的广播隧道的前提下，保证接收者匿名。为了说明 DC-Net 的工作机理，以 Chaum 的“密码员晚餐”问题中提到的经典场景为例 (图 1.16)。在该例子中，当服务员说饭菜已经结过账时，三位正在就餐的密码学家很是诧异，希望知道他们之中是谁匿名支付了账单，还是坐在旁边桌子的 NSA(美国国家安全局) 特工支付了账单。为此，他们协商通过抛硬币的方式来寻找问题的答案。其中每两位靠在一起的密码学家会抛掷一枚硬币，抛掷的结果只有这两个人知道。每名密码学家会求出他左边和右边的掷币结果的异或 (XOR) 值，然后把结果写在纸上，除了付账的密码学家 (假设为 Alice)，他需要把上述结果的异或反转之后再写到餐巾纸上。然后，密码学家会求出写在餐巾纸上所有结果的异或值。因此每枚硬币的抛掷结果只会影响恰好两条餐巾纸上的值，掷币的效果会互相抵消，对最后结果没有任何影响。如果有密码学家付账了，且没有对异或的结果撒谎，那么最后的结果为 1；如果没有密码学家付账，结果为 0。然而，可以证明，为 1 的结果没有暴露与付款的密码学家有关的任何信息；即 Bob 和 Charlie 都不能说出另外两位密码学家中到底是哪位付款，除非他们一起串通欺骗 Alice。

DC-Net 还可以进行泛化以支持更多的群体，更长消息的传输。定义通信的 n 个参与者：$P_1, P_2, \cdots, P_n$，要发送的消息 M 为长度为 k 的位串。参与者之间相互协商生成的共享密钥 K 为长度为 k 的随机位串。定义 P_i 与 P_j 之间共享的密钥为 K_{ij}。则发送者通过 DC-Net 协议匿名发送信息的过程如下 (以下所述的所有求和过程都为异或 (XOR) 和)。

(1) 计算部分和。每一个参与者 P_i 计算它的所有共享密钥 K_{ij} 的异或和 s_i：

$$s_i = \sum_{j \neq i} K_{i,j}, \quad 1 \leqslant i, j \leqslant n \tag{1.5}$$

(2) 发送消息与噪声。P_i 广播 $M + s_i$，其他参与者 P_j 广播噪声 s_j。

(3) 还原消息。参与者通过计算全局和 s 来获取消息 M：

$$s = M + \sum_{i=1}^{n} s_i = M + \sum_{i=1}^{n} \sum_{j \neq i} K_{i,j} = M(K_{ij} = K_{ji}) \tag{1.6}$$

如上，发送者可以匿名地将消息 M 广播给所有的接收者。如果发送者想要将消息发送给特定的接收者，只需要将消息利用对应的接收者的私钥加密即可。其他接收者收到消息解密后获得的都是无意义的内容，只有真正的接收者可以获取正确的内容。

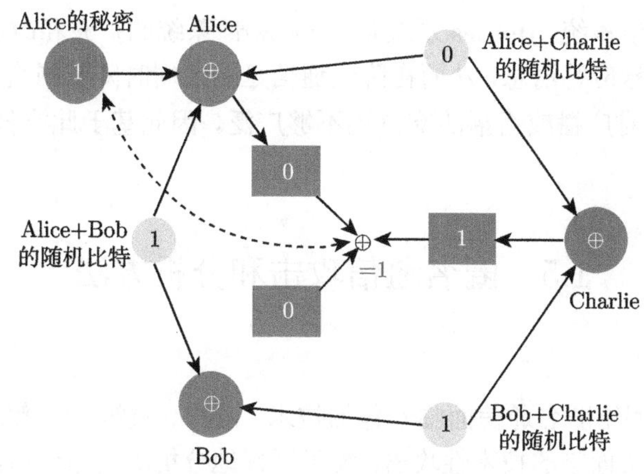

图 1.16 密码学家晚餐协议

DC-Net 协议简单而又安全地提供了匿名通信服务，但它却有着十分严重的缺陷：首先，匿名信息传输依赖于一个安全可靠的广播信道，即每个诚实参与者所广播的消息都被其他参与者未经修改地接收到。Waidner 指出，可靠的广播是一种不现实的假设，它不可能通过密码学的手段来获得。其次，每次只能发送一条消息，否则会发生信道冲突。然后，消息数巨大，每匿名发送一条消息都需要所有参与者广播一条消息，这在实际情况中是不可能的。最后，共享密钥数量巨大，在实际环境中，每次发送新消息时都需要协商生成新的密钥，这也是不现实的。

Cornell (康奈尔) 大学的 CliqueNet 系统采用分治的思想对 DC-Net 协议进行了改进，目的是弥补 DC-Net 协议效率低和可扩展性差的缺点。CliqueNet 虽然在一定程度上缓解了广播通信流量大的问题，但它的路由层却带来了不必要的网络延迟。当网络规模比较大时，路由转发节点对包的转发量急剧增加，成为网络的瓶颈。而且，它同样需要可靠的广播。Herbivior 是 Cornell 大学开发的另一个基于 DC-Net 协议构建的匿名通信系统，目标是保护发送者和接收者匿名，系统可扩展性好，提供高带宽低延迟的高效消息传输。CMU (卡内基梅隆) 大学提出的 k-anonymity 协议的思想与 CliqueNet 类似。它同样把整个网络分成许多小的类似于 DC-Net 的单元。每个单元至少有 k 个诚实的用户，这样攻击者最多知道消息的发送者 (或接收者) 在这 k 个用户中，但并不知道是哪一个。该协议匿名传递一个消息需要传递 $O(k^2)$ 个额外的消息，当 k 较大时，其通信流量还是很大，而且它同样需要可靠的广播。

1.4.3 广播或组播匿名机制

Internet 上的广播或组播可以实现一对多之间的通信，组播或广播地址代表一组主机，而不是某一个特定的主机。利用广播或组播技术发送消息时，可以使接收者隐藏在组播或广播成员中，由此实现接收者匿名。典型的系统包括 Maryland(马里兰) 大学开发的 P^5 (peer-to-peer personal privacy protocol) 系统、Purdue(普渡) 大学提出 Hordes 系统等。

P^5 系统采用分级广播的思想建立匿名通信网络，实现发送者匿名、接收者匿名与通信关系匿名，并且提供用户自己在匿名性与效率之间进行权衡的功能。P^5 的一大创新是参与者可以自行选择匿名性与通信效率的折中，从而可以扩展到一个支持数千个活动用户同时通信的大规模匿名通信系统。Hordes 系统是对 Crowds 系统的扩充和改进，在消息的回路阶段采用组播的方式发送应答消息，从而在降低通信延迟的同时降低网络带宽消耗。

目前 Internet 上对广播或组播的支持还不够广泛，因此基于此类技术的实用匿名通信系统尚未见到。

1.5　匿名通信攻击和分析方法

1.5.1　威胁模型

在现实生活中，网络匿名通信面临着包括技术、法律、政策、道德等多方面的攻击，本书主要讨论匿名通信所面临的技术性攻击。为了更好地分析匿名通信所面临的攻击，首先要确定对攻击者能力的假设。在匿名通信的研究领域中，通常假定攻击者的属性如下。

(1) 内部攻击者–外部攻击者：内部攻击者控制匿名通信系统的部分组成部件，如发送者、接收者或者中间路由节点等。外部攻击者则控制匿名通信系统底层的通信介质，例如，可以对通信链路进行报文监听等。

(2) 被动攻击者–主动攻击者：被动攻击者只能监听网络流量，而主动攻击者除此之外具有插入、更改、删除消息的能力。

(3) 静态攻击者–自适应攻击者：静态攻击者在攻击过程中占有的通信系统的资源是不变的，而自适应攻击者在攻击过程中可能不断改变占有的资源，例如，他们可以“跟踪”消息的传送。

(4) 局部攻击者–全局攻击者：局部攻击者控制着通信系统的一部分资源，而全局攻击者控制着整个通信系统。

对于匿名通信系统的攻击者来说，可能同时拥有其中的几种属性，例如，既是主动攻击者又是内部攻击者。基于上面的假设，我们讨论匿名通信所面临的攻击类型、发起者以及相应的对策。

1.5.2　攻击方法

针对匿名通信系统的攻击方法研究是匿名通信领域内的一项重要研究内容。大量研究学者针对现有的匿名通信系统进行安全性分析并提出可能的攻击方案。本节针对常用的攻击方法及对策进行介绍。

计时攻击 (timing attack)，是攻击者利用消息进入、离开服务器的时间信息来关联消息。Levine 针对 Web 浏览器访问 Cache 所引发的时间攻击进行讨论，并对低延迟 MIX 系统中的时间攻击进行探讨，并提出一种称为“防御性丢失”(defensive dropping) 的掩护消息来抵御时间攻击。解决时间攻击问题的一个可能的方法是每个中间路由节点采用随机长度的延迟时间。此外，后续的研究者提出使用掩护消息来防止时间攻击。

编码攻击 (coding attack)，是指如果消息在传输过程中存在没有改变的编码，则攻击者可以将系统输入、输出消息联系起来。编码攻击又称为标记攻击 (tagging attack)。如果攻击者控制了匿名路径上的第一个节点和最后一个节点，则攻击者可以在第一个节点对消息进行标记，在最后一个节点检查消息是否有标记。如果有标记，则输入输出消息可以对应起来。

这种攻击可以扩展到攻击者控制匿名路径上任意两个节点的情况。Pfitzmann 探讨了如何利用标记攻击破坏 MIX 系统。标记攻击的一种抵御方法是对消息进行完整性校验，MixMaster 系统和 MixMinion 系统中都提出了相应的解决方案。此外，Danezis 还提出一种称为 Minx 的报文格式。Minx 采用 AES 加密算法的 IGE 模式，攻击者改变消息中的某几位会导致整个消息不可读，由此可以防止攻击者在消息中添加标记。

流量整形攻击 (traffic shape attack)，主要包括通信模式攻击 (communication pattern attack)、消息频度攻击 (message frequency attack) 及报文计数攻击 (packet counting attack)。通信模式攻击主要针对实时交互式的应用。在这种应用中，通常只有一个用户发送消息而另外一个用户沉默接收消息。长时间对报文发送与接收的时间进行分析，有可能发现通信双方的对应关系。消息频度与计数的攻击则是建立在对发送、接收数据报文的比较上，如果二者频度或数量相同，则有可能将其对应起来。解决流量整形攻击的方法主要有报文填充、掩护消息流量以及报文分片等。Danezis 提出利用消息分片的方法抵御局部攻击者的计数攻击。

交集攻击 (intersection attack)，是基于长时间对用户网络行为的观察。对于一个特定的网络用户来说，通常登录时间、交互对象等具有一定的规律，因此，通过对不同时间不同活动的网络用户进行交集分析，有可能确定对应关系。Wright 等指出 Tarzan 和 Crowds 系统对于这种攻击都是脆弱的，但其攻击代价会随着网络规模的增大而增大。Danezis 对交集攻击作了进一步的讨论，称为暴露攻击 (disclosure attack)，并指出实施这样的攻击等价于求解 CSP(constrain satisfaction problem)，这是一个 NP 难问题。后续的研究者则给出了一个更有效的攻击——HS 攻击 (hitting set attack)，并对攻击方法进行优化。Danezis 等提出一种称为概率暴露攻击 (statistical disclosure attack) 的攻击方法。目前，如何抵御交集攻击及其衍生出的攻击仍是匿名通信领域的开放型问题。

重放攻击 (repetitive attack)，指的是攻击者首先记录下待追踪的消息，然后重新将此消息发送进入 MIX 网络以追踪特定消息传输路径的一种攻击。由于 MIX 节点会对同样的消息进行相同的操作 (包括加密、解密操作以及路由操作等)，因此两条相同的输入消息必然会引起在 MIX 的输出端出现两条相同的消息，由此攻击者可以确定待追踪的消息并由此确定消息传输路径、最终发现消息接收者，破坏 MIX 系统的匿名保护。重放攻击是一种针对 MIX 的十分有效的主动攻击。

$n-1$ 攻击，是针对 MIX 的主动攻击中最有效的一种攻击。攻击者通过消息延迟或发送虚假消息等方法将待攻击 MIX 的内部缓冲区清空，然后将待追踪消息与其他攻击者的虚假消息一起发送给 MIX 服务器。当 MIX 服务器输出消息时，只有一条消息对于攻击者是未知的，则攻击者可以确认这条消息就是待追踪消息。$n-1$ 攻击在不同环境下有时也称为涓流攻击 (trickle attack)、洪泛攻击 (flooding attack)、混合攻击 (blending attack)、隔离攻击 (isolating attack)、刷新攻击 (flushing attack) 及 Spam 攻击等。在此前的研究中，研究者提出链路加密、消息时间戳、掩饰消息以及绕路传输等方法抵御 $n-1$ 攻击，然而这些方法却由于实际应用的限制等原因无法完全防止 $n-1$ 攻击。

前驱攻击 (predecessor attack)，是 Reiter 和 Rubin 在分析 Crowds 系统的安全性时首先提出的，他们称之为共谋攻击 (collusion attack)。多个节点共享其得到的路径信息，从而共同推断消息发送者的身份。Wright 等对 Crowd、Onion-Routing 和 DC-Net 等协议的前驱攻击进行了分析。

拒绝服务攻击 (denial-of-service attack)，是指攻击者通过种种手段使匿名通信系统的服务能力降低。Borisor 针对攻击者阻断访问匿名通信系统的拒绝服务攻击进行分析并提出了对抗手段。

女巫攻击 (sybil attack)，是指攻击者首先向网络中植入自己的节点或者控制部分网络节点，这两类节点都称为恶意节点。然后恶意节点把知道的系统信息泄露给攻击者，攻击者再从这些信息推断出匿名隐藏关系或者发动其他的攻击 (如前驱攻击等)。在参与者充当转发代理的系统中尤其要防范女巫攻击，防止攻击者控制多个主机作为参与者加入系统，从而使得系统中相当比例的成员成为恶意节点，破坏系统匿名性能。在 Crowds 系统中证明了恶意节点比例必须控制在一定的范围内才能达到它所声称的匿名性。当系统对用户加入没有身份限制时，实力强大的攻击者是很容易发动女巫攻击的。抵抗的办法是适当地加入控制策略，MorphMix 系统提出一种共谋检测机制，防止受控节点选择其他共谋节点组成匿名路径，进行女巫攻击。

参 考 文 献

Akhoondi M, Yu C, Madhyastha H V, 2014. Lastor: a low-latency as-aware tor client. IEEE/ACM Transactions on Networking, 22(6): 1742-1755.

AlSabah M, Goldberg I, 2016. Performance and security improvements for tor: a survey. ACM Computing Surveys, 49(2): 32.

Berthold O, Federrath H, Köpsell S, 2001. Web mixes: a system for anonymous and unobservable internet access. Privacy Enhancing Technologies: 115-129.

Berthold O, Pfitzmann A, Standtke R, 2001. The disadvantages of free mix routes and how to overcome them. Privacy Enhancing Technologies: 30-45.

Borisov N. Danezis G, Mittal P, et al, 2007. Denial of service or denial of security? How attacks on reliability can compromise anonymity: 92-102.

Chaum D, 1988. The dining cryptographers problem: unconditional sender and recipient untraceability. Journal of Cryptology, 1(1): 65-75.

Chaum D L, 1981. Untraceable electronic mail, return addresses, and digital pseudonyms. Communications of The ACM, 24(2) : 84-90.

Clarke I, Sandberg O, Wiley B, et al, 2001. Freenet: a distributed anonymous information storage and retrieval system. Privacy Enhancing Technologies: 46-66.

Danezis G, Dingledine R, Mathewson N, 2003. Mixminion: design of a type III anonymous remailer protocol. 2003 Symposium on Security and Privacy, 2: 15.

Díaz C, Seys S, Claessens J, et al, 2002. Towards measuring anonymity. Privacy Enhancing Technologies, 2482: 54-68.

Dingledine R, Freedman M J, Molnar D, 2001. The free haven project: distributed anonymous storage service. Privacy Enhancing Technologies: 67-95.

Edman M, Yener B, 2009. On anonymity in an electronic society: a survey of anonymous communication systems. ACM Computing Surveys, 42(1): 5.

Feamster N, alazinska M, Harfst G, et al, 2002. Infranet: circum venting web censorship and surveillance. Proceedings of the 11th USENIX Security Symposium, 247-262.

Freedman M J, Morris R T, 2002. Tarzan: a peer-to-peer anonymizing network layer. Proceedings of the 9th ACM conference on Computer and communications security: 193-206.

Goldschlag D M, Reed M G, Syverson P F, 1996. Hiding routing information. Proceedings of the First International Workshop on Information Hiding, 1174(1996): 137-150.

Guan Y, Fu X, Bettati R, et al, 2002. An optimal strategy for anonymous communication protocols. Proceedings of the 22nd International Conference on Distributed Computing Systems (ICDCS' 02). Washington, DC: 257-266.

Gulcu C, Tsudik G, 1996. Mixing e-mail with babel. Proceedings of Internet Society Symposium on Network and Distributed Systems Security: 2-16.

Jansen R, Geddes J, Wacek C, et al, 2014. Never been kist: Tor's congestion management blossoms with kernel-informed socket transport. SEC'14 Proceedings of the 23rd USENIX conference on Security Symposium: 127-142.

Johnson A M, SyversonP, Dingledine R, et al, 2011. Trust-based anonymous communication: Adversary models and routing algorithms. Proceedings of the 18th ACM Conference on Computer and Communications Security, CCS '11 : 175-186.

Kesdogan D, Egner J, Büschkes R, 1998. Stop-and-go-mixes providing probabilistic anonymity in an open system. Information Hiding: 83-98.

Kesdogan D, Pimenidis L, 2004. The hitting set attack on anonymity protocols. Lecture Notes in Computer Science: 326-339.

Levine B N, Shields C, 2002. Hordes: a multicast based protocol for anonymity. Journal of Computer Security, 10(3): 213-240.

Pfitzmann A , Köhntopp M, 2001. Anonymity, unobservability, and pseudeonymity-a proposal for terminology. Privacy Enhancing Technologies: 1-9.

Reiter M K, Rubin A D, 1998. Crowds: anonymity for web transactions. ACM Transactions on Information and System Security, 1(1): 66-92.

Sampigethaya K, Poovendran R, 2006. A survey on mix networks and their secure applications. Proceedings of the IEEE, 94(12): 2142-2181.

Serjantov A, Danezis G, 2003. Towards an information theoretic metric for anonymity. Lecture Notes in Computer Science: 41-53.

Serjantov A, Dingledine R, Syverson P F, 2002. From a trickle to a flood: Active attacks on several mix types. IH '02 Revised Papers from the 5th International Workshop on Information Hiding: 36-52.

Shirazi F, Simeonovski M, Asghar M R, et al, 2018. A survey on routing in anonymous communication protocols. ACM Computing Surveys, 51(3): 51.

Shmatikov V, Wang M H, 2006. Measuring relationship anonymity in mix networks. Proceedings of the 5th ACM workshop on Privacy in electronic society: 59-62.

Tang C, Goldberg I, 2010. An improved algorithm for tor circuit scheduling. Proceedings of the 17th ACM Conference on Computer and Communications Security, CCS '10: 329-339.

Wright M K, Adler M, Levine B N, et al, 2008. Passive-logging attacks against anonymous communications systems. ACM Transactions on Information and System Security, 11(2): 3.

第 2 章　典型匿名通信系统

2.1　Tor

2.1.1　Tor 项目背景

Tor(the onion routing) 项目是源于 20 世纪 90 年代中期美国海军研究实验室的员工——数学家保罗・西维森 (Paul Syverson)、计算机科学家迈克尔・里德 (Michael Reed) 以及大卫・戈尔德施拉格 (David Goldschlag) 开发的匿名通信技术，旨在保护美国在线情报通信安全。之后，Tor 项目的前身“洋葱路由”技术于 1997 年交由美国国防高等研究计划署 (DARPA) 进一步研究。2002 年，西维森等基于“洋葱路由”技术开发了第一款测试版软件，并将其命名为洋葱路由项目 (the onion routing project)，简称 Tor 项目，并于当年 9 月 20 日第一次对外发布。2004 年 8 月 13 日，西维森等在第 13 届 USENIX 安全研讨会上发表了题为 *Tor: The Second Generation Onion Router* 的研究论文。2006 年 12 月，丁格伦、马修森等 5 人成立 Tor 项目组，在马萨诸塞州成立了一个非营利组织，负责维护 Tor。除电子前哨基金会外，Tor 项目的早期资助者还包括美国国际广播局、新闻国际、人权观察、剑桥大学、谷歌和荷兰的 Stichting.net 等。

近年来，随着匿名通信技术的不断发展，无论 Tor 匿名网络本身的规模还是用户数都越来越大，根据 Tor 官方网站统计显示：截至 2018 年 10 月，Tor 公开的路由节点数达到 7000 左右，非公开的桥节点数量达到 1000 左右，全球用户数接近 300 万。此外，匿名通信技术的发展还得到了美国政府、学术研究机构以及企业的大力支持。自 2002 年发布至今，Tor 已经成为流行度最广、用户规模最大的低延时匿名通信系统。Tor 项目组提供了多种多样的软件模式，如 Tor Browser、Orbot 和 Tails 等，方便用户在不同的场景下使用，渐渐形成了以 Tor 为核心的软件生态体系。

2.1.2　洋葱路由与 Tor

“洋葱路由”技术采用分层加密和多跳路由来存储转发消息，基于这种技术，每个路由节点只知道消息的前一跳和下一跳地址。具体地，假设匿名网络 $G=(V,E)$ 是无向连通图，且 $R\subseteq V$ 为路由节点集合，其中，V 中的所有节点均知道集合 R；在洋葱路由网络中存在路由协议使得 V 中的任何节点均可使用该路由协议向其他节点发送消息，而不需要知道匿名网络的整体拓扑 (V,E)。

如果节点 s 想要向节点 d 匿名发送消息 M，则 s 首先需要选择一条路由路径 $(r_1,r_2,\cdots,r_n)$；然后，s 构造一个 n 层的“洋葱”消息，其中包含消息内容 M 以及逐层加密的路由信息。在整个消息 M 的路由过程中，除了第一个路由节点 r_1 之外，s 并不需要向任何其他节点透露自己的身份信息。处于洋葱路由最核心的消息是 (d,M)，即目标节点的地址和消息本身。其中，第 n 层消息可形式化定义为

$$O_n = (r_n, E_{K_{r_n}}(d, M))$$

其中，K_{r_n} 为路由节点 r_n 的公钥，该消息为节点 s 使用第 n 个路由节点的公钥对消息 M 和消息的目的地进行加密。

对于第 i 层 O_i，其中 $1 \leqslant i \leqslant n-1$，可使用第 i 个中继的公钥加密第 i+1 层的消息，然后再将第 i 层中继的身份 r_i 封装在该消息中：

$$O_i = (r_i, E_{K_{r_i}}(O_{i+1}))$$

当节点 s 完成最外面一层的消息构建后，即 $O_1 = (r_1, E_{K_{r_1}}(O_2))$。节点 s 使用匿名网络 $G = (V, E)$ 的路由协议向第一跳地址 r_1 发送消息 $E_{K_{r_1}}(O_2)$。当中继 $r_i(1 \leqslant i \leqslant n)$ 收到使用公钥 K_{r_i} 对 O_{i+1} 加密后的消息时，该中继节点将使用与公钥 K_{r_i} 对应的私钥 k_{r_i} 进行解密，以便获取下一跳路由节点信息。当消息到达最后一跳时，即 $i = n$ 时，洋葱消息只剩下最里层的核心消息，即 (d, M)。由于消息的目的地 d 可以由 TCP/IP 协议从 M 的报文头中推断出来，因而最后一跳中继节点 r_n 可以直接将消息 M 发送到预期的目的地 d。Tor 是一款基于“洋葱路由”技术的匿名通信系统，其路由节点由志愿者运行，所有的志愿者节点构成一个分布式的覆盖网络，分布在全球的洋葱路由节点通过 Tor 匿名通信协议为用户中继流量，最终实现匿名保护。

2.1.3 Tor 系统概述

如图 2.1 所示，在 Tor 网络中主要有以下几种类型的节点。

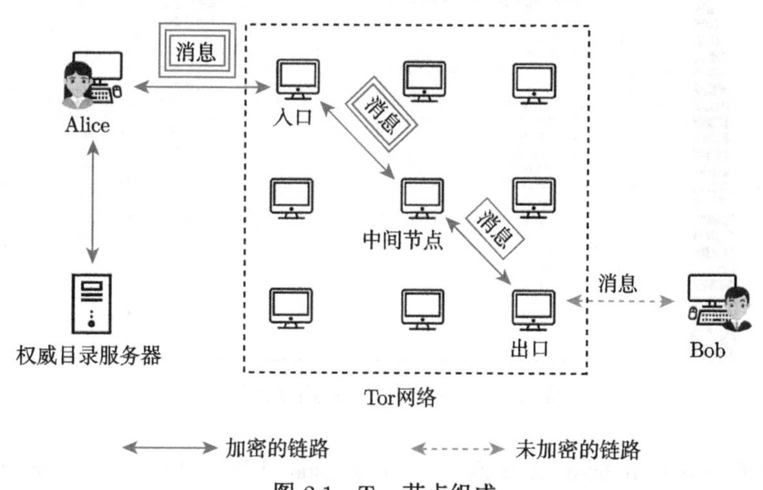

图 2.1 Tor 节点组成

1. Tor 中的节点组成

(1) 权威目录 (authoritative directory) 服务器：Tor 网络的核心，负责维护整个网络中所有节点的信息，并以节点快照和节点描述符的形式向 Tor 的客户端发布节点信息。

(2) 路由节点：Tor 网络的基础，匿名通信流量都是通过由多个路由节点组成的匿名通信链路来进行转发的。两个洋葱路由节点之间通过安全传输层协议 (TLS) 进行加密数据传输。用户可以通过 consensus 列表获取所有的洋葱路由节点信息，并且每次从其中选择三个节点为自己服务。

(3) 洋葱代理 (onion proxy, OP)：Tor 客户端，提供本地的 SOCKS 代理，负责建立匿名链路，并在用户的应用程序与 Tor 匿名链路之间中转网络流量。

(4) 网桥 (bridge) 节点：是为了规避网络审核。网桥节点是一类特殊的洋葱路由节点，它与路由节点一样可以转发用户的数据包，但其 IP 地址不会出现在 consensus 列表中。用户只能通过邮件或 Web 页面获取可用的网桥节点。

(5) 隐藏服务器 (hidden server)：运行隐藏服务 (hidden service) 的服务器，可以在为客户端提供可靠网络服务 (如 Web 服务、IRC 服务等) 的同时，隐藏自己的 IP 地址。

2. Tor 中的 consensus 发布机制

当前 Tor 网络共有 9 个权威目录服务器，负责管理和维护 Tor 网络中的路由节点，所有的权威目录服务器每小时共同发布一份 consensus 文件，在 consensus 文件中记录了当前 Tor 网络中所有在线路由节点的 IP 地址以及其他相关信息，类似于当前网络的快照。Tor 的客户端会自动下载 consensus 文件并在该文件中选择三个路由节点来建立匿名链路，用于客户端与目的服务器之间的匿名通信。图 2.2 显示了当前 Tor 网络的部分路由节点状态信息。

Router Name	Bandwidth (KB/s)	Uptime	Hostname	ORPort	DirPort	Bad Exit	FirstSeen	ASName
IPredator	132082	49 d	exit1.ipredator.se [197.231.221.211]	443	9030	×	2014-04-19	CYBERDYNE,
radieschen	54176	10 d	tor-exit-anonymizer-01.appliedprivacy.net [109.70.100.2]	443	80	×	2018-08-16	NEXTLAYER-
zamaxtorrelay	51475	214 d	zamax.fr [163.172.51.111]	9001	None	×	2018-03-08	AS12876, FR
UOfMichigan	48147	4 h	tor-exit.eecs.umich.edu [35.0.127.52]	443	None	×	2018-05-21	UMICH-AS-5 -
0x3d005	46612	49 d	snowden.pep.security [62.138.7.171]	8001	8030	×	2016-09-23	GD-EMEA-DC
PrivacyRepublic0001	41227	27 d	tor-exit-node.1.privacyrepublic.org [178.32.181.96]	443	80	×	2014-11-21	OVH, FR
aurora	39336	16 d	aurora.enn.lu [176.126.252.12]	8080	21	×	2014-04-09	CYBERSMAR
0x3d004	37635	49 d	snowden.pep.security [62.138.7.171]	9001	9030	×	2016-08-24	GD-EMEA-DC
volatile	36472	23 d	customer.thn2.vmhaus.com [144.48.63.88]	443	80	×	2018-06-02	VMHAUSLIMI
pointy	36084	4 d	static.166.105.4.46.clients.your-server.de [46.4.105.166]	443	80	×	2016-01-26	HETZNER-AS
cry	34727	10 d	cry.ip-eend.nl [192.42.115.101]	9003	8080	×	2015-04-22	SURFNET-NL
chulak	34019	16 d	chulak.enn.lu [176.126.252.11]	9001	443	×	2014-04-09	CYBERSMAR
lazarus	33837	56 d	slave237.starsellersworld.net [85.199.141.237]	9001	9030	×	2018-08-13	RHTEC-AS rh-
niftyjerboa	33487	83 d	185.220.101.25 [185.220.101.25]	20025	10025	×	2016-08-30	FERAL Feral
ENiGMA	33437	5 d	anti.netzwerkdurchsetzungsgesetz.ml [5.9.121.207]	443	80	×	2017-02-13	HETZNER-AS
TotorBE1	33233	7 d	ip176.ip-5-39-33.eu [5.39.33.176]	9001	9030	×	2016-10-22	OVH, FR
0x3d001	32614	49 d	0x3d.lu [91.121.23.100]	8001	8030	×	2016-05-31	OVH, FR
Spigen	32203	10 d	freedom.ip-eend.nl [192.42.113.102]	9001	80	×	2018-04-01	SURFNET-NL
DipulseIT2	31494	13 d	62-210-82-83.rev.poneytelecom.eu [62.210.82.83]	8080	8081	×	2018-01-24	AS12876, FR
TotorBE2	31318	7 d	ip178.ip-5-39-33.eu [5.39.33.178]	9001	9030	×	2016-12-18	OVH, FR
spechtor1	31211	25 d	chili.kuehrmann.net [138.201.169.12]	443	80	×	2016-12-16	HETZNER-AS
Onyx	30517	10 d	onyx.ip-eend.nl [192.42.115.102]	9004	80	×	2015-04-22	SURFNET-NL
FsPeterPan2	30281	138 d	phaeton.fscore.de [93.90.204.219]	9001	9030	×	2018-04-27	ONEANDONE
FsPeterPan0	29728	131 d	eos.fscore.de [93.90.205.104]	9001	9030	×	2018-04-22	ONEANDONE
bonjour1	29624	24 d	loft9169.serverprofi24.com [188.138.33.233]	443	80	×	2017-10-27	GD-EMEA-DC
niftytreerat	29345	27 d	185.220.101.45 [185.220.101.45]	20045	10045	×	2018-01-11	FERAL Feral
niftydormouse	29163	27 d	185.220.101.44 [185.220.101.44]	20044	10044	×	2016-11-25	FERAL Feral

图 2.2　Tor 公开的路由节点信息

权威目录服务器负责每隔 1h 更新一次 consensus 文件，而每个 consensus 文件会有三个时间属性。

(1) Valid-after(VA) 时间：权威目录服务器发布 consensus 文件的时间，在这个时间点之后，consensus 文件被认为开始生效；

(2) Fresh-until(FU) 时间：从 Valid-after 时间开始之后的 1h 内被认为是 consensus 文件的新鲜期；

(3) Valid-until(VU) 时间：在 Fresh-until 时间后，consensus 文件还会有 2h 的有效期，所以一个 consensus 文件一共有 3h 的有效期。

3. 路由节点的标签分类

在 consensus 文件中，权威目录服务器会根据每个路由节点的带宽、在线时间以及自身的配置等因素，为每个路由节点指定相应的标签。主要的标签如表 2.1 所示。

表 2.1 Tor 节点标签及其含义

标签名称	标签含义
Guard	可以被选择为入口节点 (三跳链路中最靠近客户端的一跳)
Exit	可以被选择为出口节点 (三跳链路中最靠近服务端的一跳)
HSDir	运行超过 96h，非常稳定的节点。获得标签后能够接收 Hidden Service 所发布的描述符 (descriptor)，在客户端访问 Hidden Service 时将 descriptor 提供给客户端
Fast	可以承载高速传输线路，其带宽排名在所有节点的前 7/8，或者传输速度在 100Kbit/s 以上
Stable	持续在线时间在所有节点的前 50%，或者持续在线 5 天以上

2.1.4 Tor 安装和使用

Tor 客户端软件通过 SOCKS5 代理接口向其他应用提供匿名网络服务，将其他应用流量通过 SOCKS5 代理接口转入 Tor 网络，进而通过 Tor 网络的匿名机制保证通信过程的匿名性。为了使 Tor 的匿名服务更好地被广大网络用户使用，Tor 官方团队将 Tor 软件、定制版本的 Firefox 浏览器以及 Tor 启动组件等进行集成，形成了提供匿名网页浏览服务的浏览器工具包 (Tor browser buddle)。该工具包以浏览器形式方便网络用户使用，提供 Tor 网络的通信流量匿名、网页浏览以及各种安全特性，同时考虑到各种操作系统的适配问题，提供了 Microsoft Windows、Apple MacOS、GNU / Linux、Android、IPhone IOS 相应的软件版本，极大地提升了 Tor 软件的易用性和用户使用体验，也是 Tor 软件成为主流匿名系统的原因之一。本书以 Micosoft Windows 平台、torbrowser-install-win64-8.0.2_zh-CN.exe 版本为例，对 Tor Browser 工具包的安装和使用方式进行讲解与说明。

1. 下载 Tor Browser 安装包

访问 Tor Browser 下载页面 (https://www.torproject.org/projects/torbrowser.html.en)，页面上包括 Tor Browser 的稳定版本与实验版本，本书撰写时 Tor Browser 稳定版最新版本号为 8.0.2，实验版最新版本号为 8.5a3。在稳定版本下载区域，下载支持 Micosoft Windows 平台、简体中文版本的 Tor Browser 安装包。

2. 安装 Tor Browser

进入保存 torbrowser-install-win64-8.0.2_zh-CN.exe 文件的目录，双击 torbrowser-install-win64-8.0.2_zh-CN.exe 文件，弹出语言选择对话框，如图 2.3 所示。

图 2.3 Tor 安装界面 1

单击 OK 按钮，弹出【选定安装位置】窗口，如图 2.4 所示。

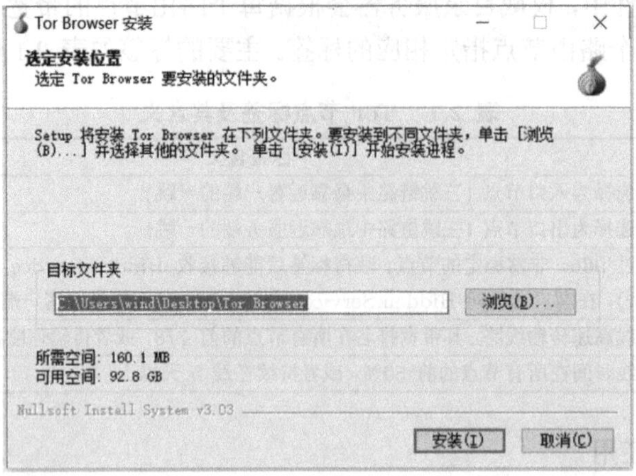

图 2.4　Tor 安装界面 2

单击【安装】按钮，弹出安装进度对话框，等待大约 1min 弹出安装成功窗口，如图 2.5 所示，至此表示 Tor Browser 软件已安装成功。

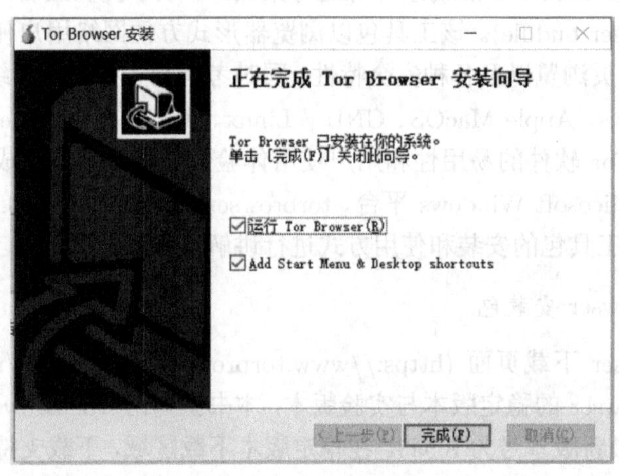

图 2.5　Tor 安装界面 3

3. Tor Browser 的使用和配置方法

Tor Browser 软件提供了三种模式连接 Tor 网络，分别为直连模式、桥接模式、前置代理模式。直连模式是指 Tor Browser 软件直接与 Tor 网络中的节点建立网络连接；桥接模式是指 Tor Browser 软件通过特定的桥接节点与 Tor 网络中的节点建立连接；前置代理模式是指 Tor Browser 软件通过前置代理节点与 Tor 网络中的节点建立连接。后两种模式需要人工对 Tor Browser 软件进行配置才可正常使用该软件。

1) 直连模式

在图 2.6 所示窗口中单击【连接】按钮，弹出正在建立网络连接对话框，如图 2.6 所示。

图 2.6 Tor 运行配置界面

等待约 1min 后，成功打开 Tor 浏览器，如图 2.7 所示，表示已经与 Tor 网络成功建立连接，可以匿名地浏览页面。

图 2.7 Tor 浏览器界面 1

使用该浏览器访问 Google 页面，单击导航栏中绿色锁头图标，可以查看本次访问过程中使用的链路信息，如图 2.8 所示。

图 2.8 Tor 浏览器界面 2

2) 桥接模式

在图 2.6 所示窗口中单击【配置】按钮，弹出【Tor 网络设置】窗口，如图 2.9 所示。

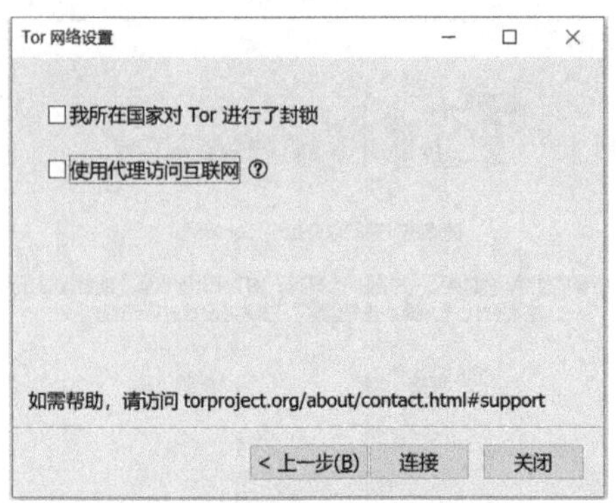

图 2.9　Tor 网络设置界面

在【Tor 网络设置】窗口中，只选择第一个复选框，显示桥接模式配置项，从选择网桥的下拉框中，选择 meek-azure (中国可用) 选项，如图 2.10 所示。单击【连接】按钮，等待约 2min，成功打开 Tor Browser 浏览器，表明成功进入 Tor 网络。

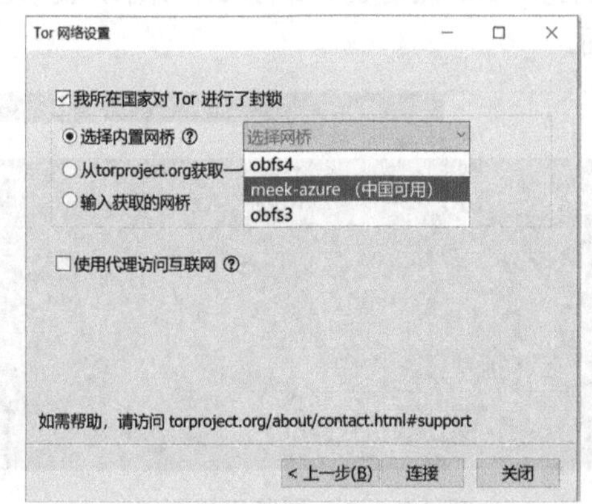

图 2.10　Tor meek 模式配置界面

2.1.5　Tor 工作原理

Tor 网络中的典型通信场景如下所示，Alice 想要与 Bob 进行匿名通信，通常需要完成以下三个步骤。

(1) Alice 的洋葱代理周期性地从权威目录服务器下载整个网络中路由节点的信息，如 IP 地址、公钥等，用来选择节点建立通信链路，如图 2.11 所示。

(2) Alice 的洋葱代理依据特定的路径选择算法选择一系列路由节点 (默认会选择 3 个) 建立匿名链路，如图 2.12 所示。Alice 的洋葱代理首先与第一跳的入口 (entry) 节点协商会话密钥，并通过与第一跳节点建立的链路继续与中间节点协商会话密钥，该过程一直重复，直到 Alice 与最后一跳节点协商好会话密钥。至此，一条匿名链路建立完成，在 Tor 网络中，这条匿名链路被称为链路 (circuit)，此后 Alice 与 Bob 的通信过程便基于此链路进行。

(3) 此后，如果 Alice 希望与 Jane 进行匿名通信，Alice 将重复第 (2) 步，重新选择新的路由节点建立新的匿名链路，如图 2.13 所示。

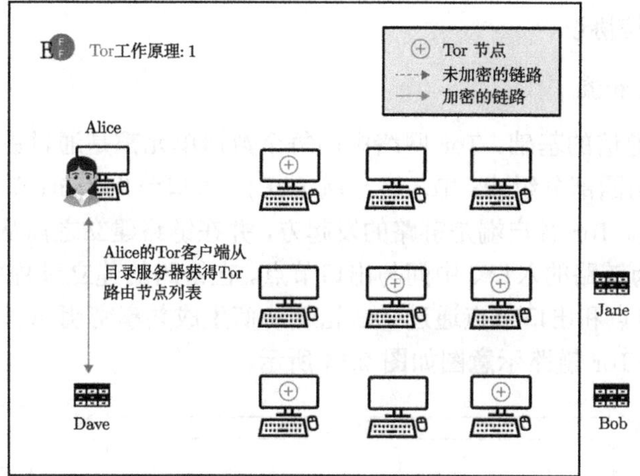

图 2.11 Tor 工作原理图 1

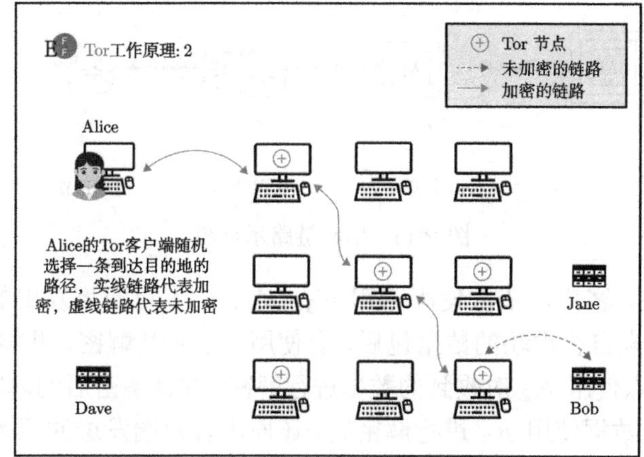

图 2.12 Tor 工作原理图 2

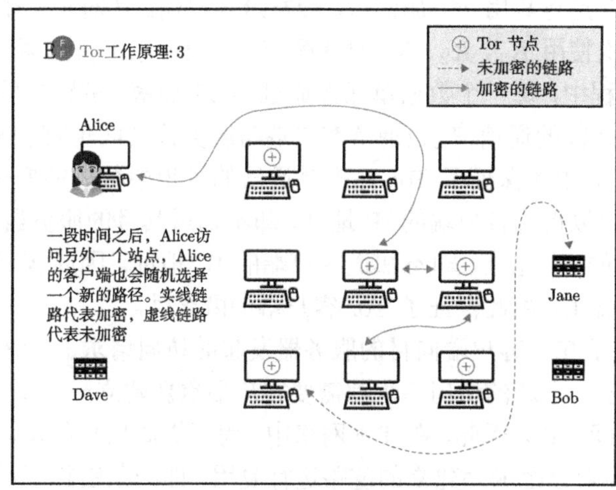

图 2.13 Tor 工作原理图 3

2.1.6 Tor 匿名通信协议

1. Tor 中的链路和流

链路是 Tor 中通信的基础。Tor 网络中的每个数据单元都是通过链路进行传输的。Tor 网络中的链路通常由四部分组成：Tor 客户端 (OP)、入口节点 (entry)、中间节点 (middle) 以及出口节点 (exit)。Tor 客户端是链路的发起方，并在链路建立之前从 Tor 网络中选择三个路由节点分别作为链路的入口、中间与出口节点。在链路的建立过程中，Tor 客户端分别与入口节点、中间节点和出口节点通过 DH 密钥协商生成共享密钥 K_1、K_2、K_3，用于加密通信过程中的数据。Tor 链路示意图如图 2.14 所示。

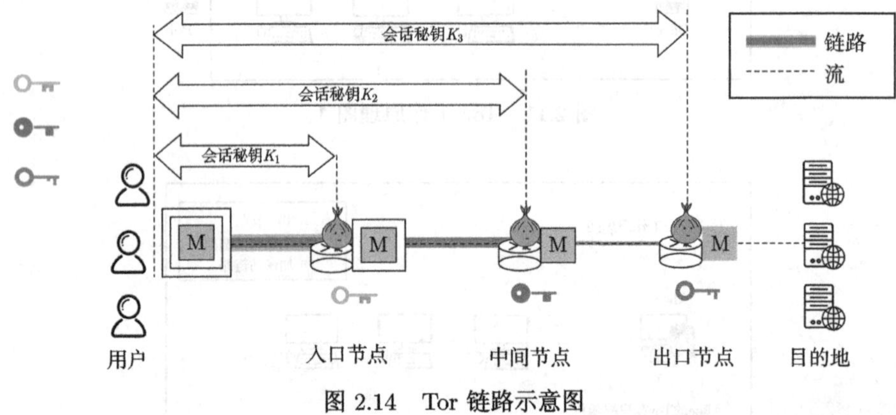

图 2.14 Tor 链路示意图

在通信的过程中，客户端依次使用密钥 K_3、K_2、K_1，对即将发出的数据进行 AES 加密，当入口节点收到来自客户端的数据包后，会使用 K_1 对其解密，并将解密后的数据发送给中间节点；中间节点使用 K_2 对收到的数据进行解密，并将解密后的内容发送给出口节点；出口节点在对收到的数据使用 K_3 进行解密后，还原出客户端发送的原始数据，并代替客户端发送给目的服务器。在收到来自目的服务器的回复后，出口节点会将使用 K_3 加密后的数据回传给中间节点；中间节点收到来自出口节点的数据，会对其内容用 K_2 进行加密，并转发给入口节点。入口节点将其用 K_1 加密后，转发给客户端。针对每一个来自入口节点的数据包，客户端都会依次使用 K_1、K_2、K_3 对其解密，从而还原出目的服务器所返回的信息。

在数据通信的过程中，每一个数据单元都通过 AES 加密，链路中的每一跳节点都无法得到客户端与服务器之间的通信信息 (通常客户端与服务器之间也有加密，所以出口节点也无法得知其通信信息)，由此保证了 Tor 在多跳通信的过程中数据的安全性。此外，对于每一条链路，入口节点可以得到客户端的 IP 地址，却不知道其目的服务器的 IP 地址，出口节点只知道目的服务器的 IP 地址，却不知道客户端的 IP 地址。因此客户端与目的服务器的通信关系只有客户端知道，由此保证了 Tor 客户端的匿名性。

流 (stream) 对应于 Tor 客户端向目的服务器发起的访问请求 (TCP 连接)。在洋葱路由网络中，用户每次发出一个新的访问请求都需要客户端重新建立一条新的链路，而每次链路建立都需要很大的时间开销。因此，在 Tor 网络中，为了提高用户的访问速度和对链路的利用效率，Tor 客户端会对已经成功建立的链路进行复用，即一条链路可以用来传输多个访问请求，如图 2.15 所示。为确保不同的访问请求能够在同一条链路上稳定而有序地传输，Tor

使用流 ID (stream ID) 来标识不同的访问请求。

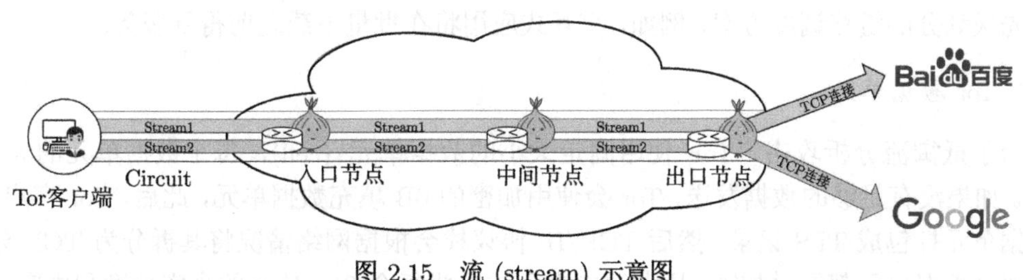

图 2.15 流 (stream) 示意图

当 Tor 客户端收到一个访问请求时，会生成一个未在当前链路中使用的流 ID，并通过层层转发的方式向出口节点发送流建立命令，该流建立命令的数据包中包含了目的服务器的 IP 地址与端口号。出口节点在收到 Tor 客户端发送的访问请求后，会代替客户端与目的服务器建立连接。如果链接建立成功，则会通过层层转发的方式通知 Tor 客户端成功与目的服务器建立连接，代表该流已建立成功，之后 Tor 客户端与目的服务器的通信都会通过该流进行。

2. Tor 的排队架构和链路调度算法

Tor 采用分层的缓冲区架构管理链路的数据单元，如图 2.16 所示。当某个路由节点接收到来自外部服务器或另一个路由节点或客户端的数据单元时，该路由节点会把对应的数据单元从 TCP 的缓冲区传递到 Tor 自身的 32KB 输入缓冲区。此后，在对数据单元进行加密或解密处理后，根据各数据单元的链路 ID 分别放置于各条链路的 FIFO 队列中。由于多个链路共享同一 TCP 连接的输出缓冲区，因此，调度程序需要在 Tor 自身的 32KB 输出缓冲区上轮询链路队列中的数据单元。最后，检索到的数据单元将会被发送到 TCP 内核的输出缓冲区，以便将其传递到下一个路由节点或客户端。

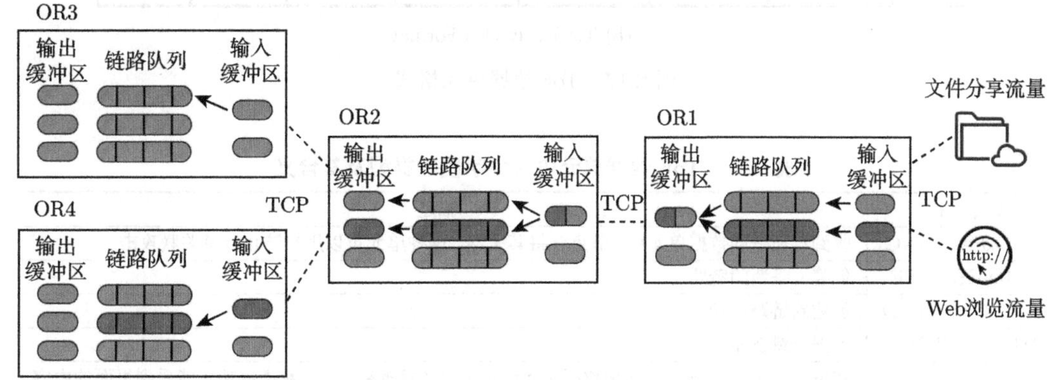

图 2.16 Tor 数据单元排队架构

在 Tor 网络中，每个路由节点允许复用多个链路，为了确保每个链路都获得相对公平的路由带宽，Tor 原始设计采用循环排队机制，即采用先到先服务的模式，对先有数据的链路进行优先调度，以确保每个链路都可以获得相对公平的可用带宽。但是，McCoy 等发现 Tor 上的流量在所有的链路中分布并不均匀，少数链路将会占用大部分路由节点的带宽 (如用于下载大文件的链路)。为了应对这种不均衡的链路使用状况，Tang 和 Goldberg 提出一种基于优先级划分的链路调度方案，例如，交互式应用将在批量下载之前得到服务。

3. Tor 数据单元

为了抵御流分析攻击，Tor 使用固定大小的数据单元 (cell)，每个数据单元的大小为 512B。如果没有足够的数据发送，Tor 会使用加密的 0B 填充数据单元，此后，Tor 客户端会将数据单元打包成 TLS 记录，然后 TCP/IP 协议栈会根据网络情况将其拆分为 TCP 分片。由于每个数据单元都经过加密，因此攻击者无法分辨每个 Tor 单元的真实长度和内容。

Tor 还将 Cell 用于其他目的，如链路构建、销毁、流控制等。如图 2.17(a) 所示，每一个数据单元都由头部与载荷组成，头部包含了链路标识符 (Circ_ID) 与命令标识符 (Command) 两个字段，用来告知接收数据单元的节点在哪一条链路上执行哪一种命令。链路标识符是跟具体的 TCP 连接相关的，每一个数据单元在它经过的 OP/OR 或者 OR/OR 连接上具有不同的链路 ID，载荷是数据单元的数据字段，是对命令字段的补充。在传输的过程中，头部没有加密，在链路上每一跳节点都可以看到数据单元的头部内容，而数据单元的载荷是全程加密的，只有在客户端以及出口节点才可以看到其内容。通常来说，命令标识符字段可以有以下五种命令，表 2.2 阐述了 Tor 数据单元中命令字段的类型及其含义。

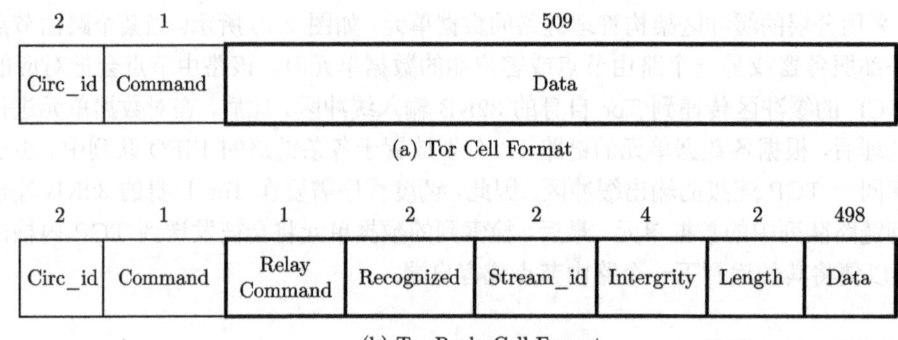

图 2.17　Tor 数据单元格式

表 2.2　Tor 数据单元中命令字段的类型及其含义

命令名称	描述
CMD_PADDING	收到该命令的数据单元后，节点会将其丢弃。该种单元可以用来防止流量关联攻击
CMD_CREATE	创建一条新的链路
CMD_CREATED	创建新链路成功
CMD_DESTROY	销毁一跳链路
CMD_RELAY	转发单元 (relay cell)，该种数据单元通常可以传输多跳，只有解密成功才能看到里面的内容，如果解密失败，则会向链路的下一跳转发

根据数据单元传输类型的不同，可以将数据单元分为两类：控制数据单元 (control cell) 与转发数据单元 (relay cell)。控制数据单元主要是用来控制链路的建立与销毁，只能在链路上相邻的两跳之间传输，如 CREATE、CREATED 和 DESTROY。CREATE 用来发起链路建立请求，CREATED 用来确认链路建立成功，DESTROY 用来销毁已经存在的链路。转发

数据单元主要用来转发链路中的用户通信数据，以及作用于链路两端节点的命令，通常可以传输三跳。如图 2.17(b) 所示，转发数据单元在数据单元的载荷部分拥有自己的协议头，利用载荷前 11B 作为自己的转发单元命令头部 (relay-header)，剩下的 498B 为转发数据单元载荷 (relay-payload)。其头部有五个字段，如表 2.3 所示。

表 2.3 Tor 转发数据单元数据报文格式

名称	长度	描述
Relay Command	1	表示该数据包的命令、用途
Recognized	2	对于任何非加密的数据包，该字段一直为 0，如果 Tor 客户端在解密后发现该字段不是全 0，则说明无法解密，会及时销毁链路
Stream_id	2	标识一个 Stream ID 由客户端生成
Intergrity	4	对整个数据字段进行哈希，并取前 4B
Length	2	标识在数据单元载荷中有效的字节数，剩下的字节设为填充字节

其中，转发数据单元的有效载荷中包含一个额外的头部，其数据报文的格式如图 2.17(b) 所示。在转发数据单元头部的命令字段中主要包括以下 8 种命令，如表 2.4 所示。

表 2.4 转发数据报文的命令类型及其含义

命令名称	描述
Relay-data	封装了在流上传输的数据
Relay-begin	打开一个流
Relay-end	关闭一个流
Relay-teardown	关闭一个损坏的流
Relay-connected	通知 Tor 客户端成功创建了一个流
Relay-extend	命令下一跳节点去扩展一跳新的节点
Relay-sendme	用来进行拥塞控制
Relay-drop	关闭一条链路

然而，固定大小的数据单元会降低 Tor 网络的性能，此外固定大小的数据单元也使得 Tor 的分组大小分布与众不同，违背抵御协议指纹攻击的初衷，因此，Tor 项目组正在考虑引入可变长度的数据单元 (目前仍然未采用) 以消除包长度分布特征。

4. Tor 链路建立过程

本节将以 Tor 的客户端 (Alice) 与目的服务器 (Bob) 为例，详细介绍 Tor 客户端与目的服务器进行通信前的链路建立过程，在与 Bob 进行数据通信前，Alice 首先会根据路径算法选择三跳路由节点 (Entry、Middle 和 Exit)，然后逐跳与其完成 Diffie-Hellman(DH) 密钥协商建立链路，最后通过该链路与 Bob 进行通信。其建立过程主要分为以下四步。

1) Tor 的客户端 (OP) 与第一跳节点建立连接

(1) 为了建立链路，客户端首先生成一个新的链路 ID(0~ 2^{32}) 和用于 Diffie-Hellman 密钥协商的 g^{x_1}。

(2) 使用 RSA 算法和第一跳节点的公钥将 g^{x_1} 加密。

(3) 将加密后的数据作为 CMD_CREATE 命令的数据单元的载荷发送给第一跳节点。如果这时第一跳节点同意建立链路，会向 Tor 的客户端返回 CMD_CREATED 命令，其数据单元的载荷包含了用于 DH 密钥协商的 g^{y_1}，以及对协商密钥 K_1 的哈希 ($K_1 = g^{x_1 y_1}$)，至此第一跳的链路建立完成。图 2.18 展示了 Tor 的客户端与第一跳节点建立连接的过程。

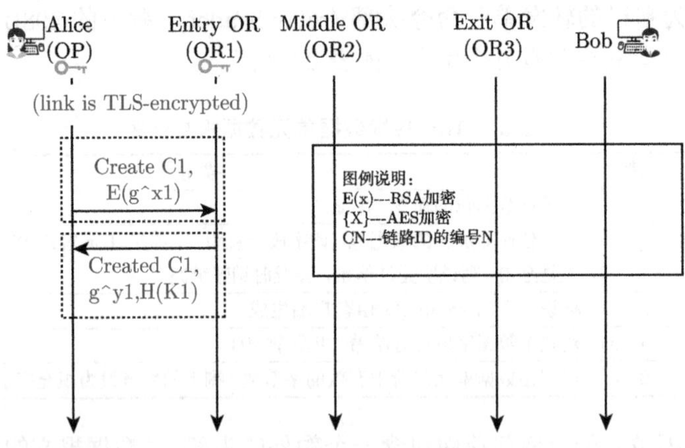

图 2.18　Tor 链路建立步骤一

2) Tor 的客户端 (OP) 与 Middle 节点建立连接

一旦第一跳链路建立成功，Tor 客户端便可通过发送 Relay-extend 数据单元建立第二跳链路，如图 2.19 所示。

(1) 客户端生成用来与中间节点进行 DH 密钥协商的 g^{x_2}。

(2) 使用中间节点的公钥对 g^{x_2} 进行 RSA 加密，并将其拼接在 Relay-extend 转发数据单元的 Relay-Payload 中。

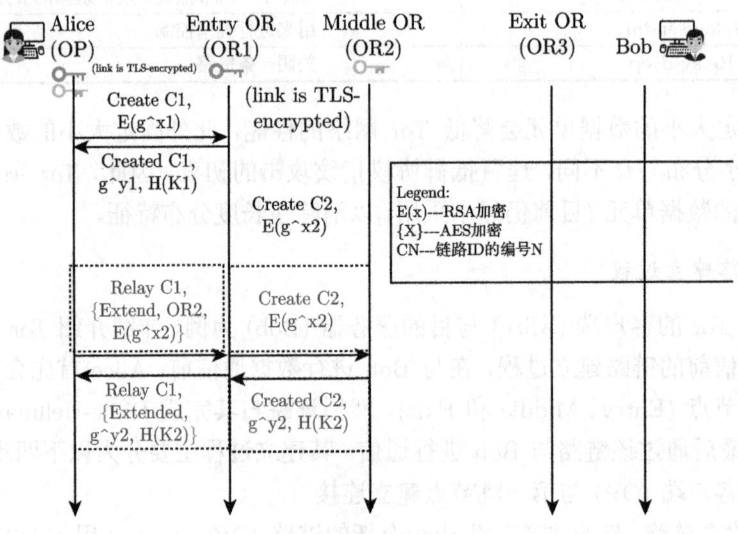

图 2.19　Tor 链路建立步骤二

(3) 客户端利用与入口节点协商后的密钥 K_1 将整个数据单元的载荷部分 (包括转发数据单元头部和转发数据单元的载荷) 进行加密，并将该数据包发送给入口节点。入口节点收到客户端发送的数据单元后，会从中解析出 Relay-extend 命令与加密后的 DH 密钥协商信

息 $E(g^{x_2})$，并将其作为 CMD_CREATE 命令的数据单元载荷部分发送给中间节点。

(4) 如果中间节点同意建立链路，会向入口节点返回 CMD_CREATED 命令，其 Cell-Payload 中包含了 DH 密钥协商的 g^{y_2}，以及对协商密钥 K_2 的哈希 ($K_2 = g^{x_2 y_2}$)。入口节点收到了来自中间节点的 CREATED，会将 g^{y_2} 与 K_2 的哈希值拼接在 Relay_extend 数据单元的 Relay-Payload 中。再使用 K_1 将数据单元的 Cell-Payload 加密，发回给客户端。客户端收到 g^{y_2} 后得到 K_2，至此客户端与中间节点的链路建立成功。

3) Tor 客户端与出口节点建立连接

(1) 如图 2.20 所示，客户端首先生成用于与出口节点进行 DH 密钥协商的 g^{x_3}，并使用出口节点的公钥对其 RSA 加密后放置在 Relay-extend 的 Relay-Payload 中。

(2) 客户端对整个数据单元的 Cell-Payload 依次使用 K_2 和 K_1 加密后发送给入口节点。

(3) 入口节点收到客户端发送的转发数据单元后使用 K_1 对其解密，因为知道该数据单元为转发数据单元，但无法识别其 Relay-Header，所以会将解密后的数据转发给中间节点。

(4) 中间节点收到入口节点发送的转发数据单元后，使用 K_2 对其解密，从中解析出 Relay-extend 命令与加密后的 DH 密钥协商信息 $E(g^{x_3})$，并将其作为 CMD_CREATE 命令的 Cell-Payload 发送给出口节点。

(5) 如果出口节点同意建立链路，会向中间节点返回 CMD_CREATED 命令，其中包含了 DH 密钥协商的 g^{y_3}，以及对协商密钥 K_3 的哈希 ($K_3 = g^{x_3 y_3}$)。中间节点收到 CMD_CREATED 命令后，将其载荷封装到 Relay-extended 命令中，使用 K_2 对其加密后，发送给入口节点。入口节点收到中间节点的 Relay-extended 命令后，使用 K_1 对其加密，并发送给 Tor 客户端。Tor 的客户端收到入口节点的数据包，依次使用 K_1 和 K_2 对其进行解密，解出 g^{y_3} 后得到 K_3，至此客户端与出口节点的链路建立完成。

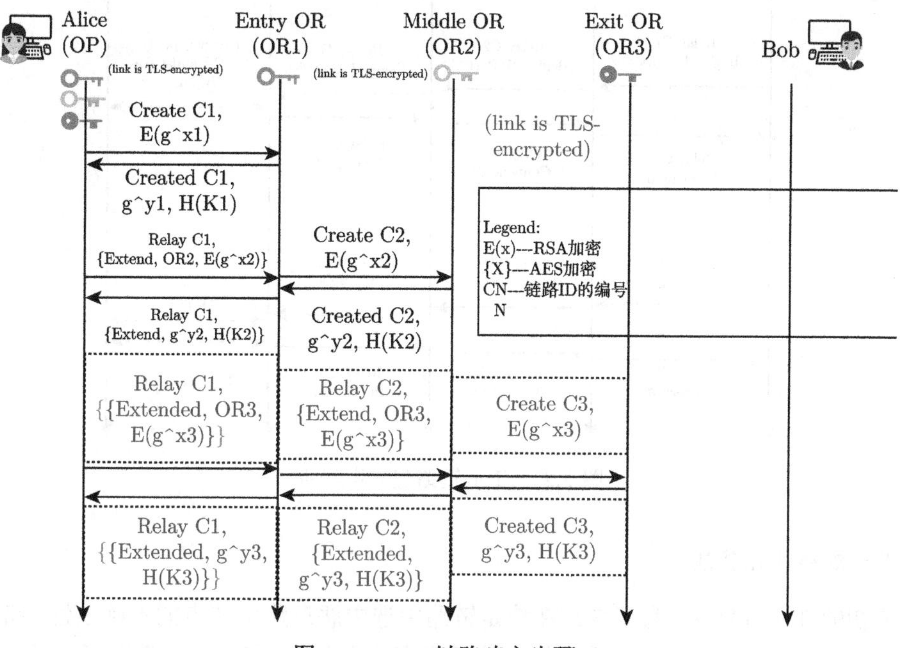

图 2.20 Tor 链路建立步骤三

4) 出口节点与目的服务器建立连接

(1) 如图 2.21 所示，Tor 客户端将目的服务器的 IP 地址 (也可以是域名) 和端口号封装到 Relay-begin 的转发命令载荷中，依次使用 K_3、K_2、K_1 进行 AES 加密后发送给入口节点。

(2) 入口节点接收到 Tor 客户端的转发数据单元后，使用 K_1 对其进行解密，由于无法识别解密后的内容，入口节点会将解密后的转发数据单元转发到中间节点上。

(3) 中间节点收到转发数据单元后，使用 K_2 对其进行解密，由于无法识别解密后的内容，也会将其转发到出口节点上。

(4) 出口节点收到转发数据单元后，使用 K_3 对其解密，并成功地得到目的服务器的 IP 地址与端口号。

(5) 出口节点会主动与目的服务器发起 TCP 链接，如果链接建立成功，则代表该流建立成功。出口节点返回 Relay-connected 命令，并使用 K_3 进行加密。中间节点收到来自出口节点的转发数据单元后，使用 K_2 对其进行加密，并转发到入口节点上。入口节点收到来自中间节点的转发数据单元后，使用 K_1 对其进行加密，并转发到 Tor 客户端上。

(6) Tor 客户端收到来自入口节点的转发数据单元后，依次使用 K_1、K_2、K_3 对其进行解密，得到 Relay-connected 命令。至此 Tor 客户端与目的服务器进行数据通信的数据流建立成功，客户端可以发送 Relay-data 数据包与目的服务器进行通信。

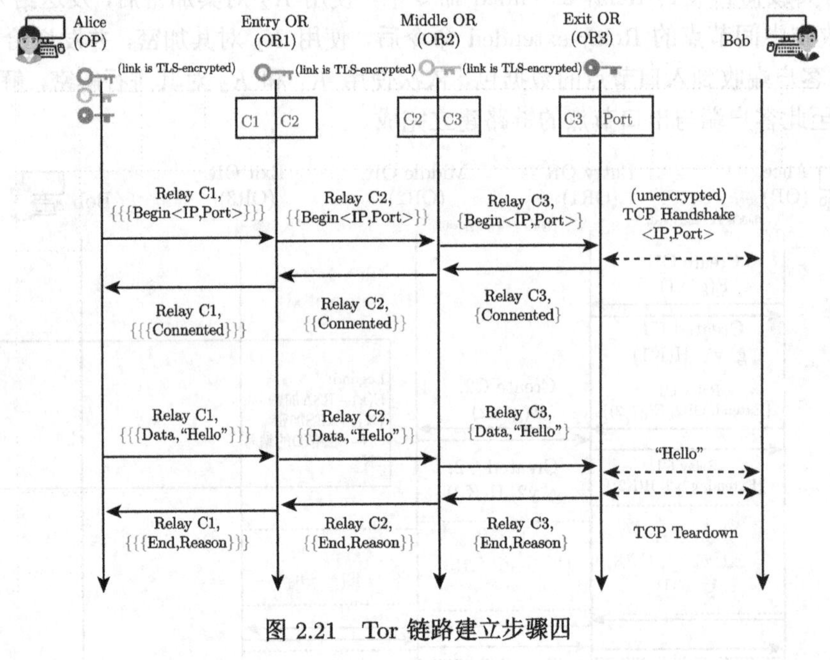

图 2.21　Tor 链路建立步骤四

5. Tor 路径选择算法

在最初的 Tor 提案中，为了增加在特定链路中选中恶意路由节点的不确定性，路由将会被随机均匀地选择，即允许以相等的概率选择所有路由节点，但是，由于资源的异构性以及保护用户免受其他类别的攻击，该算法后来被更改为满足以下约束条件。

(1) 多个相同的路由节点不会同时出现在同一链路中，并且同一链路中没有任何两个路由节点属于同一 B 类网络 (/16 子网) 或被同一用户共同管理，即这些节点可以被 Tor 管理者标记为属于同一家庭，以避免威胁用户的隐私。

(2) 权威目录服务器根据路由节点的性能、稳定性为路由节点分配不同类型的标签。例如，对于赋予"fast"标签的节点，其带宽排名需要在所有路由节点带宽的前 7/8 或大于最小定义的带宽数。

(3) 为了抵御前驱攻击和定位隐藏服务的位置攻击，Tor 更新了自己的路由节点选择算法，引入 Guard 节点的概念，在选择入口节点时，只从 Guard 节点子集中进行选择。

(4) 在其他路由节点的选择上，Tor 的路径选中算法中将采用带权的节点选择算法，即选择某一节点的概率与其提供的带宽成比例，以确保性能更强的路由节点将被优先选择。如果路由节点 i 的带宽是 b_i，则选择路由节点 i 的概率为 $\dfrac{b_i}{\sum_{k=1}^{N} b_k}$，其中 N 是 Tor 网络中路由节点的总数。

根据节点处于 Tor 链路中的位置不同，当前 Tor 网络有不同的选择策略，本节将详细介绍路由节点的选择算法，以及在后来提出的 Guard 列表机制。

1) 入口节点选择策略

为了解决 Tor 隐藏服务面临的匿名性攻击问题，Tor 网络引入了 Guard 机制。Guard 节点的概念最初由 Wright 等提出，当时 Guard 节点被称为"helper nodes"，用以减少匿名通信系统面临的前驱攻击 (predecessor attack) 威胁。在 2004 年，Øverlier 和 Syverson 第一次提出了 Tor 网络中 Guard 节点的概念。因为在 Tor 网络中，用户建立匿名链路时，会将 Tor 网络中所有节点的带宽作为权重按比例选择，也就是一个带宽值较大的节点被用户选中建立链路的概率也会比较大。基于这样的事实，Øverlier 和 Syverson 发现，如果一个攻击者能够运行较大带宽的 Tor 节点，再结合隐藏服务会为每一个用户请求建立一条新链路的机制，就可以以较高的概率被隐藏服务选中作为第一跳节点，进而可以识别隐藏服务的身份信息。因此，Øverlier 和 Syverson 建议 Tor 的用户应该保持一个固定数量的节点集合，当每次建立新的匿名链路需要选择第一跳的节点时，用户都应该从这个集合中进行选择，这个集合中的节点被称为 Guard 节点。

那什么样的节点可以称为 Guard 节点呢？实际上，在 Tor 网络的最初设计中，Tor 网络中的节点需要满足如下条件才可以获得 Guard 标签，进而才可以被用户选作 Guard 节点，作为匿名链路的第一跳。

(1) 该节点在 Tor 网络中最早出现的时间要先于 Tor 网络中 12.5%的节点，或者至少要出现 8 天。

(2) 该节点的带宽要大于 Tor 网络中所有节点的平均带宽值，或者至少为 250KB/s。

在默认的情况下，Tor 客户端会从 Tor 网络中选择 3 个带有 Guard 标签的节点作为自己的 Guard 集合，当选中的节点超过 30~60 天 (在此区间内随机选择) 后，会删除旧的 Guard 节点并重新选择一个新的 Guard 节点。即在 Guard 节点最初的设计中，默认情况下，Guard 集合的大小为 3，而生存周期为 30~60 天。

然而，Elahi 等针对当前 Guard 机制及其参数的安全性分析后发现：当所有的 Tor 用户确定了自己的 Guard 节点集合后，攻击者向 Tor 网络植入一个恶意的 Guard 节点，Elahi 等试图分析在当前 Guard 机制下，用户第一次选中攻击者部署的恶意节点的时间和概率。Elahi 基于 Tor 网络的历史数据模拟了 Tor 用户在 8 个月中 Guard 节点的选择行为，结果显示，当 Tor 用户将 Guard 节点的生存周期设为无限长时，只有当用户的 Guard 节点变得不可用，才会有 10%的 Tor 用户在 8 个月的时间内选中攻击者运行的恶意节点。相反地，如果 Tor 用户使用当前的 Guard 机制及其参数，即每 30~60 天更新一次自己的 Guard 节点集合，那么 Guard 节点集合在最初的 3 个月中，会有超过 14%的用户选中攻击者运行的恶意节点。此外，在对 Tor 隐藏服务身份追踪的研究中，Biryukov 等也分析证明了如果一个攻击者能够控制 Tor 网络中 13.8%的带宽，那么在 8 个月的时间内，攻击者就可以以超过 90%的概率共谋成功任一 Tor 用户匿名链路的第一跳节点 (Guard 节点)。

在 2014 年，为了减少上述攻击的威胁，Tor 匿名网络的主要设计者 Roger Dingledine 提出了几项针对 Guard 节点机制的改进措施，即 Tor 用户在默认情况下应该只保留一个节点用于链路第一跳的 Guard 节点，而且 Guard 节点的生存周期从 20~60 天延长到 9 个月。同时，Roger Dingledine 根据 Tor 网络的数据，对 Guard 节点新参数可能给 Tor 网络的匿名性和性能带来的影响做了评估分析，并最终将这些改动引入 Tor 软件的实现中。但是，Roger Dingledine 也承认，为了提高 Tor 网络的安全性和性能，实际上针对 Guard 节点具体参数的设置还存在一些问题，还需要做进一步的研究。

2) 出口节点的选择策略

在 Tor 网络中，出口节点以带宽大小和稳定运行时间为依据进行选择，但同时要防止链路的共谋攻击问题，即 Tor 默认的 3 跳链路中的任意两个节点不会出现在同一个/16 网段内。此外，Tor 在选择出口节点的时候还需要综合考虑 Tor 出口节点的配置策略。通常 Tor 的出口节点可设置以下两种类型的策略。

(1) 开放性策略：设置这种策略的 Tor 出口节点将可以无限制地连接任何网络地址。

(2) 受限型策略：为了防止 Tor 用户滥用，Tor 出口节点通常会限制用户访问特定的端口和地址范围。

3) 带权的节点选择算法

Tor 匿名通信系统在 2003 年发布之初支持简单随机选择算法 (SRS)，之后，为了应对路由节点的负载均衡问题，Tor 将简单随机路径选择算法修改为带宽加权随机选择算法 (BWRS)，根据节点的属性，Tor 网络提供了三种算法实现 Tor 路由路径上不同类型节点的选择，具体包括：

(1) 简单随机选择 (simple random selection，SRS) 算法：该算法从目录服务器提供的候选节点中随机选择中继节点。

(2) 带宽加权随机选择 (bandwidth-weighed random selection，BWRS) 算法：该算法从目录服务器的候选节点中随机选择中继节点，但是节点选中的概率与其带宽大小有关。

(3) 调整后的带宽加权随机选择 (adjusted bandwidth-weighed random selection，ABWRS) 算法：ABWRS 和 BWRS 算法的基准算法相同，但是 ABWRS 算法会根据出口节点占整个网络的带宽比例调整相应的选择策略，即当出口节点的带宽大于整个网络带宽的 1/3 时，出口节点将不会从入口节点和中间节点中选择。

根据节点是否带有 Guard 和 Exit 标签，可以将 Tor 网络中的所有节点分为四类：

(1) 只有 Guard 标签，没有 Exit 标签的节点 (Guard-only)，记为 B_G。

(2) 只有 Exit 标签，没有 Guard 标签节点 (Exit-only)，记为 B_E。

(3) 既有 Guard 标签也有 Exit 标签的节点 (Guard-Exit)，记为 B_{GE}。

(4) 既没有 Guard 标签，也没有 Exit 标签的节点 (None)，记为 B_N。

假设在 Tor 网络中，这四类标签所对应节点的总带宽分别为 B_G、B_E、B_{GE}、B_N，则这四类节点在被选择为链路上不同位置的节点 (Entry、Middle、Exit) 时所对应的权重如表 2.5 所示。

表 2.5 Tor 不同类型节点的权重

		标签			
		Guard-only	Exit-only	Guard-exit	None
位置	Entry	1.0	0.0	W_{E_0}	0.0
	Middle	W_{G_0}	W_{E_0}	W_Z	1.0
	Exit	0.0	1.0	W_{G_0}	0.0

表 2.5 中

$$W_{G_0} = 1 - \frac{1}{3} \times \frac{B_G + B_{GE}}{B_G + B_E + B_{GE} + B_N}$$

$$W_{E_0} = 1 - \frac{1}{3} \times \frac{B_E + B_{GE}}{B_G + B_E + B_{GE} + B_N}$$

$$W_Z = W_{G_0} W_{E_0}$$

给定一个 Tor 节点 R，设其带宽为 B'。其被选择为链路指定位置的概率为该节点的加权带宽除以当前网络所有节点在该位置的加权总带宽。即

$$P = \frac{B'W'}{B_G W_1 + B_E W_2 + B_E W_3 + B_N W_4}$$

其中，W 为对应的权值。例如：

(1) 如果该节点只有 Guard 标签，没有 Exit 标签，则

① 该节点被选中作为 Entry 节点的概率为 $P = \dfrac{B' \times 1.0}{B_G + B_{GE} W_{E_0}}$；

② 该节点被选中作为 Middle 节点的概率为 $P = \dfrac{B' W_{E_0}}{B_G W_{G_0} + B_E W_{E_0} + B_{GE} W_Z + B_N}$；

③ 该节点被选中作为 Exit 节点的概率为 $P = 0$。

(2) 如果该节点既有 Guard 标签，也有 Exit 标签，则

① 该节点被选中作为 Entry 节点的概率为 $P = \dfrac{B' W_{E_0}}{B_G + B_{GE} W_Z}$；

② 该节点被选中作为 Middle 节点的概率为 $P = \dfrac{B' W_Z}{B_G W_{G_0} + B_E W_{E_0} + B_{GE} W_Z + B_N}$；

③ 该节点被选中作为 Exit 节点的概率为 $P = \dfrac{B' W_Z}{B_E + B_{GE} W_{G_0}}$。

(3) 如果该节点只有 Exit 标签，没有 Guard 标签，则

① 该节点被选中作为 Entry 节点的概率为 $P = 0$；

② 该节点被选中作为 Middle 节点的概率为 $P=\dfrac{B'W_{\mathrm{E}_0}}{B_{\mathrm{G}}W_{\mathrm{G}_0}+B_{\mathrm{E}}W_{\mathrm{E}_0}+B_{\mathrm{GE}}W_{\mathrm{Z}}+B_{\mathrm{N}}}$;

③ 该节点被选中作为 Exit 节点的概率为 $P=\dfrac{B'\times 1.0}{B_{\mathrm{E}}+B_{\mathrm{GE}}W_{\mathrm{G}_0}}$。

(4) 如果该节点既没有 Guard 标签，也没有 Exit 标签，则

① 该节点被选中作为 Entry 节点的概率为 $P=0$;

② 该节点被选中作为 Middle 节点的概率为 $P=\dfrac{B'}{B_{\mathrm{G}}W_{\mathrm{G}_0}+B_{\mathrm{E}}W_{\mathrm{E}_0}+B_{\mathrm{GE}}W_{\mathrm{Z}}+B_{\mathrm{N}}}$;

③ 该节点被选中作为 Exit 节点的概率为 $P=0$。

2.2 I2P

2.2.1 I2P 项目背景

隐形网计划 (invisible internet project，I2P) 是一种分布式的匿名通信系统，不需要可信第三方支持，采用类似洋葱路由的大蒜路由来实现用户间的匿名通信。I2P 于 2003 年首次被提出，近年来持续更新、不断发展，历史上主要发展的大事件有：

(1) 2003 年 2 月，I2P 作为 Freenet(另一种匿名通信系统) 的修改版本被提出。

(2) 2003 年 4 月，I2P 发展为独立平台“anonCommFramework”。

(3) 2003 年 6 月，“anonCommFramework”成为真正意义上的 I2P 项目。

(4) 2003 年 8 月，I2P 进入编程实现阶段。

(5) 2014 年 3 月，著名互联网搜索引擎公司 DuckDuckGo 向 I2P 开源项目捐赠 5000 美元。

(6) 2014 年 8 月，隐私解决方案项目 (privacy solutions project) 接手 I2P 软件开发和维护。

(7) 2014 年 8 月，隐私解决方案项目在 Google Play 上发布 I2P 安卓版本。

目前，I2P 已发布最新版本 0.9.32，拥有 20000 多个内部节点，支持多种匿名服务，包括匿名网页浏览、匿名网站、匿名文件共享、匿名电子邮件等，是当前应用最广泛的匿名通信系统之一，其官网的主页如图 2.22 所示。

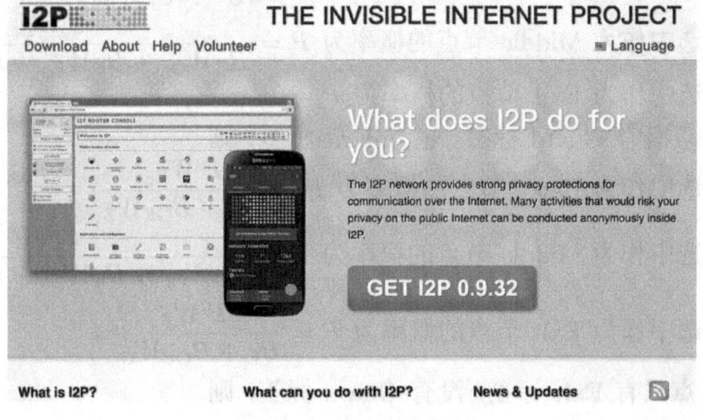

图 2.22 I2P 官方网站

2.2.2 I2P 系统概述

I2P 是一种基于 P2P 网络的匿名通信系统。在 P2P 网络中，参与者共享他们所拥有的一部分硬件资源，这些共享资源通过网络提供服务和内容，能被其他对等节点 (peer) 直接访问而无须经过中间实体。在此网络中的参与者既是资源、服务和内容的提供者 (server)，又是资源、服务和内容的获取者 (client)。

由于 I2P 采用基于 DHT 的结构化 P2P 网络架构，因此相比于 Tor 网络需要依赖于权威目录服务器而言，I2P 不需要任何可信第三方。其系统架构如图 2.23 所示，关键系统组件包括路由节点、网络数据库、匿名终点、隧道。

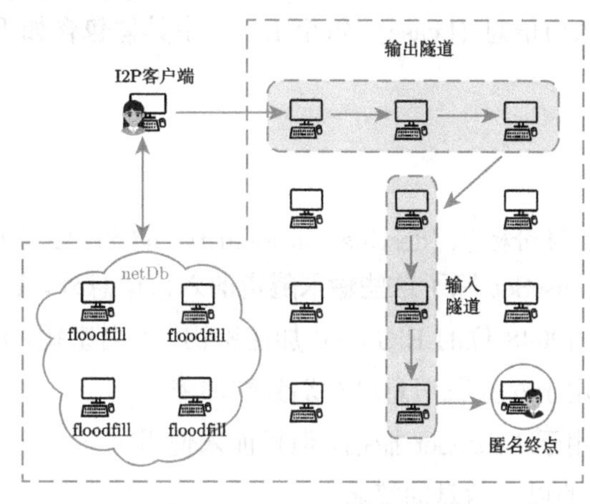

图 2.23 I2P 系统架构

1. **路由节点** (router)

用户的路由节点构成整个 I2P 网络的基础，所有的通信流量都是通过多个路由节点组成的输入隧道和输出隧道来进行转发的。两个路由节点之间通过安全传输层协议进行加密数据传输。

2. **网络数据库** (netDb)

与 Tor 采用集中式目录服务器管理不同，I2P 采用基于 Kad 协议的 P2P 架构，然而并不是每一个 I2P 节点都会成为 Kad 网络节点，I2P 会从所有的 I2P 网络节点中选出带宽较高的节点作为种子节点，称为 floodfill 节点，floodfill 节点的数目约占 I2P 节点总数的 6%，这些 floodfill 节点彼此之间构成 I2P 的 Kad 网络，称为网络数据库 (network database)netDb。netDb 用以存储 I2P 网络中所有节点的信息，并向 I2P 节点提供信息存储和查询的功能。netDb 中主要存储以下两种类型的信息。

1) 节点信息 (RouterInfo)

当 I2P 中的一个节点试图与其他节点建立通信时，首先需要获得各个节点的联系信息，包括 IP 地址、端口号和公钥等，这些信息被封装在一个数据结构中，即节点信息 (RouterInfo)。节点信息以节点身份标识 (router identity) 的 SHA256 哈希值为索引键，被分布式存储在 netDb 中。RouterInfo 中具体包括以下信息：

(1) 节点的身份标识 (2048 位 ElGamal 加密密钥，签名密钥，证书)；

(2) 节点的联系地址；

(3) RouterInfo 的发布时间；

(4) 一组任意的文本选项；

(5) 由签名密钥生成的以上信息的签名。

2) 租约集信息 (LeaseSet)

当 I2P 网络中的匿名终点之间需要通信时，首先需要知道彼此的联系信息，如输入隧道的入口信息等，这些信息被封装在一个数据结构中，即租约集信息 (LeaseSet)。LeaseSet 通常包含多条输入隧道的入口信息 (Lease)，每个 Lease 中具体包含如下信息：

(1) 隧道的网关节点；

(2) 隧道 ID(4B)；

(3) 隧道失效时间。

LeaseSet 以匿名终点身份标识 (destination identity) 的 SHA256 哈希值为索引键，被分布式存储在 netDb 中。LeaseSet 除了这些输入隧道的入口信息外，还包括：

(1) 服务器身份标识 (2048 位的 ElGamal 加密密钥，签名密钥，证书)；

(2) 附加加密公钥 (用于对大蒜消息进行端到端加密)；

(3) 附加签名公钥 (用于 LeaseSet 撤销，但目前未使用)；

(4) 由签名密钥生成的以上信息的签名。

3. 匿名终点 (destination)

I2P 网络中严格区分中间路由节点和 I2P 匿名用户。匿名终点既可以是使用 I2P 服务的匿名客户端，也可以是提供 I2P 服务的匿名服务端。

4. 隧道 (tunnel)

I2P 通过隧道传输用户的网络流量，1 条隧道是由 1 个或多个 I2P 节点构成的单向加密链接，包括网关 (入口) 节点、中间参与节点和终节点。其中输入隧道用于接收消息，输出隧道用于发送消息，通常一个完整的通信过程需要 4 条隧道的参与，即发送者的输入隧道、输出隧道、接收者的输入隧道、输出隧道。

2.2.3　I2P 安装和使用

1. 需要的工具

当前 I2P 客户端软件提供 Microsoft Windows、Apple Mac OS、GNU/Linux、Android 等平台的软件版本，本书以 Microsoft Windows 平台、i2pinstall_0.9.37_windows.exe 版本为例，对 I2P 软件的安装和使用方式进行讲解与说明，如图 2.24 所示，用户可通过访问 http://www.i2pproject.net/en/download 页面，下载最新版本的 I2P 软件。

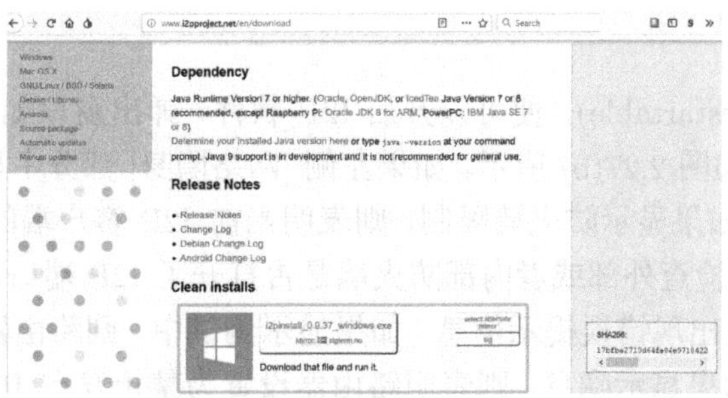

图 2.24 I2P 软件下载界面

2. Windows 环境下 I2P 安装步骤

(1) 启动 I2P 安装程序：进入保存 i2pinstall_0.9.37_windows.exe 文件的目录，双击 i2pinstall_0.9.37_windows.exe 文件，弹出语言选择对话框，如图 2.25 所示。

图 2.25 I2P 语言选择对话框

(2) 选择安装包：其中 Base 选项为必选项，如图 2.26(a) 所示，如果需要开机自动启动 I2P 程序，需要选中 Windows Service 复选框，以便持续参与 I2P 网络。

(3) 安装完成：等待大约 1min，安装结束，弹出【安装成功】窗口，如图 2.26(b) 所示，至此表示 I2P 软件已安装成功。

(a)

(b)

图 2.26 I2P 软件包安装界面

3. 启动 I2P 软件

双击 Start I2P (restartable)，便可以开启 I2P 软件，弹出窗口如图 2.27(a) 所示，然后打开 I2P 路由控制台如图 2.27(b) 所示。如果左侧 [网络隐身] 部分中显示正常，则表明当前 UDP 端口一切正常，如果显示防火墙限制，则表明当前 I2P 客户端的网络因为防火墙而导致连接受限，因而需要检查外部或者内部防火墙是否打开了 I2P 端口，由于防火墙检测并非完全可靠，有时也可能出现错误提示信息。如果显示测试中，则路由器正在测试 UDP 端口是否被防火墙阻挡。如果显示隐身，则表明路由器设置为禁止发布 IP 地址，因此并不需要入站连接，隐身模式在特定国家会自动启动以增加匿名性。

4. 查看 I2P 连接详细信息

单击图 2.27(b) 左侧上部 I2P 图标部分，便可以查看 I2P 连接详细信息，其中左侧 [网络隐身] 部分表示网络连接状态。

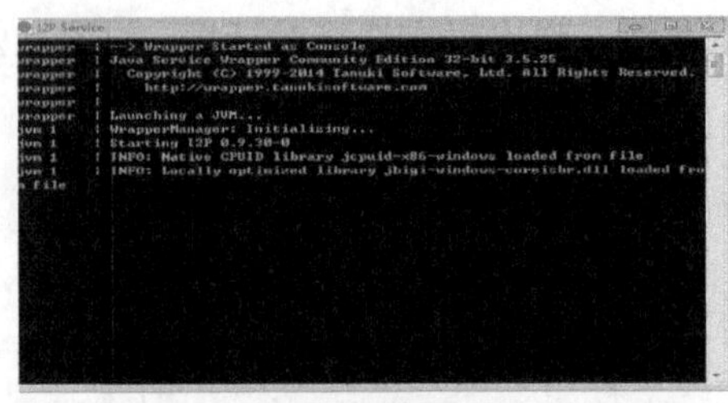

(a) I2P 服务

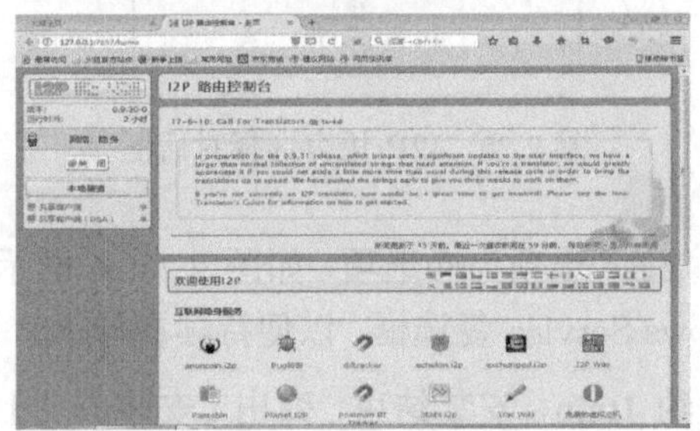

(b) I2P 路由控制台

图 2.27　I2P 运行界面

5. 配置浏览器

在浏览器菜单中依次选择【工具】→【Internet 选项】选项，进入【Internet 选项】对话框，如图 2.28 所示。

单击【连接】选项卡中的【局域网设置】按钮，进入【局域网 (LAN) 设置】对话框，如图 2.29 所示。

I2P 默认监听 4444 端口，提供 http 类型的代理，通过 I2P 访问 EepSite 站点或表层互联网站点时，需要对浏览器的代理进行配置，如图 2.29 所示。然后，在 Internet 浏览器中访问 https://www.google.cn，如果能够看到 Google 的主页，则说明 I2P 软件配置成功。

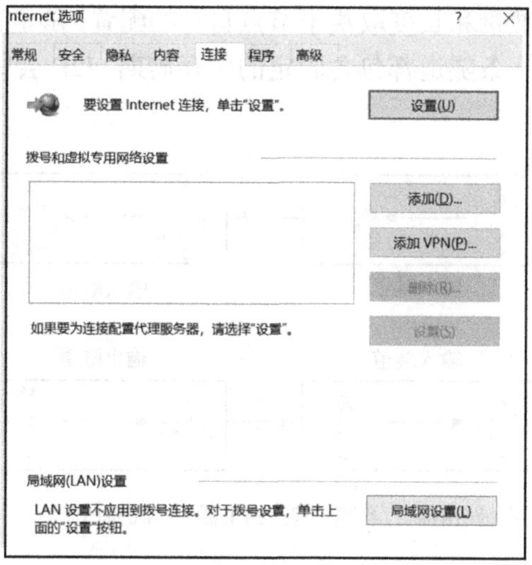

图 2.28 【Internet 选项】对话框

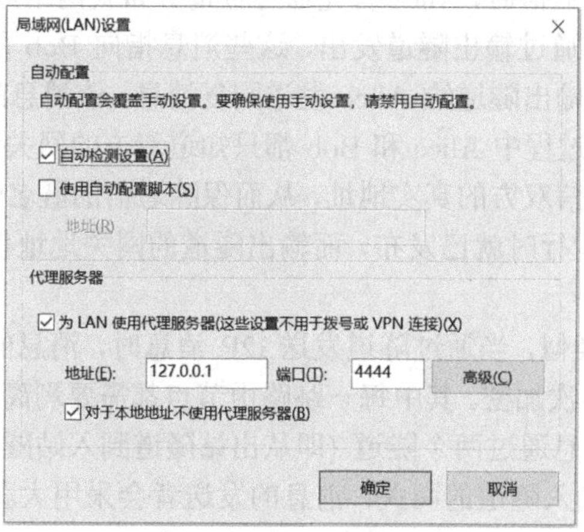

图 2.29 浏览器代理配置页面

2.2.4 I2P 工作原理

1. I2P 路由机制

I2P 是一个面向消息的匿名网络，由运行 I2P 路由软件的对等体 (也称为节点、中继或路由器) 组成，允许它们相互通信。不同于 Tor 使用基于洋葱路由的双向电路进行通信，但 I2P 利用大蒜路由的单向隧道来传入和传出消息。I2P 客户端使用两种类型的通信隧道：输入隧道 (Inbound Tunnel) 和输出隧道 (Outbound Tunnel)。因此，单个往返请求消息及其在双方之间的响应需要四个隧道，如图 2.30 所示。

为简单起见，图 2.30 的每条隧道包含两跳节点。实际上，隧道可以根据所需的匿名度配置成最多包含 7 跳的隧道。I2P 通过隧道传输用户的网络流量，1 条隧道是由 1 个或多个 I2P 节点构成的单向加密连接。用户从已知的 I2P 节点中选择性能较好的节点，并对其进行排序，依次向各节点发送建立隧道请求，从而完成隧道的建立。在 I2P 中每个节点都会预先创建若干条隧道，隧道的数量和长度取决于节点自身的配置。隧道的长度影响数据传输的速度以及传输的匿名性。每一条隧道都包含固定的生存周期，I2P 会每隔 10min 就重建一条新的隧道。

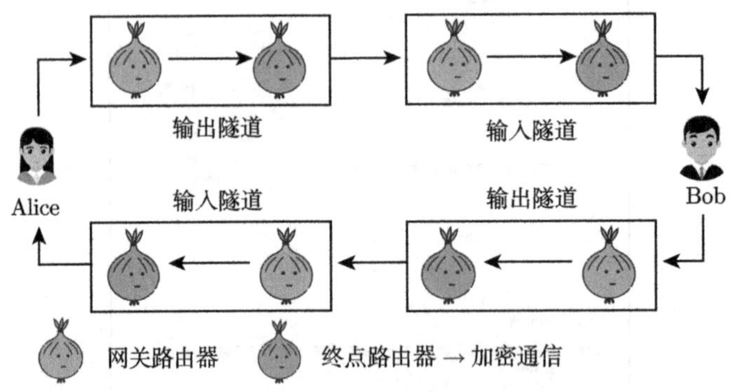

图 2.30　使用单向隧道的 I2P 对等体之间的基本通信

当 Alice 想要与 Bob 通信时，Alice 首先通过查询分布式网络数据库来了解 Bob 的网关地址，然后将自己的消息通过输出隧道发出，这些消息指向 Bob 的输入隧道的网关。同样地，Bob 需要通过自己的输出隧道给 Alice 发送回复消息，该消息的目的地指向 Alice 输入隧道的网关。在整个通信过程中 Alice 和 Bob 都只知道双方的网关地址，而不知道彼此的真实地址。因此可以隐藏通信双方的真实地址，从而保障通信的匿名性。实际上，输入隧道的网关地址在 I2P 客户端运行时就已发布，而输出隧道的网关地址仅由正在使用它们的一方知道。

与 Tor 的洋葱路由类似，当通过隧道发送 I2P 消息时，消息的发起方通过选中的路由节点的公钥对消息进行多次加密。其中每一跳路由节点都需要剥离当前的加密层，以解密出消息的下一跳地址。当消息通过两个隧道 (即从出站隧道到入站隧道) 时，为了隐藏消息从输出隧道的出口传输到输入隧道的网关，消息的发送者会采用大蒜加密的方式增加一个端到端的加密层。

与 Tor 不同，单个 I2P 大蒜消息可绑定多个消息同时传输，Tor 和 I2P 的另一个主要区别是所有 I2P 节点既可作为匿名终点也可作为中继节点参与 I2P 网络，为其他节点中继网络流量。在图 2.30 中，构成 Alice 和 Bob 通信隧道的中继节点还是一个实际的 I2P 用户。在为 Alice 和 Bob 路由消息的同时，这些中继节点也可以像 Alice 和 Bob 那样作为客户端与其他目的地进行通信。

2. 洋葱路由和大蒜路由

I2P 匿名网络系统所采用的大蒜路由技术是洋葱路由的一种变种。洋葱路由因数据包如洋葱般被层层加密而得名。大蒜路由与洋葱路由最大的区别是，大蒜消息中可以包含若干个消息并且这些消息可以有不同的目的地。洋葱路由与大蒜路由的通信原理阐述如下。

1) 洋葱路由

洋葱路由是一种在 Tor 网络中使用的匿名通信技术，如图 2.31 所示。在洋葱路由的网络中，消息一层一层地加密包装成像洋葱一样的数据包，并经由一系列被称作洋葱路由器的网络节点转发，每经过一个洋葱路由器会将数据包的最外层解密，直至目的地时将最后一层解密，目的地因而能获得原始消息。而因为通过这一系列的加密包装，每一个网络节点 (包含目的地) 都只能知道上一个节点的位置，但无法知道整个发送路径以及原发送者的地址。

图 2.31　洋葱路由示意图

2) 大蒜路由

大蒜路由是分层加密机制洋葱路由的变种，与洋葱路由最大的区别在于其大蒜消息中可以包含若干个消息并且这些消息可以有不同的目的地，而洋葱消息只能包含一条消息并且目的地只能有一个，如图 2.32 所示。例如，当一个路由节点需要另一个节点加入一条隧道中时，把请求数据包含在大蒜中，通过接收节点的 2048 位的公钥进行加密并且通过隧道进行传输；又如，当发送者需要发送数据到接收者时，发送方将数据包裹在大蒜消息中 (和一些其他消息一起)，通过接收者发布在 LeaseSet 中的公钥进行加密并经过隧道转发。

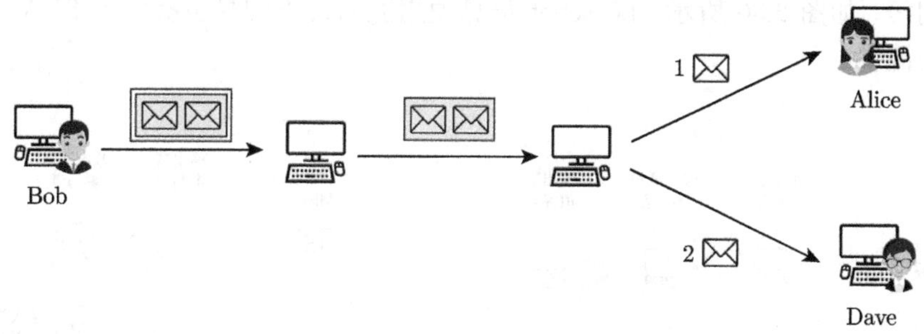

图 2.32　大蒜路由示意图

3. I2P 通信过程

如果 Alice 想通过 I2P 客户端软件和 Bob 匿名通信，I2P 客户端首先访问本地的 netDb 目录，如果 netDb 为空，则执行补种 (RESEED) 操作，其目的是获得 netDb 中的 RouterInfo 信息。I2P 补种是通过客户端自动访问软件内置补种站点，如 https://reseed.i2p-projekt.de/来获得 RouterInfo 信息。用户也可以通过连接其他补种站点，如 https://netdb.i2p2.no/等地址来手动补种。此后，I2P 客户端软件将 I2P 网络中各个对等节点的 RouterInfo 信息下载到本地的 netDb 文件夹中；最后，I2P 客户端软件从本地 netDb 目录中获得 I2P 网络中的对等节点信息，并选择其中的节点用于建立连接。具体的通信过程步骤如下所示。

(1) Alice 向网络数据库请求一系列的节点信息，即 Alice 向 floodfill 节点请求 RouterInfo 信息，其中包含了节点的身份标识、联系地址等重要信息，用于建立隧道，如图 2.33 所示。

(2) Alice 的 I2P 客户端依据特定的路径选择算法选择若干节点建立通信隧道。如图 2.34 所示输出隧道用于发送消息，包括网关节点、中间节点和终节点，中间节点的个数决定了隧道的长度和通信的匿名程度。

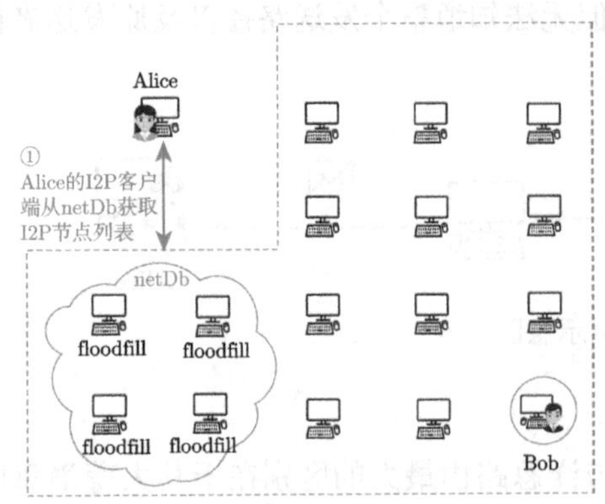

图 2.33　I2P 工作步骤之一

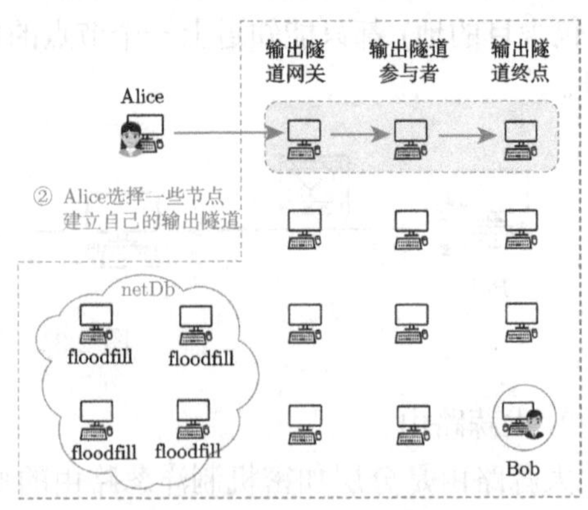

图 2.34　I2P 工作步骤之二

(3) 在 Alice 建立隧道的同时，Bob 也建立自己的通信隧道如图 2.35 所示。其中，输入隧道用于接收消息。同样，输入隧道也包括网关节点、中间节点和终节点三部分。

(4) Bob 向 netDb 发布自己的 LeaseSet 信息，通常包括输入隧道的网关信息、隧道 ID 和失效时间等，如图 2.36 所示，LeaseSet 信息使用匿名终点的身份标识的 SHA256 哈希值作为索引关键字。

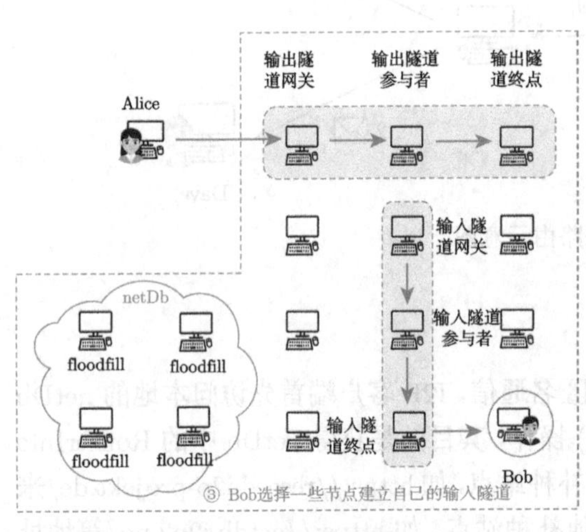

图 2.35　I2P 工作步骤之三

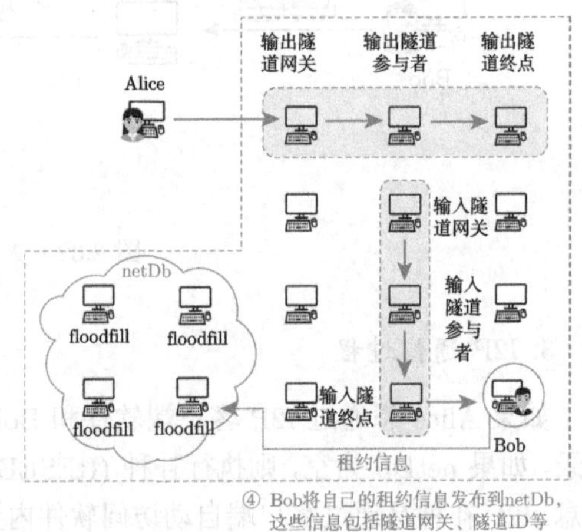

图 2.36　I2P 工作步骤之四

(5) Alice 以 Bob 身份标识的哈希值为关键字向 netDb 请求 LeaseSet，以获得 Bob 输入隧道的网关节点信息，如图 2.37 所示。

(6) Alice 通过自己的输出隧道将消息发送给 Bob 输入隧道的网关节点，再经过 Bob 的输入隧道发送给 Bob，最终实现对 Bob 的访问，如图 2.38 所示。通常情况下，Alice 发送的消息中包含自己的 LeaseSet 信息，用于接收 Bob 返回的消息，此时将需要 Bob 的输出隧道和 Alice 的输入隧道参与通信。

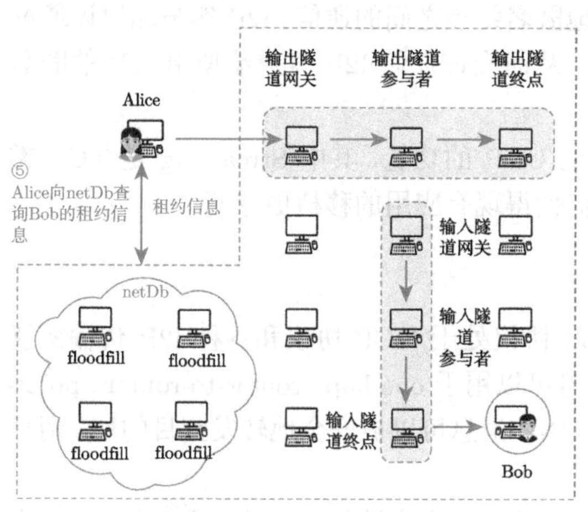

图 2.37 I2P 工作步骤之五

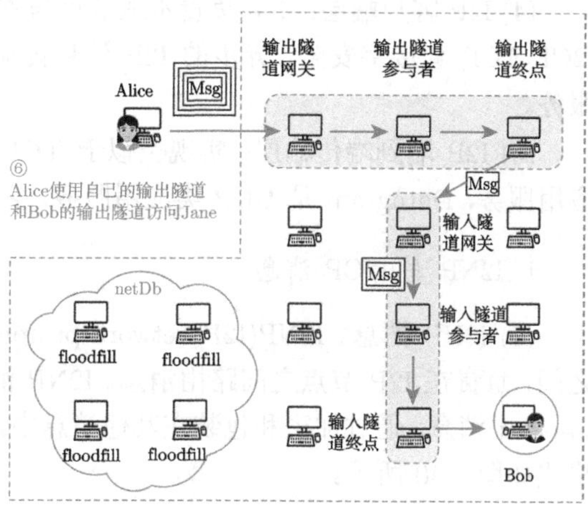

图 2.38 I2P 工作步骤之六

2.2.5 I2P 通信协议

I2P 网络建立在 P2P 网络之上，使用 TCP/IP 协议。I2P 中两个节点间的直接通信使用 NTCP 协议或 SSU 协议，两者均为加密的、面向连接的 I2P 传输层协议，其中，NTCP 协议建立在 TCP 层之上，SSU 协议建立在 UDP 协议之上，图 2.39 阐述 I2P 的消息格式。

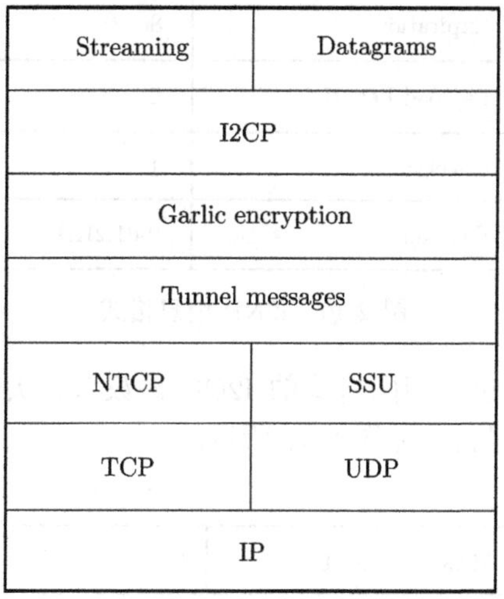

Streaming | Datagrams
I2CP
Garlic encryption
Tunnel messages
NTCP | SSU
TCP | UDP
IP

图 2.39 I2P 协议栈

(1) I2P 传输层：提供两个 I2P 节点之间的加密连接，该连接是非匿名的，并通过 NTCP 或 SSU 协议直接加密连接。其中 NTCP 协议建立在 TCP 协议之上，SSU 协议建立在 UDP 协议之上。

(2) I2P 隧道层：提供完全加密的隧道连接。其中，隧道消息 (tunnel message) 包含了若干加密的 I2NP 消息和传输指令，隧道消息是层层加密的。

(3) I2P 大蒜路由层：提供加密的、匿名的端到端 I2P 消息传递。

(4) I2P 客户端层：主要负责本地节点与本地匿名终点之间的通信。I2P 客户端协议通过 I2CP TCP 套接字安全、异步的 I2P 消息传输，从而允许任何 I2P 客户端使用 I2P 的匿名服务。

(5) I2P 端到端传输层：实现类似于 TCP 或 UDP 的功能，其中 Streaming 是 TCP 类应用服务，Datagram 是 UDP 类应用服务，它们使得现有应用的移植更方便。

1. I2NP 与 I2CP 消息

(1) I2NP 消息。I2NP(I2P network protocol) 协议处于 I2CP 协议和各种 I2P 传输协议之间，负责在 I2P 节点之间路由消息。I2NP 消息可以用于 one-hop、router-to-router、point-to-point 消息，通过加密和包装在其他消息中，I2NP 消息可以被安全地转发到目的地。消息格式如图 2.40 所示。

(2) I2CP 消息。I2CP(I2P client protocol) 协议是 I2P 客户端与路由节点之间的接口，它通过 TCP 套接字使得客户端与路由节点分离，允许安全的、异步的 I2P 消息传输。当客户端与路由节点属于相同 java 虚拟机时，I2CP 消息通过 JVM 内部接口传递。

字段	字节数
Type	1
Unique ID	4
Expiration	8
Payload Length	2
Checksum	1
Payload	0-61.2KB

图 2.40　I2NP 消息格式

所有类型的 I2CP 消息包含相同格式的 I2CP 协议头，头部中包含 I2CP 消息的长度 (4B) 和类型 (1B)。I2CP 消息格式如图 2.41 所示。

字段	字节数
Message Length	4
Message Type	1
Message Body	0 or More

图 2.41　I2CP 消息格式

2. I2P 隧道

I2P 通过隧道传输用户的网络流量，1 条隧道是由 1 个或多个 I2P 节点构成的单向加密链接。如图 2.42 所示，用户从已知的 I2P 节点中选择性能较好的节点，并对其进行排序，依次向各节点发送建立隧道请求，从而完成隧道的建立。在 I2P 中每个节点都会预先创建若干条隧道，隧道的数量和长度取决于节点自身的配置。隧道的长度影响数据传输的速度以及传输的匿名性。

根据使用目的，I2P 隧道可以分为探测隧道 (exploratory tunnel) 和客户隧道 (client tunnel)。探测隧道主要用于 I2P 网络中的节点信息维护；客户隧道则用于用户的匿名通信过程。

根据传输方向，I2P 隧道可以分为输入隧道 (inbound tunnel) 和输出隧道 (outbound tunnel)。输入隧道主要用于接收消息，对传入的消息层层加密；输出隧道则用于发送消息，对传出的消息层层解密。

每个 I2P 网络中的对等节点都维护着一个探测隧道，使用探测隧道来发现高容量节点作为客户隧道。每个对等节点都有自己的容量，这个参数用以表示每个对等节点最多可以同时加入隧道的数量，当对等节点首次加入到 I2P 网络时，通过下载 netDb 中的 RouterInfo 信息建立探测隧道，更新临近对等体节点的 netDb，同时评估 RouterInfo 中哪些是高速高容量的对等节点，并使用这些节点建立输入和输出隧道。10min 之后这些隧道会被丢弃，此时，对等节点再根据探测隧道提供的 RouterInfo 信息建立新的隧道。

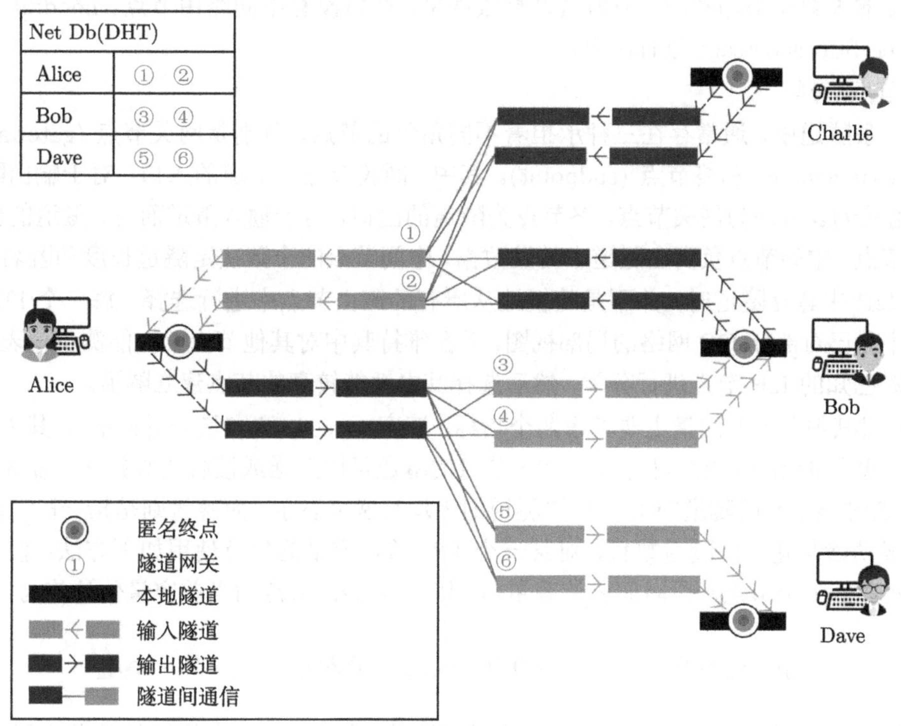

图 2.42 I2P 隧道机制示意图

为了保证 I2P 系统的运行效率，I2P 网络中的每个对等节点会维护一系列隧道池，每个隧道池管理一群用于特殊目的的隧道。当隧道满足于某一目的时，对等节点将会从合适的池中随机选择出一条隧道。一般地，I2P 网络有两个探测隧道池：一个输入隧道池和一个输出隧道池。

3. I2P 节点选择算法

1) 节点发布

对于首次使用 I2P 的用户，I2P 客户端首先需要从 I2P 指定的站点下载 netDb 信息，之后，I2P 会根据当前 I2P 网络节点的状态更新本机的 netDb 中各个对等节点的信息。I2P 网络中的每一个节点都会有 1 个 ID 和 rID，ID 用以标志自己的身份，除非手动重新生成，否则 1 个节点的 ID 在其生命周期不会变化，而 rID 则是一种路由 ID，由哈希函数 SHA256(ID+date) 计算生成，用于计算各节点在 Kad 网络中的逻辑距离。为了防止 Sybil 攻击，I2P 网络中的所有节点每 24h 都会重新计算 rID，并向和自己逻辑距离最近的 floodfill 节点发布自己的信息，即 RouterInfo。

节点将包含 RouterInfo 的消息 DatabaseStoreMessage 发送给自己逻辑距离最近 floodfill 节点。目前，最近的 floodfill 节点是通过查询本地数据库实现的。即便查到的 floodfill 节点实际上不是全网最近的，但是该 floodfill 节点会把收到的 DatabaseStoreMessage 转发给与节点距离“更近的”floodfill 节点，该机制具有高度容错性。一个节点若要发布自己的 RouterInfo，则直接与 floodfill 建立连接，向其发送 DatabaseStoreMessage 消息。该消息不是以端对端的大蒜路由加密的，因为这是直接连接，所以没有中间路由节点。floodfill 节点通过 DeliveryStatusMessage 进行回复。

2) 节点选择

在一条隧道中，通常存在三种承担着不同角色的节点，分别是网关节点 (gateway)、中间节点 (participant) 和终节点 (endpoint)。其中，网关节点为隧道的入口，对于输出隧道而言，隧道的创建者即为网关节点，终节点为隧道的出口，对于输入隧道而言，隧道的创建者即为终节点，中间节点负责在隧道中转发数据，中间节点的个数决定隧道长度和匿名程度。

在 I2P 中建立隧道时，并不是随机地从所有的路由节点中进行选择，每一个 I2P 节点都有一个自己对部分 I2P 网络的局部视图，并会维持其中对其他节点的性能测量值表，并根据该表对已知的 I2P 节点进行分类，然后选择其中性能较高的节点建立隧道。

I2P 对其他节点的测量主要考虑两个指标：速度 (speed) 和容量 (capacity)。其中，一个节点的速度是指 1min 内通过包含该 I2P 节点的隧道可以发送或接收的数据量，通常用过去 1min 内通过该节点的隧道中 3 条最快隧道的平均带宽来表示。而容量则是指一段时间内某一节点成功参与建立的隧道数目，对某一个 I2P 节点容量的估计使用如下方法：假设函数 cap 用来表示 1 个节点一段时间内的容量值，则 1 个 I2P 节点的当前容量估计值为

$$\text{capcity}_p = 0.4\text{cap}_{10\,\text{min}} + 0.3\text{cap}_{30\,\text{min}} + 0.2\text{cap}_{60\,\text{min}} + 0.1\text{cap}_{24\text{h}} \tag{2.1}$$

在通过测量计算取得各节点的速度值和容量值后，I2P 节点将已知的节点进行如下分类。

(1) 高容量节点：容量值超过所有节点容量平均值的节点。

(2) 高速节点：高容量节点中速度超过所有节点速度平均值的节点。

(3) 标准节点：高速节点和高容量节点以外的其他节点。

分类完成之后，根据不同的隧道需求，I2P 节点会从不同类型的节点中进行选择。其中，客户隧道会优先从高速节点中进行选择，而探测隧道则会从高容量节点中进行选择。在 I2P 每条隧道中，节点的顺序是固定的，以此来抵抗前驱攻击。在隧道池初始化时随机生成一个 32B 密钥 (重启时会变化)，用于隧道节点排序，此外，隧道顺序也受节点哈希值的影响。

具体地，I2P 节点选择的过程可分为以下 4 个步骤：

(1) I2P 节点通过测量已知节点的网络性能，包括带宽、netDb 查询时延和隧道建立成功率等，并将测量结果的详细描述文件保存于本地，I2P 节点的测量周期分为 1min、1h 和 24h 等。

(2) I2P 节点根据速度和容量两个指标对目标节点进行分类，根据速度和容量可将目标节点分为 3 类：高速节点、高容量节点和标准节点。

(3) 根据不同的隧道类型选择不同的节点，例如客户隧道优先选择高速节点，探测隧道优先选择高容量节点或标准节点。当同一类型节点充足时，该类型每个节点被选择的概率相同；当同一类型的节点数量不足时，会使用性能较低的节点替代。其中探测隧道选择高容量节点和标准节点的比例 ratio 可计算为

$$\text{ratio} = 1 - \frac{\text{探测隧道建立成功率}}{\text{客户隧道建立成功率}}$$

(4) 隧道建立者随机生成目标值，被选择节点按照与目标值的异或距离进行排序来确定节点在隧道的位置，如图 2.43 所示。

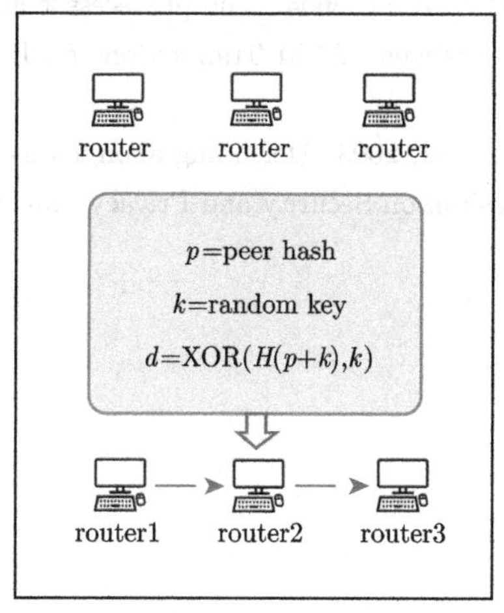

图 2.43 计算 I2P 隧道中节点的顺序

3) 建立 I2P 隧道

(1) 在高容量节点 (用于探测隧道) 或高速节点 (用于客户隧道) 中选择节点。

(2) 根据逻辑距离确定节点在隧道中的顺序，如图 2.42 所示。

(3) 对每一个被选中的节点事先生成一个隧道建立请求记录 BulidRequestRecord，准备构造隧道建立消息 VariableTunnelBuildMessage。

(4) 对 BulidRequestRecords 使用前一跳节点中包含的 AES reply key 和 AES reply IV 进行层层解密，最终构成一条 VariableTunnelBuildMessage 消息用于建立隧道。

(5) 节点收到消息后：

① 用自己的私钥解码 ElGamal-2048 数据块；

② 将 RequestRecord 替换为加密数据块 ReplyRecord，包含对建立隧道请求的应答；

③ 使用自己的 AES reply key 和 AES reply IV 对其他数据块解密。

参考文献

Dingledine R, Mathewson N, 2008. Tor path specification.https://gitweb. torproject.org/torspec.git/blob/HEAD:/path-spec.txt.

Dingledine R, Mathewson N, 2019. Tor-stable Manual.https://www.torproject.org/docs/tor-manual.html.en.

Dingledine R,Mathewson N, Syverson P F, 2004. Tor: the second-generation onion router. SSYM'04 Proceedings of the 13th conference on USENIX Security Symposium-Volume 13: 21.

Elahi T, Bauer K S, AlSabah M, et al, 2012. Changing of the guards: a framework for understanding and improving entry guard selection in Tor. Proceedings of the 2012 ACM workshop on Privacy in the electronic society: 43-54.

Herrmann M, Grothofi C, 2011. Privacy-implications of performance-based peer selection by onion-routers: a real-world case study using i2p. Proceedings of the 11th International Conference on Privacy Enhancing Technologies, PETS'11. Heidelberg: Springer-Verlag: 155-174.

The I2P Project Team, 2019. The Invisible Internet Project.https://geti2p.net/zh.

Wright M K, Adler M, Levine B N, et al, 2004. The predecessor attack: an analysis of a threat to anonymous communications systems. ACM Transactions on Information and System Security, 7(4): 489-522.

Wright M, Adler M,Levine B N, et al, 2003. Defending anonymous communications against passive logging attacks. 2003 Symposium on Security and Privacy: 28-41.

第3章 暗 网

3.1 暗网的概念、分类

根据是否能够被标准互联网搜索引擎索引到，可将整个互联网按其分布状况分为表层网络 (surface web) 和深层网络 (deep web)。表层网络是指能够被标准互联网搜索引擎索引的互联网内容，主要由以超链接关联的静态网页内容构成；深层网络也被称作 Deep Net、Invisible Web 或者 Hidden Web，特指存储在网络数据库中、不能通过超链接访问而需要通过动态网页技术访问的资源集合，这些资源通常不能被互联网搜索引擎索引到。常见的深层网络内容包括动态网页、需要登录的网页、未被链接的网页、访问受限的网页等。

暗网是深网中相对较小的一部分，是构建在公共 Internet 之上，但需要特殊的软件、配置或者认证才能访问的网络，一般基于覆盖网络。相比于传统的互联网表层网络，暗网具有匿名性强、溯源难、动态性高等特点，初期目标是保护互联网用户的通信隐私，后来被广泛用于私密信息传输。暗网的服务器地址和数据传输通常是匿名、匿踪的。与此相对，传统的互联网由于可追踪其真实地理位置和通信主体的身份被称为“明网”(clearnet)。暗网是网络层访问受限的覆盖网络，通过暗网网络的流量会被混淆，当进行侦听时，互联网服务提供商 (ISP) 和网络运营商只能观察到用户连接至暗网网络以及传输的网络流量大小，而不会显示访问的网站或所涉及数据的内容。与之相反的是，直接与明网或未加密的表层网络服务交互，可以看到用户访问的信息内容。

相对于表层网络，暗网作为一个平行的地下互联网世界，已经成为网络空间中持续发展、不可忽视的一个特殊领域；暗网网络中有很多丰富的资源，却无法被有效利用；与此同时，暗网网络中存在一些违反法律、危害国家网络空间安全的敏感信息。同时聚集了大量具备安全对抗背景的高级用户，已经形成多个活跃的专业暗网用户社区。本章将详细阐述暗网工作机制和通信机理，对全面理解暗网技术体系及其应用生态有重要意义。

3.1.1 暗网的概念

暗网 (Darknet) 是深网的一部分，特指使用非常规协议和端口以及可信节点进行连接的私有网络，需要特殊的软件、配置或者认证才能访问。与其他分布式点对点网络不同的是，暗网中数据传输时通常是匿名进行的，即 IP 地址不会被公开，因此暗网服务又被称为隐藏服务。

常见的两种暗网类型包括 friend-to-friend (F2F) 和匿名网络。当前使用的软件主要包括 OneSwarm、Zeronet、IPFS、Tor、I2P、Freenet 等。

暗网网站 (DarkWeb) 是指构建在 Darknet 网络之上的 Web 内容，一些敏感或者非法的 Web 服务通常会部署在 DarkWeb 中，如暗网、黑市、僵尸网络、告密、欺诈网站等。

3.1.2 暗网的分类

与传统互联网一样，暗网中存在各种形式的应用和服务，常见的暗网网络服务包括如下几类。

(1) Web 类服务：包括电子商务、社交网络、新闻博客、论坛等，图 3.1 为暗网中的脸书网站主页。

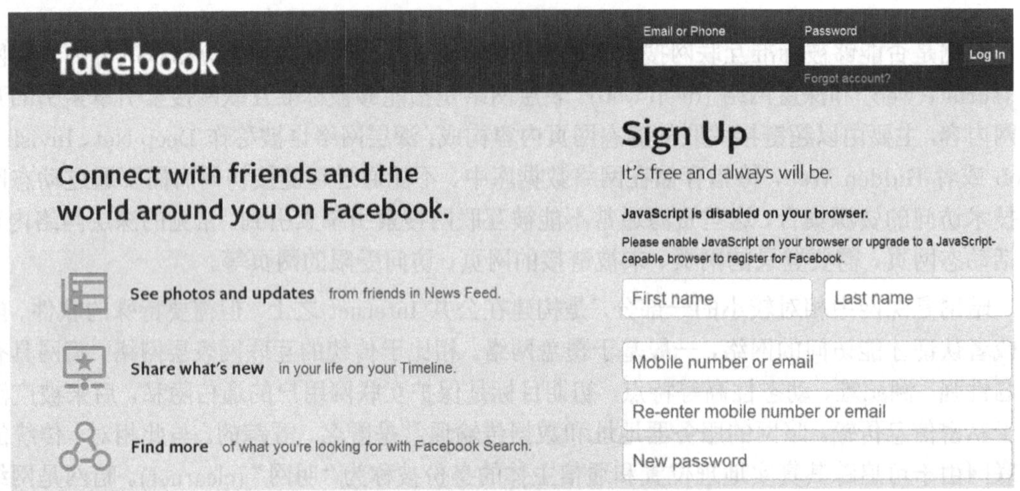

图 3.1　暗网中的脸书网站主页

(2) 邮箱服务：邮件是人们经常使用的一种主要的通信方式，暗网中也存在着各种邮件服务，帮助用户保护通信安全与数据隐私。与表层网络中的邮件应用不同的是，暗网邮件服务作为暗网中的一种应用类型，构建在匿名网络之上。除了邮件服务运营者之外，任何第三方无法知道该邮件服务器的位置信息。这种邮件服务受到世界各国的匿名提倡者、揭秘者以及新闻工作者的青睐。如图 3.2 所示，Onion Mail 是暗网中的一个邮件应用服务，目前该应用具有 29 个邮件服务器部署在暗网中 (图 3.3)。

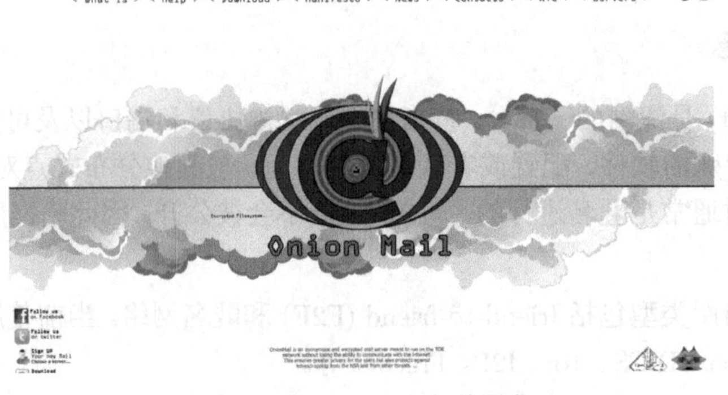

图 3.2　Onion Mail 邮件服务

< OnionMail public server list. >

Server	Nick	Type	Group	Online	Stable	Sub.Av.	Wizard	Ping	Exit	Friends
rido[illegible]w.onion	ridot			Y	Y	95%	Y	2.43"	2	35
wz65[illegible]c.onion	pafeukexe			Y	Y	99%	Y	1.88"	2	26
7w65[illegible]d.onion	hiddenmail			Y	Y	99%	Y	1.49"	2	37
yzi5[illegible]b.onion	secretmail			Y	Y	99%	Y	1.77"	2	45
kjzh[illegible]p.onion	hobe			Y	Y	99%	Y	2"	2	38
flnb[illegible]p.onion	syyqe			Y	Y	99%	Y	4.9"	2	40
egxw[illegible]o.onion	walajo			Y	Y	99%	Y	1.79"	2	38
fwb2[illegible]q.onion	anon03	BIG	anon	Y	Y	99%	Y	3.01"	2	38
v7op[illegible]7.onion	robertpolsen			Y	Y	99%	Y	1.58"	2	37
ppst[illegible]g.onion	tymeiolgi			Y	Y	99%	Y	3.18"	2	34
wc2e[illegible]4.onion	anonmail			Y	Y	99%	Y	8.35"	2	32
xhfh[illegible]b.onion	anon01	BIG	anon	Y	Y	99%	Y	0.71"	2	40
f6tc[illegible]z.onion	orwell			Y	Y	99%	Y	1.07"	2	32
ndo2[illegible]b.onion	dozaru	UNK		Y	Y	99%	Y	1.54"	2	46
7hst[illegible]p.onion	xyrasoru			Y	Y	99%	Y	1.57"	2	32
wqlc[illegible]7.onion	anon02	BIG	anon	Y	Y	99%	Y	2.79"	2	31
zrwx[illegible]m.onion	adunanza			Y	Y	99%	Y	0.79"	2	35
p6x4[illegible]3.onion	nonwo			Y	Y	96%	Y	2.1"	2	35
4ecw[illegible]4.onion	ecwoequ			Y	N	96%	Y	0.46"	2	34
unte[illegible]y.onion	unteh4			Y	N	96%	Y	0.5"	2	35
yerm[illegible]5.onion	anonymous			Y	N	96%	Y	1.03"	2	33
qqvb[illegible]a.onion	qqbbs			Y	N	96%	Y	2.34"	2	36
o7h3[illegible]r.onion	nitega			Y	N	96%	Y	0.49"	2	34
6hgz[illegible]a.onion	mes3hacklab			Y	N	N/A	Y	0.62"	2	34
qo2t[illegible]u.onion	disobey			Y	N	96%	Y	1.19"	2	33
jgz9[illegible]c.onion	unknown			Y	N	100%	Y	0.71"	2	35
5dgg[illegible]f.onion	winston			Y	N	96%	Y	0.48"	2	35
w2wq[illegible]2.onion	bentham			Y	N	96%	Y	1.33"	2	35

图 3.3 Onion Mail 邮箱服务器列表

(3) 即时通信服务：暗网中存在着各种形式的即时聊天应用服务，有些 IRC 应用将自身的服务器架设在暗网中，凭借匿名网络的匿名性保护个人隐私，同时躲避 ISP(服务提供商) 的内容审查。如图 3.4 所示，Cerapadus 是一个架设在 Tor 暗网中的 IRC 应用，从系统首页可以看出，该系统提供明文与密文两种接入方式，并且提供了 IRSSI/Hexchat/Tor 三种客户端的配置教程。

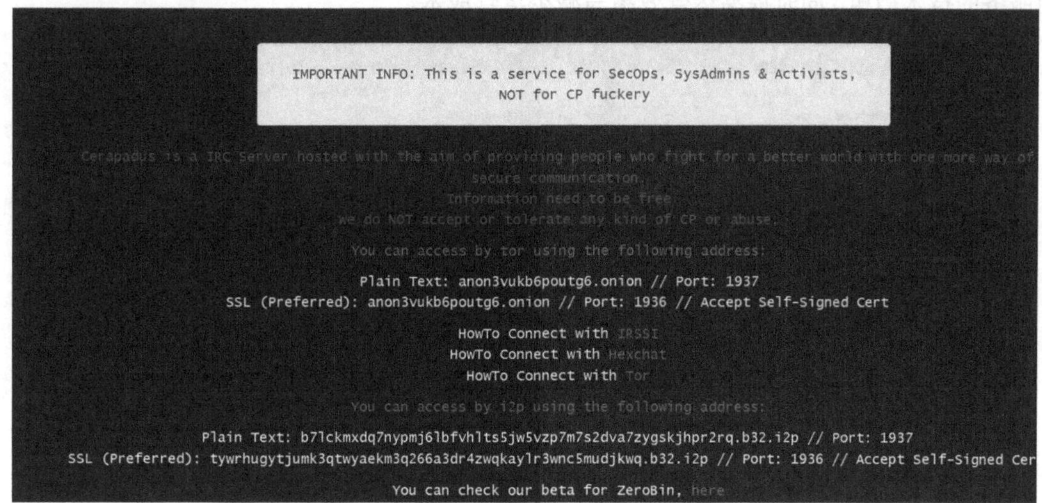

图 3.4 Cerapadus IRC 服务站点

(4) 文件分享应用服务：暗网中也存在着各种文件分享类应用服务，如 BT 下载、FTP 站点、GlobaLeaks(图 3.5) 等应用。用户可以使用这些应用，下载上面提供的各种文件资源或者上传各种在表层网络中被禁止的文件资源，而不用担心被追踪。

此外，Tor 官网还提供了即时聊天客户端应用 Ricochet，该应用的功能类似于微信、QQ 等即时聊天应用，不同的是，每个用户自身就是暗网中的一个隐藏服务，两个用户在开始通信之前，会话双方需要将对方的隐藏服务地址添加至自己的联系人列表中，并且建立一个双向的会话通道。通过对聊天双方隐藏服务实例的访问，完成通信双方之间的通信。

图 3.5　暗网中的 GlobaLeaks 站点

(5) 云主机租赁：暗网中存在着提供服务器租赁的应用服务，这类服务允许用户自定义服务器配置，比如用户可以个性化选择服务器的 CPU 个数、内存大小、磁盘大小、IP 个数、系统版本、网络带宽等配置选项，满足用户对服务器的个性化需求。此外，该类应用同时提供将服务器中的某些应用自动架设在匿名网络之上成为暗网中的应用服务。如图 3.6 所示，该暗网应用提供服务器租赁业务，并提供自动生成暗网应用地址的服务，以降低用户运营暗网服务的技术门槛，同时提高运营效率与减少运营成本。

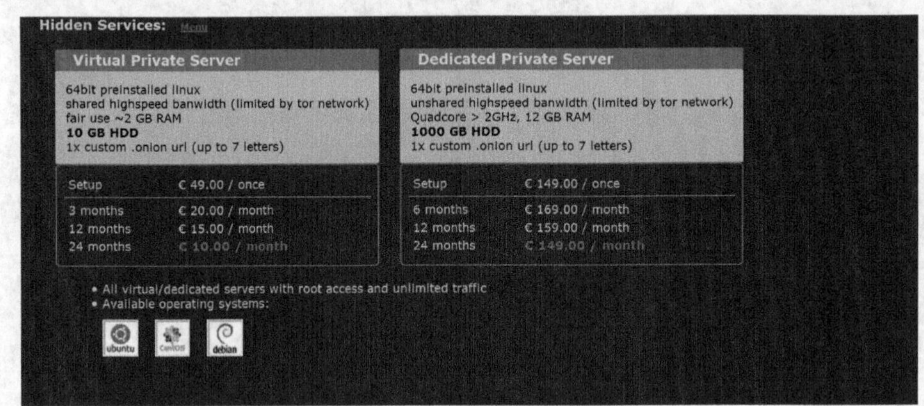

图 3.6　暗网云主机租赁服务站点

3.2　Tor 隐藏服务

3.2.1　Tor 隐藏服务概述

Tor 网络除了提供客户端匿名，还提供服务端匿名，称为 Tor 隐藏服务 (Tor hidden service)，Tor 隐藏服务是构建在 Tor 网络之上的匿名服务，允许 Tor 用户提供 Internet 内容信息和服务，而不暴露该服务器的位置信息。因此，攻击者很难阻断用户对该服务的访问以及破解服务的匿名性。图 3.7 阐述了 Tor 隐藏服务的架构和主要的组件。

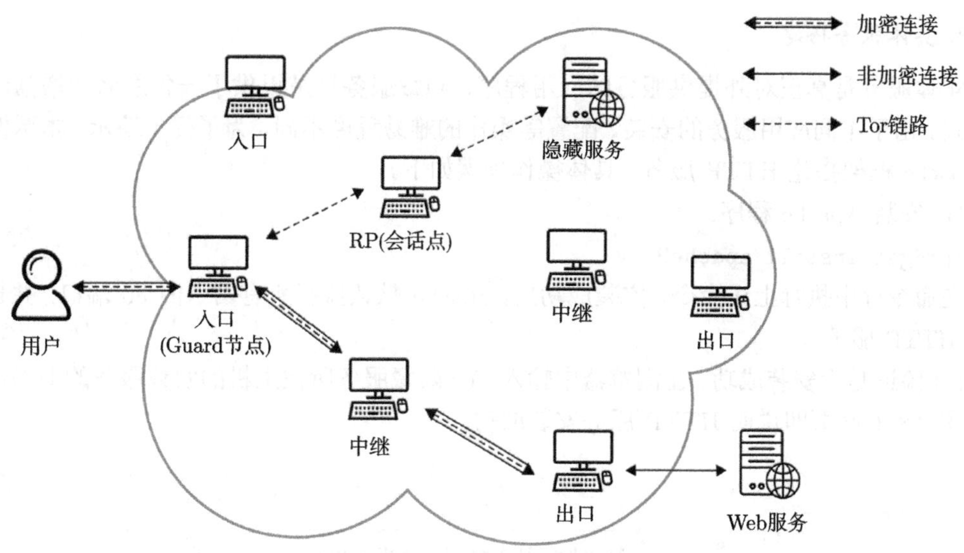

图 3.7 Tor hidden services 架构图

(1) 客户端：运行在本地的洋葱代理程序，洋葱代理程序提供本地的 SOCKS 代理，用户端程序可以通过洋葱代理访问 Tor 隐藏服务。

(2) 隐藏服务 (hidden service, HS)：运行作为 Tor 网络的一部分，其目标是提供各种 Internet 服务。

(3) 引入节点 (introduction points, IP)：由 Tor 隐藏服务选中，被用于转发客户端请求数据包至 Tor 隐藏服务。

(4) 隐藏服务目录节点 (hidden service directories, HSDirs)：获得 HSDir 标签的 Tor 中继节点，Tor 用户可以在 HSDirs 上获取到隐藏服务的描述信息。

(5) 约会节点 (rendezvous point，RP)：由客户端选择，被用于在客户端和隐藏服务之间转发数据。

3.2.2 Tor 隐藏服务使用和配置方法

依据 Tor 协议设计，所有基于 TCP 协议实现的应用服务都可以通过 Tor 软件以隐藏服务的形式对外提供服务，保证服务提供方的匿名性。Tor 隐藏服务部署的步骤可以分为实体服务搭建、Tor 程序安装、隐藏服务参数配置、隐藏服务访问四个部分。本小节以 Web 服务配置成 Tor 隐藏服务为例，对 Tor 隐藏服务的搭建过程进行解释说明。

1. 配置环境

由于需要运行 Web 服务和 Tor 软件，建议实际搭建 Tor 隐藏服务的机器配置不低于 500MB 内存、20GB 磁盘，同时保证能够正常接入 Tor 网络。本次示例的搭建环境为境外 VPS 节点，具体配置为：操作系统为 Ubuntu 18.04-64bit、内存大小为 1GB、磁盘大小为 30GB。

2. 实体服务搭建

实体服务是真正对外提供服务的应用程序，隐藏服务只是提供了一种匿名性增强的接入方式。由于不同应用服务的安装、配置等操作的难易程度不同，为了便于演示，本示例采用 Apache 框架搭建 HTTP 服务。具体操作步骤如下。

(1) 安装 Apache 程序。

```
apt-get install apache2 -y
```

在命令行中执行上述命令，安装成功后，apache 默认监听所有网卡的 80 端口，并自动启动 HTTP 服务。

(2) 验证是否安装成功。在浏览器中输入 Tor 隐藏服务所在主机的实体服务的 URL，出现如图 3.8 的网页即说明 HTTP 服务安装成功。

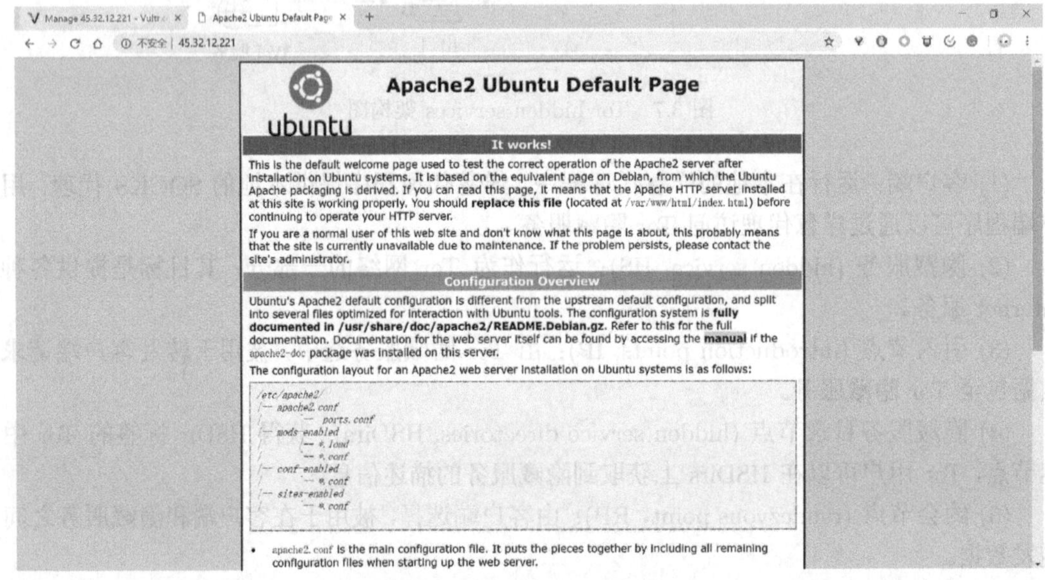

图 3.8　空体 Web 服务主页

3. 隐藏服务搭建

本部分包括 Tor 程序安装、隐藏服务参数配置、隐藏服务启动、查看服务域名四部分。

(1) 安装 Tor 程序。

```
apt-get install tor -y
```

(2) 编写配置文件。

在 root 目录下新建目录 HiddenService。

```
mkdir /root/HiddenService
```

在 root 目录下，新建文件 torrc，并且写入如下内容：

```
#配置后台运行
RunAsDaemon 1
#配置hidden service自身数据目录
```

```
DataDirectory /root/HiddenService/data
#配置hidden service自身数据目录
HiddenServiceDir /root/HiddenService/hskey
#配置隐藏服务的端口映射，将隐藏服务的80端口映射到本地的127.0.0.1:80端口
HiddenServicePort 80 127.0.0.1:80
```

(3) 启动隐藏服务。

```
service tor stop
tor -f torrc
```

(4) 查看隐藏服务域名。/root/HiddenService/hskey/hostname 中保存了隐藏服务的域名，如图 3.9 所示，在命令行输入 cat hostname 便可查看隐藏服务域名。

```
root@vultr:~/HiddenService/hskey# cat hostname
uo54tebv2srfm4wf.onion
```

图 3.9 查看隐藏服务域名

另外，/root/HiddenService/hskey/private_key 中保存了隐藏服务的私钥，如图 3.10 所示，每个私钥代表了一个 onion 地址。

```
root@vultr:~/HiddenService/hskey# cat private_key
-----BEGIN RSA PRIVATE KEY-----
MIICXgIBAAKBgQDZvGfMJCiUWhTLX/I0pi5DP0V3Nun9iyuLmlNm9N19C6hLnpj8
8n60ysDGPQqV/EegxfjUCRxOC+g3bKdemQPa1VoUFNj98D74Ydl1G8MjS2cEgFKE
nGH3OPNbvaKouC6Oq9A63sS36+lcx0cUaMY59tsOEoa1M/BwpPEyeF+IUQIDAQAB
AoGACPk/2eT/myWfR8Z7h/n1XCYmacRknmN29vj0SQD8g+PQGtW9fmdMG41jpofr
gMT1+sVN/QcnGHxbJLWgrEBoLTAz36yeH+AVzCsXuFM1bLt7QkNZ8mG1Dh1pR90w
FeeEWFCHDaVL/+y7672sthaf/S67wiVcR15G3qO6XcEunAECQQD3+4Tx4Ji6QL3v
L8L77wvpHB9FZ6r5CejQ/5EF4/5+OA2RCqeb/7+M3pJ1TCqytW2pmrPNw9z8SHVe
NUgBHZ7BAkEA4MaLTIC8k/NmPx0AzFntBrx3OlQs+3KciAuONDIAzEd2T9BE2EVH
6qrUBq6jQgxEUbYs25wzP4AWU5+gM4zdkQJBAMfjw38hNprzsuZJjpd7UhN+aqqM
bOG/nh5R0zl3VV2ymyTt/LsfhOztQAsy8TwKSLItFIBpQAlP8uOUeU0E7kECQQDU
39P/EREHgYV9Eke2QRg0v/qeuCedv661PVRg5FZTIP7QmesJc5uniD+jUHN3UszF
IiYbmjQC2JjMe6mqCKexAkEAiLEUyxjt7chdOAH1NXNJQ4vhIax4zqUapEb0Sb1s
P9vq9/LmCwNtrWlWo4Q0hNYgqq7vuBN+y6yfmx/Qn2e3Ow==
-----END RSA PRIVATE KEY-----
```

图 3.10 Tor 隐藏服务私钥

4. 验证隐藏服务

运行 Tor Browser 软件，在地址栏中输入上述隐藏服务的域名，看到 Apache 服务页面说明隐藏服务配置成功，如图 3.11 所示。

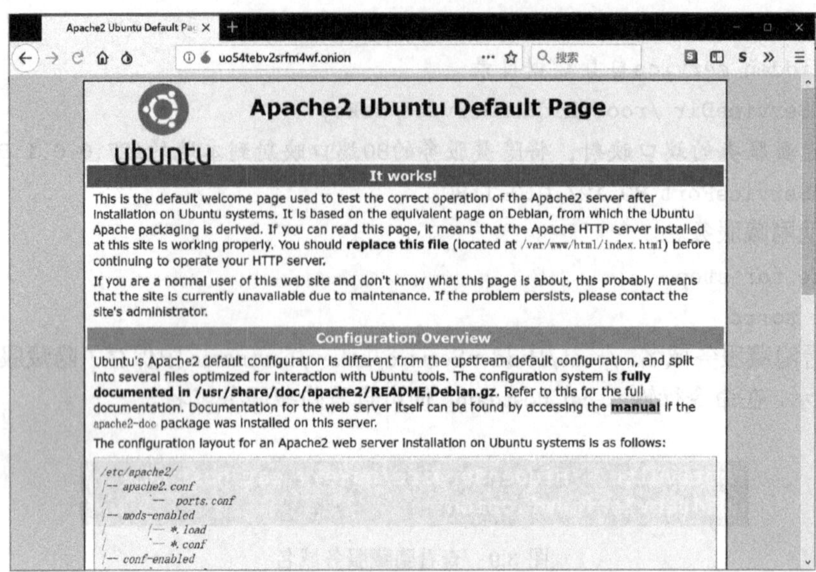

图 3.11　访问配置成功的隐藏服务页面

3.2.3　Tor 隐藏服务工作原理

Tor 不仅提供客户端匿名，同时保证服务端匿名，Tor 隐藏服务的顶级域名为.onion。Tor 用户访问某一 Tor 隐藏服务的通信过程如图 3.12 所示。

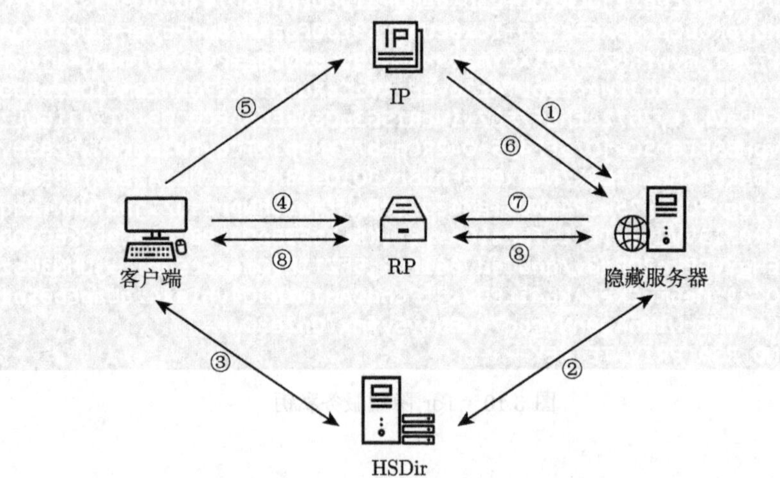

图 3.12　Tor 隐藏服务工作原理图

(1) Tor 隐藏服务首先生成自己的公私密钥对，并随机选择几个中继节点作为自己的引入节点，然后依次与之建立安全链路。

(2) Tor 隐藏服务将自己的隐藏服务描述符 (hidden servie descriptor) 发布到与之最近的目录服务器 (directory server)。隐藏服务描述符通常包含 HS 的公钥和引入节点的信息，并使用自己的私钥签名。完成该步骤后，Tor 用户可通过 XYZ.onion 找到该隐藏服务的描述符，其中 XYZ.onion 是由 HS 的公钥等信息计算得到的 16 位字符串。

(3) 当 Tor 用户知道 Tor 隐藏服务的域名 (如 XYZ.onion) 后，就可以从目录服务器 (HS-Dir) 上得到该隐藏服务的描述符， 这样， Tor 用户就知道了该隐藏服务的引入节点信息。

(4) 一旦获取到该隐藏服务的描述符，Tor 用户会另外随机选择一个节点作为自己的约会节点 (rendezvous point)，并与之建立安全链路，然后向该节点发送 RELAY_COMMAND_ESTABLISH_RENDEZVOUS Cell 告之自己的一次一密 (即 rendezvous cookie 信息，rendezvous cookie 是由客户端随机选择的任意 20B 的数值)。每次 Tor 客户端在尝试跟约会节点建立连接的同时都会发送一个新的一次一密。

(5) 一旦约会节点收到建立约会链路的命令 cell，约会节点则将收到的一次一密与该链路关联。然后，Tor 客户端在 Tor 隐藏服务选中的引入节点中随机选择一个引入节点，并与之建立安全链路，并将封装好的 Cell 信息 (通常包含约会节点的 IP 地址、指纹、Tor 隐藏服务公钥的哈希值、自己的 cookie 和 Diffie-Hellman 数据，并使用自己的公钥签名) 通过 RELAY_COMMAND_INTRODUCE1 Cell 命令发送给引入节点。

(6) 引入节点在收到 RELAY_COMMAND_INTRODUCE1 Cell 后，则将其收到的隐藏服务公钥的哈希值与它提供服务的隐藏服务的公钥哈希值进行对比，如果匹配成功，则将其重新打包为 RELAY_COMMAND_INTRODUCE2 Cell 后，发送给该隐藏服务。此后，引入节点给 Tor 客户端发送一个 RELAY_COMMAND_INTRODUCE_ACK Cell，以拆除该链路。

(7) Tor 隐藏服务收到 RELAY_COMMAND_INTRODUCE2 Cell 后，用自己的私钥解密，提取出约会节点的昵称 (nickname)、一次一密以及由 Tor 客户端生成的 g^x 值，此后，Tor 隐藏服务生成一个 Diffie-Hellman 数值，并据此生成密钥，然后隐藏服务跟约会节点建立一条安全链路，并通过该链路发送 RELAY_COMMAND_RENDEZVOUS1 Cell。一旦约会节点收到 RELAY_COMMAND_RENDEZVOUS1 Cell，则约会节点将提取出 cookie，并与 Tor 客户端的 cookie 进行比较，如果匹配成功，则将其重新打包为 RELAY_COMMAND_RENDEZVOUS2 Cell，并转发给 Tor 客户端。

(8) 一旦 Tor 客户端收到 RELAY_COMMAND_RENDEZVOUS2 Cell，Tor 客户端将根据生成密钥，并通过 $H(K)$ 验证它。至此，Tor 客户端和 Tor 隐藏服务 Diffie-Hellman 握手完成，此后 Tor 客户端在建立好的 6 跳链路上发送 RELAY_COMMAND_BEGIN Cell 开启真正的数据通信。

因此，在匿名网络用户侧，Tor 用户在访问一个隐藏服务之前，首先需要获取隐藏服务的地址。Tor 网络中的隐藏服务采用.onion 作为顶级域名，地址以 XYZ.onion 的形式存在。用户在访问一个隐藏服务地址时，会向相应的 HSDir 发送查询请求，HSDir 在接收到请求后，会根据自己存储的信息情况将对应隐藏服务的描述符返回给用户 (步骤 (3))。用户获得隐藏服务对应的描述符后，首先选择一个约会节点 (rendezvous point)，并建立一条到约会节点的匿名链路 (步骤 (4))，而后将约会节点的信息包括 IP 地址和公钥等通过隐藏服务的引入节点发送给要访问的隐藏服务 (步骤 (5) 和 (6))，隐藏服务在得知约会节点信息后，也会建立一条到约会节点的匿名链路 (步骤 (7))。至此，用户和隐藏服务便通过约会节点建立了一条通信信道，可以实现双方数据的传输。

在一个隐藏服务能够被用户访问之前，隐藏服务需要将包含自己公钥及引入节点信息的描述符发布至 HSDir，而具体选择哪些 HSDir 进行发布，则根据自己描述符的指纹信息和 HSDir 的指纹信息计算逻辑异或距离决定。具体的 Tor 隐藏服务描述符 ID 算法如算法 3.1 所示，其中 descriptor-cookie 是一个可选项，当该域值不为空时，用户在访问该隐藏服务时需要提供必要的认证证明。time 是指自“1970-01-01 00:00:00 UTC”以来的时间，以天为单位。replica 用来产生隐藏服务不同的描述符，默认情况下，同一个隐藏服务通过将 replica 分别赋值 0 和 1 来产生两个不同的描述符，以便将同一描述符发布在多个 HSDir 之上，从而提高描述符信息的可用性。

算法 3.1　描述符 ID 生成算法

```
输入: onion-address，time，replica，descriptor-cookie
输出: descriptor-id
function DESCRIPTORIDsGENERATION(onion-address, time, replica, descriptor-cookie)
    time-period ← ((time + first byte of onion-address * 86400) / 256) / 86400
    secret-id ← H(time-period // descriptor-cookie // replica)
    descriptor-id ← H(onion-address // secret-id);
return descriptor-id
end function
```

生成 Tor 隐藏服务描述符后，隐藏服务会根据描述符的指纹和当前 Tor 网络中所有 HSDir 的指纹来决定将描述符发布到哪些 HSDir 上。Tor 网络中的节点在运行 96h 后都可以获得 HSDir 的标签，这些 HSDir 形成一个分布式的哈希表，用以存储整个 Tor 网络中隐藏服务描述符，以此响应 Tor 用户对描述符的访问请求。因此，这些 HSDir 的功能类似于传统互联网中的 DNS 权威服务器，一个 Tor 用户在访问任何隐藏服务之前都需要到 HSDir 上查询对应隐藏服务的描述符。隐藏服务在确定描述符的指纹后，会将 Tor 网络中所有的 HSDir 依据它们的指纹排序成一个封闭的环，并从中选取排在描述符指纹后面且离描述符指纹最近的三个 HSDir 作为发布对象。因为默认情况下，一个隐藏服务通常会产生两个拥有不同指纹的描述符，所以一个隐藏服务的描述符信息通常情况下会发布到 6 个不同的 HSDir 上。

3.2.4　Tor 隐藏服务的可访问性

由于 Tor 的隐藏服务是基于分布式哈希表来维护其可访问性。具体地，Tor 的隐藏服务建立在基于 DHT 的覆盖网络之上，Tor 匿名网络之上的目录服务器 (HSDir) 的指纹 (fingerprint) 信息构成了 Tor 的 DHT 网络，且哪个隐藏服务发布到哪个目录服务器由隐藏服务的描述符 ID 和目录服务器的指纹共同决定。

在 Tor 隐藏服务的 HSDir 选择算法中。如果某个 Tor 隐藏服务的描述 ID 位于 HSDir 指纹环上的 HSDir_{k-1} 和 HSDir_k 之间的位置，则根据 HSDir 选择算法我们可以知道，该隐藏服务的目录服务器将被选中指纹为 HSDir_k、HSDir_{k+1}、HSDir_{k+2}，如图 3.13 所示，根据该算法我们可以知道一个 Tor 隐藏服务描述符生成两个不同的描述 ID，分别放置到不同的位置，因此一个 Tor 隐藏将有 6 个 HSDir 为它提供“域名”解析服务。因此，要想抢占一个 HSDir 位置，只需要在 Tor 的隐藏服务的描述符 ID 和最近的 HSDir 指纹中间插入一个自己控制的 HSDir，由于现有的 Tor 隐藏服务有两个副本，每个副本同时发布到三个 HSDir

上，因此需要至少部署 6 个 HSDir，才能达到隔离一个 Tor 的隐藏服务的目标，其攻击过程如图 3.14 所示。

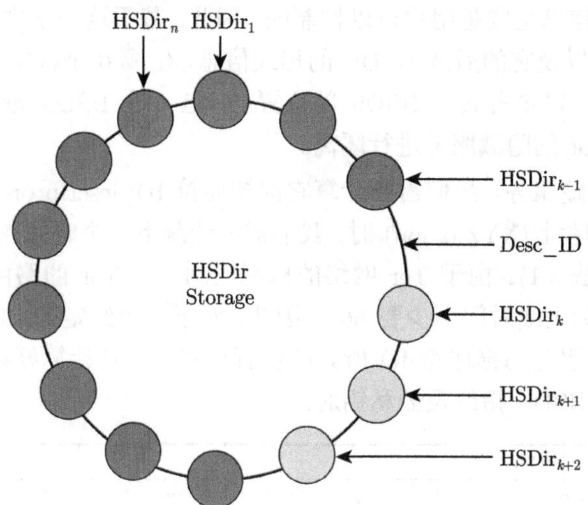

图 3.13 Tor 隐藏服务指纹环

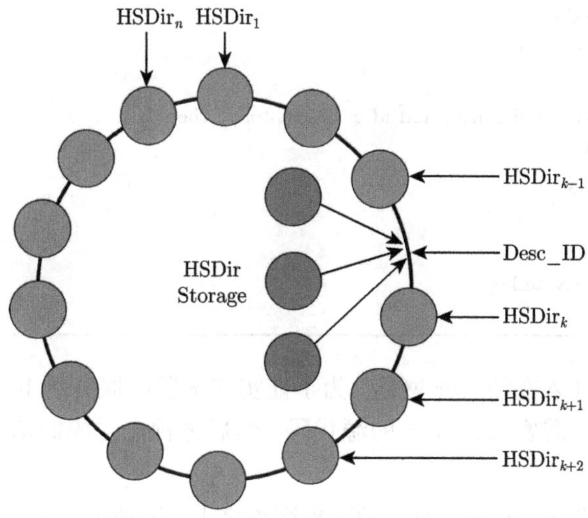

图 3.14 抢占一个 HS 的所有 HSDir

然而，要想在 Tor 隐藏服务的描述符 ID 和最近的 HSDir 指纹中间成功插入一个自己控制的 HSDir，需要预测每一个时间点 Tor 的隐藏服务可能的发布位置。然后根据该位置生成一个特定 HSDir 公私钥对，基于该公私钥对即可成功生成一个有效的 HSDir 描述符。

由算法 3.1 可知，Tor 隐藏服务描述符 ID 由.onion 地址、时间、复制标志和 cookie 信息共同决定，其中描述符 ID 每 24h 周期性地变化，cookie 为一个可选择的值，典型情况下为空，replica 字段用于创建两个不同的描述符 ID，以便该隐藏服务的描述符被放置在 HSDir 指纹环上的不同位置。

由于绝大部分的 Tor 的隐藏服务都没有设置 Cookie 值，因此其 Tor 的隐藏服务的描述符 ID 可以根据.onion 地址、时间、复制标志信息预测其下一个时间所处的位置，又由于 HSDir 的运行和指纹信息生成是用户可以控制的，因此，基于这一基本认识，事先根据给定的 Tor 隐藏服务地址以及它的后继 HSDir 的指纹信息，生成 6 个特定 HSDir 指纹，并将该 HSDir 注入 Tor 网络，以抢占其他 HSDir 的位置。一旦 6 个 HSDir 抢占成功，则可以在整个 Tor 网络中对该 Tor 的隐藏服务进行隔离。

给定一个 Tor 隐藏服务，我们需要计算它的描述符 ID(descriptor-id)。具体地，当输入一个给定的洋葱路由地址 (XYZ.onion) 时，我们需要预测下一个时间点该描述符 ID 所处的位置 (伪代码参见算法 3.1)。由于 Tor 网络的机制限制一个 Tor 的路由节点获得 HSDir 标签需要一定的条件，如上线时间至少要 96h。因此，对于一个给定的 Tor 隐藏服务，我们需要预测 4 天后该隐藏服务的描述符 ID 所处的位置信息。一旦计算好描述符 ID，我们则利用算法 3.2 生成它的 HSDir 指纹及公私钥对。

算法 3.2　指纹和私钥生成算法

输入: descriptor-id, distance

输出: fingerprint, private_key

```
function FINGERPRINTG ENERATIO(descriptor-id, distance)
  fingerprint ← ∅
  while fingerprint ≠ ∅ do
    key ← rsa.GenerateKey()
    id ←  key.sha1()
    if id < (descriptor-id + distance) and id > descriptor-id then
      fingerprint := id
      private_key := key
    end if
  end while
  return fingerprint, private_key
end function
```

最后，将 HSDir 注入在线 Tor 网络，为了证实 Tor 隐藏服务的 Eclipse 攻击效果，评估攻击代价和成功概率，需要修改 Tor 的源代码，然后将预先生成好指纹信息的 6 个 HSDir 注入 Tor 网络。

Tor 的隐藏服务建立在基于 DHT 的覆盖网络之上，这种基于 DHT 的机制一方面保证了位置信息的匿名性，另一方面却为植入恶意节点进行 Eclipse 攻击提供了可能。对 Tor 的隐藏服务的 Eclipse 攻击的过程可分为以下三个阶段。

(1) 计算 Tor 隐藏服务的描述符 ID。每一个 Tor 隐藏服务都要选择一些节点作为自己的引入节点，然后将这些引入节点的信息封装为一个描述符 (descriptor) 发布到距离自己描述符 ID 逻辑上最近的 6 个目录服务器上。由于在 Tor 网络中，Tor 隐藏服务与目录服务器的距离由 Tor 隐藏服务的描述符 ID 和目录服务器的指纹进行异或操作得到，因此，描述符 ID 与目录服务器的指纹之间的距离可以构成一个 0~ M 的度量空间。

当用户想要访问某一隐藏服务时，首先要向它的目录服务器请求描述符信息。而向哪个目录服务器请求则可以通过比较该隐藏服务描述 ID 与 Tor consensus 文件中的目录服务器指纹逻辑距离来得到。而 Tor 隐藏服务的描述符 ID 则可以由其.onion 地址、时间、复制标志和 cookie 信息共同决定。Tor 隐藏服务的描述符 ID 的生成算法参见算法 3.1。

(2) 控制目录服务器。对于给定的 Tor 隐藏服务，一旦攻击者利用算法 3.1 计算出该隐藏服务在任意时刻的描述符 ID，攻击者便可以通过选择恰当的公私钥对，使自己所控制的目录服务器的指纹与计算得到的描述符 ID 的距离在逻辑上足够近，从而可以抢占到一个目录服务器位置，并得到该隐藏服务发布的描述符。算法 3.2 阐述了根据描述符 ID 生成与其距离足够近的指纹和它相应的私钥。

通过算法 3.2 计算得到 HSDir 的私钥后，攻击者需要将 Tor 目录下原始的 secret ID key 文件的私钥替换为计算好的私钥，然后重启 Tor 实例。一般情况下，在 Tor 实例运行到 96h 以后 (实际的时间可能更长)，将会获得 HSDir 标签，然后该 Tor 实例将会以目录服务器的身份出现在 Tor consensus 文件中。由于攻击者已计算好的指纹与给定的 Tor 隐藏服务描述符 ID 的距离足够近，所以攻击者控制的 HSDir 将会抢占该隐藏服务的 HSDir。这样，当匿名网络用户向攻击者控制的目录服务器请求 Tor 隐藏服务的描述符信息时，目录服务可以通过修改源码来返回空消息，从而任意 Tor 用户都无法取得该描述符信息，也无法得知该隐藏服务的引入节点信息，因而无法访问该隐藏服务。

(3) 进行持续攻击。每个 Tor 隐藏服务会将自己的描述符发布到最近的 6 个目录服务器上，因而攻击者只需要控制 6 个与该 Tor 隐藏服务距离足够近的目录服务器并使它们在收到用户请求该 Tor 隐藏服务的描述符信息时返回空消息，即可完成一次针对该隐藏服务的 Eclipse 攻击。然而，由算法 3.1 可知，Tor 隐藏服务的描述符 ID 每 24h 变化一次，此外，每个 Tor 路由节点要获得 HSDir 标签，至少需要运行 96h。那么，攻击者要完成一次 24h 的 Eclipse 攻击，需要运行 12 个 Tor 实例，6(6 responsible HSDir)×2(24h HSDir relay)=12，每个 IP 至多会有 2 个 HSDir 出现在 consensus 文件中，因此攻击者需要 6 个 IP 地址。攻击者可以使用 24 个 IP 地址，6(one-day attack)×4(96h)=24，使 Eclipse 攻持续进行；也可以借助 shadowing 技术，使用 6 个 IP 地址，每个 IP 地址运行 2 个 HSDir 和 6 个 shadow HSDir，同样可以使 Eclipse 攻击持续进行。

1. 可访问性建模

下面将介绍 Tor 隐藏服务可访问性量化评估模型，通过该模型尝试回答如下问题。

(1) Tor 隐藏服务的 Eclipse 攻击问题的严重程度。

(2) 对于任意给定的 Tor 隐藏服务，攻击者在投入多少个 HSDir，花费多大的计算代价，可以以多大的概率控制该隐藏服务的可访问性。

为了能够回答上述问题，下面应用概率分析方法对 Tor 隐藏服务的发布和访问机制进行建模，将 HSDir 的指纹大小构成的 DHT 网络建模为一个 $[0, M)$ 的度量空间，将 HSDir 的指纹作为放置在该度量空间上的点，两个连续的 HSDir 为一个桶。隐藏服务的放置问题建模为落在某一个桶的概率问题，如果 HSDir 的指纹和 Tor 隐藏服务的描述 ID 的生成是随机的，那么对于给定的 Tor 隐藏服务落在某一个桶的概率应该是相等的。然而，在现有的 Tor 匿名网络之中，Tor 的隐藏服务地址信息以及 HSDir 的部署问题不是一个完全随机的问题 (通常 Tor 用户会根据自己的喜好选择生成一个自己喜欢的洋葱地址，以及部署特定的 HSDir 去收集特定的隐藏服务信息)，因此，在实际的 Tor 匿名网络之中，存在在某些桶的隐藏服务比另外一些要多得多。

定义 3.1　定义攻击距离 d 为 Tor 隐藏服务描述 ID 和它第一个后继 HSDir 指纹的距离，若隐藏服务描述 ID 的键空间为 M，则随机部署一个 HSDir，恰好落在攻击距离 d 的概率为

$$p = \frac{d}{M} \tag{3.1}$$

定理 3.1　在 Tor 网络中，记 $\Pr(d,n)$ 为存在 n 个攻击距离为 d 的隐藏服务的概率密度函数，则 $\Pr(d,n)$ 可以由如下公式给出：

$$\Pr(d,n) = \frac{n}{M}\left(1-\frac{d}{M}\right)^{n-1} \tag{3.2}$$

证明：记攻击距离 $D \in (0, M]$ 为随机变量，若存在 n 个的隐藏服务，使得所有 Tor 隐藏服务的攻击距离大于 D 的概率为 $\left(1-\dfrac{d}{M}\right)_n$，则攻击距离大小的累计概率分布函数 (CDF) 为

$$\Pr(d < D) = 1 - \left(1-\frac{d}{M}\right)^n$$

因此，攻击距离的概率密度函数可以由如下公式计算得出：

$$\Pr(d,n) = \frac{\partial}{\partial x}\Pr(d < D) = \frac{n}{M}\left(1-\frac{d}{M}\right)^{n-1}$$

为了理解攻击的有效性，需要分析攻击者针对某一给定的 Tor 隐藏服务抢占其所有 HSDir 的概率大小。由于 HSDir 的部署位置取决于它的指纹信息，定义期望的尝试次数为攻击者为了生成一个有效的 HSDir 指纹需要尝试生成有效的公私钥对的个数。

定理 3.2　如果针对某一个特定的隐藏服务，在尝试 k 次攻击后成功生成 r 个有效的 HSDir 指纹的概率密度函数记为 $\Pr(K=k|p,r)$，则概率密度函数 $\Pr(K=k|p,r)$ 可以由如下公式给出：

$$\Pr(K=k|p,r) = \binom{k-1}{r-1}p^r(1-p)^{k-r} \tag{3.3}$$

证明：由于 HSDir 的指纹生成过程可以建模为一系列独立的伯努利实验 (Bernoulli trials)，在每一次实验中，若成功生成一个指纹落在攻击距离范围内的概率为 p，否则其概率为 $1-p$。在这种情况下，持续观测这个伯努利实验，直到一个预先定义的成功次数 r 发生。因此，可以定义随机变量 K 为期望的尝试次数，使得 K 服从负二项分布，则概率密度函数记为 $\Pr(K=k|p,r)$ 可以由如下公式得出：

$$\Pr(K=k|p,r) = \binom{k-1}{r-1}p^r(1-p)^{k-r}$$

其中，$k = r, r+1, \cdots$。

因此，定理 3.2 显示了控制一个特定的隐藏服务的计算代价，即生成一个有效的 HSDir 的概率和期望的常识次数的概率密度函数。

定理 3.3 在 Tor 网络中，若生成 r 个有效的 HSDir 指纹的概率为 p，则期望的尝试次数 K 定义为

$$E(K) = \frac{r}{p} \tag{3.4}$$

证明：

$$\begin{aligned} E(K) &= \sum_{k=1}^{\infty} k \cdot \Pr(K = k|p, r) \\ &= \sum_{k=1}^{\infty} k \cdot \binom{k-1}{r-1} p^r (1-p)^{k-r} = \frac{r}{p} \end{aligned} \tag{3.5}$$

推论 3.1 期望尝试次数 K 与攻击距离大小负相关。

$$E(K_1|p_1, r) > E(K_2|p_2, r) \tag{3.6}$$

其中，$p_1 < p_2$。

证明：根据定理 3.3，定义概率 p，指纹个数 r 为常量，因此有 $E(K_1) = \dfrac{r}{p_1}$，$E(K_2) = \dfrac{r}{p_2}$，由于 $p_1 < p_2$，有 $\dfrac{r}{p_1} > \dfrac{r}{p_2}$，因此有 $E(K_1) > E(K_2)$。

因此，推论 3.1 显示了计算代价随着攻击距离的变小而增加。在实践中，给定 n 个隐藏服务，想知道生成 r 个有效的 HSDir 指纹的尝试次数 X 的期望值，假设成功生成 $r_i(i = 1, 2, \cdots, n)$ 个有效的 HSDir 指纹的概率分别为 $\{p_1, p_2, \cdots, p_n\}$，则定理 3.4 给出了尝试次数 X 的期望值的理论估计。

定理 3.4 在 Tor 网络中，如果成功控制 n 个隐藏服务需要部署 r 个有效的 HSDir，让随机变量 X 为生成 r 个有效的 HSDir 指纹的平均尝试次数，则随机变量 X 服从负二项分布：$X \sim NM(r_1, r_2, \cdots, r_n; p_1, p_2, \cdots, p_n)$，则随机变量 X 的期望值可以通过如下公式给出

$$E(X) = \frac{\sum_{i=1}^{n} r_i}{\sum_{i=1}^{n} p_i} \tag{3.7}$$

证明：为了控制 n 个隐藏服务，则需要抢占 n 个攻击距离小于 d 的 HSDir。假定，有一系列随机且独立的指纹生成实验，在这种情况下，指纹生成实验可以建模为 Balls-into-Bins 问题，因此，每一次实验将有 $n+1$ 个可能的实验结果，记为 $\{A_1, A_2, \cdots, A_n, A_{n+1}\}$。每个结果发生成概率分别记为 $\{p_1, p_2, \cdots, p_n, p_{n+1}\}$ 且 $\sum_{i=1}^{n+1} p_i = 1$。让 $X_i(i = 1, 2, \cdots, n+1)$ 记为 A_i 的次数。一直观测这个实验，直到每个 A_i 发生 $r_i(i = 1, 2, \cdots, n+1)$ 次，其中 $\sum_{i=1}^{n} r_i = r$。若 X 为总的实验次数，则随机变量 X 服从如下负二项分布：

$$X \sim NM(r_i, r_2, \cdots, r_n; p_1, p_2, \cdots, p_n)$$

2. 实验评估

在这部分，本书将对 Eclipse 攻击的理论分析和在线攻击的效果进行分析与探讨。本节主要关注 Eclipse 攻击对于真实 Tor 网络的影响以及评估 Tor 隐藏服务在 Eclipse 攻击下，对于 Tor 隐藏服务可访问性的威胁程度。

为了评估 HSDir 指纹生成的代价、估计真实 Tor 网络隐藏服务的攻击距离大小分布，有必要从诸如 ahmia.fi、thehiddenwiki.org 等 WiKi 类网站收集 Tor 的隐藏服务地址。图 3.15 显示了它们的攻击距离累积概率分布图，从该图可以看出大部分隐藏服务的描述 ID 跟它的第一个目录服务器的指纹的共同前缀为 2 个或者 3 个字符、最长为 5 个共同前缀。为了估计目录服务器指纹的生成时间，需要根据其共同前缀大小来评估生成如此目录服务器的指纹所需的时间代价。在 Intel(R) Xeon(R) CPU 2.27GHz 的双核计算机运行 20 组实验，对于给定的 Tor 隐藏服务，每一组实验都分别生成共同前缀大小为 1~5 的 HSDir 指纹。实验结果如图 3.16 所示，其中生成 5 位相同前缀的 HSDir 大约需要 21s，而 1 位相同前缀的 HSDir 则只需要 0.32s。

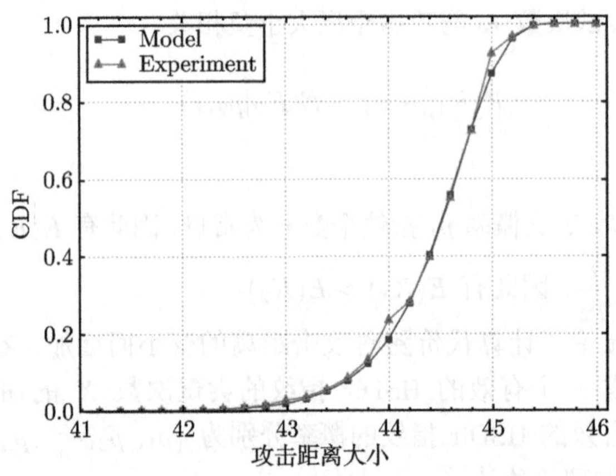

图 3.15　攻击距离大小分布图

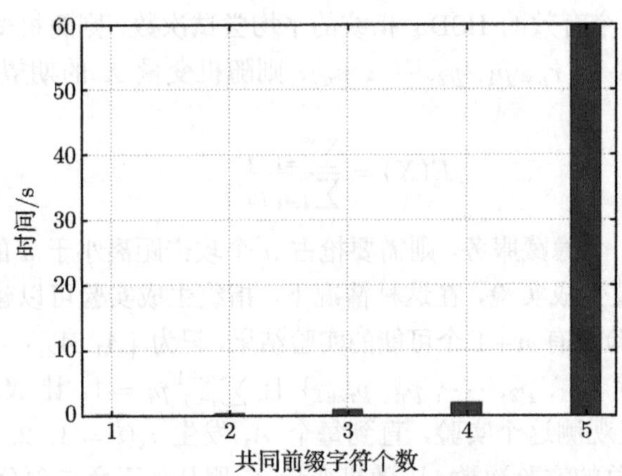

图 3.16　共同前缀字符个数和计算时间的关系

下一步，针对不同的隐藏服务估计 Eclipse 攻击的成功概率，首先需要选择具有最小攻击距离的隐藏服务，根据图 3.15，可以知道 Tor 隐藏服务描述符 ID 跟它第一个 HSDir 指纹的最大相同初始字符长度为 5 的攻击距离最小，其攻击距离大小为 32^{27}，若攻击距离大小为 32^{27}，键空间为 32^{32}，引用定理 3.2，可以计算出在尝试计算 k 次后，生成一个有效的 HSDir 的概率为 $\binom{k-1}{5}\left(\frac{32^{27}}{32^{32}}\right)^5\left(1-\frac{32^{27}}{32^{32}}\right)^{k-5}$，图 3.17 和图 3.18 阐述了生成一个有效的 HSDir 需要尝试计算的次数。实验结果表明在比较差的情况下 (相同初始字符长度为 5)，需要尝试计算 25833916 次，在典型情况下需要尝试 30282 次。计算时间和相同前缀字符个数的关系如表 3.1 所示。

表 3.1 计算时间和相同前缀字符个数的关系

相同前缀字符个数	实际的计算时间/s	实际的尝试次数/次	尝试次数期望值/次
1	0.18	33	32
2	0.2	862	1024
3	0.32	30282	32768
4	5.18	1119543	1048576
5	21	25833916	33554432
6	840	648685121	1073741824

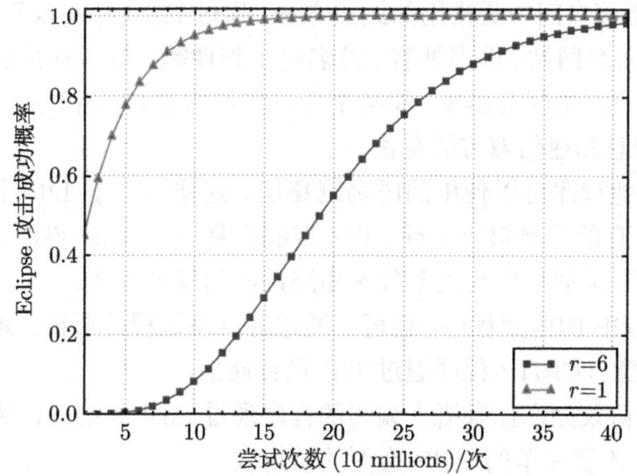

图 3.17 较差情况下成功概率和尝试次数的关系

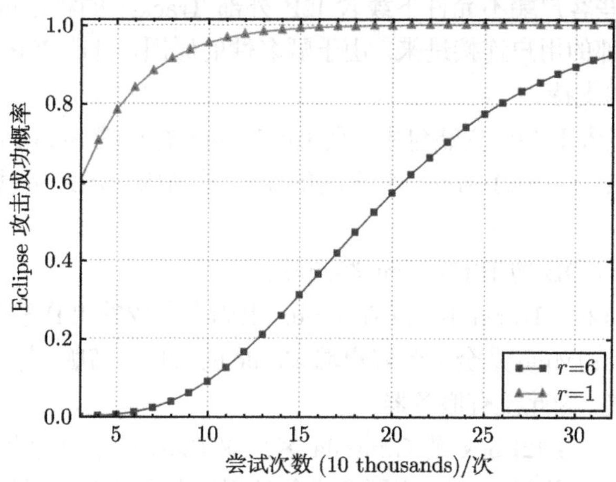

图 3.18 典型情况下成功概率和尝试次数的关系

基于上述分析，可以推断出 Eclipse 攻击所需要的 IP 地址资源代价，由于每一个有效的 HSDir 都需要一个唯一的 IP 地址和端口，每一个 IP 地址最多可以出现两个活跃的 HSDir(出现在 Tor 的 consensus 文件中)，因此，Tor 网络的这一机制严格限制了攻击者在同一个 IP

地址上并发部署多个 Tor 实例成为 HSDir 的可能。此外，6 个 Tor 实例也不总是能够同时获得 HSDir 标签，因此，对于一个给定的隐藏服务，需要 6 个 IP 地址以便持续性地对 Tor 进行 Eclipse 攻击。

3.3 I2P Eepsites

3.3.1 I2P Eepsites 概述

I2P 是一个全分布式的匿名通信系统，无须可信第三方支持，采用类似洋葱路由的大蒜路由方式来实现用户间的匿名通信。I2P 网络中存在着大量的上层应用，如 Syndie、I2P Mail、I2P Snark 等，它的目标是为互联网用户提供匿名保护。

I2P Eepsites 是暗网空间中最常用的站点之一，通过 I2P Eepsites 可实现多种匿名功能，包括匿名网页浏览、匿名网站、匿名博客、匿名电子邮件等。与其他匿名程序不同的是，I2P 将中间节点与目标节点严格区分出来，即某个用户在使用 I2P 并不是一个秘密，秘密的是用户通过 I2P 发送的消息和通信双方的身份。

I2P 被设计为其他程序可以使用的匿名网络层。这些运行于 I2P 上的程序有的被捆绑在 I2P 的安装包中，有的需要自行下载。I2P 控制台是一个 Web 界面，可以通过浏览器管理 I2P 路由器的运行，类似于现在大多数家用路由器的管理方式。

(1) I2P Tunnel：I2P 的内置程序，它可以通过隧道将远程计算机上的端口映射为本地主机端口，从而允许任意 TCP/IP 程序通过 I2P 进行通信。

(2) SAM：SAM 协议允许任意语言编写的程序通过 Socket 接口使用 I2P 路由器。

(3) BOB：比 SAM 更简单的 TCP 类型的桥协议。

(4) BitTorrent：I2P 网络中有多个客户端支持 BitTorrent 功能，每种客户端都支持 Web 界面的远程控制。这些客户端不允许下载含 I2P 外部 Tracker 的种子或连接 I2P 以外的用户，也不允许 I2P 外部的用户连接进来。由于匿名性的原因，目前 I2P 内部还没有 Tracker 站点开放对公网 IP 的支持。

(5) I2P Snark：包含于 I2P 安装包中，是 BitTorrent 客户端 Snark 的移植版。

(6) I2P Rufus：Rufus BitTorrent 客户端的 I2P 移植版，已经被基于 BOB 的 Robert 取代。

(7) Robert：基于 BOB 的 BitTorrent 客户端。

(8) Transmission I2P：Transmission 在 Linux 上尚未完成的 I2P 移植版。

(9) eDonkey iMule：iMule 是全平台客户端 aMule 的 I2P 移植版。与 eDonkey 不同，iMule 只使用 Kademlia 连接，因此没有服务器。

(10) Gnutella I2Phex：I2Phex 是 Gnutella 客户端 Phex 的 I2P 移植版。

(11) I2P-Messanger：通过 I2P 进行匿名通信的无服务器即时聊天程序。

(12) Susimail：I2P 免费的假名 E-mail 服务，由 Postman 维护。邮件传输服务器为 pop.mail.i2p(POP3) 及 smtp.mail.i2p(SMTP)。可以通过 I2P Tunnel 利用普通的 E-mail 客户端访问。

(13) Syndie：I2P 的博客程序可以同时使用 Tor 网络，目前开发停滞仍处于 Alpa 阶段。

3.3.2 I2P Eepsites 安装和配置

I2P 网络同时支持 UDP 和 TCP 两种协议，允许应用服务通过 I2P 软件以隐藏服务的形式对外提供服务，保证服务提供方的匿名性。在 I2P 网络中，Web 类隐藏服务被称为 EepSites，本小节将以部署 EepSites 为例，对 I2P 隐藏服务的搭建过程进行解释说明。

1. 配置环境

I2P 软件的运行需要安装配置 Java 环境，且 Java 版本需要在 Version 7 及以上，但对 Java 9 的支持仍在开发中，不推荐使用。I2P 软件支持 Windows、MacOS、GNU/Linux 和 Android 操作系统。此外，I2P 软件的使用需要保证网络环境能够正常接入 I2P 网络。本次示例的搭建环境的具体配置：操作系统为 Windows 7 32 位，内存大小为 4GB，Java 版本为 8。

2. 安装 I2P 软件

可通过官网 (www.i2pproject.net) 下载 I2P 软件，具体的安装过程参见第 2 章。

3. 浏览器配置

如需访问 I2P 的各类隐藏服务，需要对浏览器代理进行配置，本次示例使用的是 IE 浏览器。I2P 代理默认监听本地 4444 端口，提供 HTTP 类型的代理，浏览器的代理配置页面如图 3.19 所示。

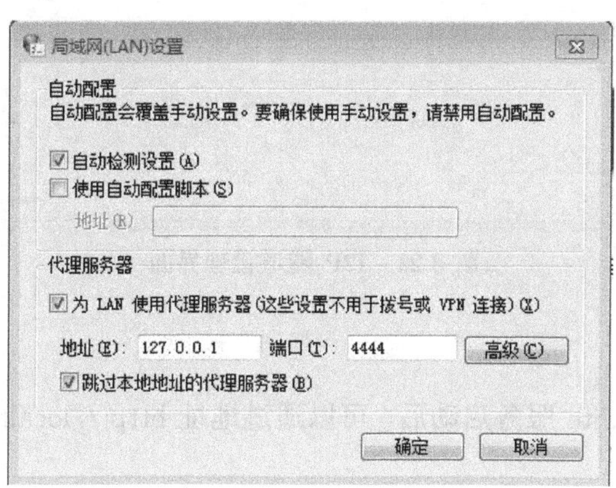

图 3.19 I2P 浏览器的代理配置页面

4. EepSite 服务启动

Web 服务器是真正对外提供服务的应用程序，隐藏服务只是提供了一种匿名性增强的接入方式。实际上，I2P 内置了自己的 Web 服务器，基于 Jetty 服务器实现，该服务默认状态是非启动的，用户可以根据需要启动，具体操作步骤如下。

(1) 运行 I2P 软件，进入控制台界面。I2P 控制台默认监听本地 7657 端口，可以通过 http://localhost:7657 进行访问。

(2) 进入 I2P 隧道管理界面，开启 EepSite 服务。图 3.20 为控制台界面，单击左侧栏的【本地隧道】按钮进入本地隧道管理界面 (http://localhost:7657/i2ptunnelmgr)，本地隧道管理界面如图 3.21 所示，可以看到中间位置为 I2P 隐身服务管理，单击【启动】按钮，即可启动。

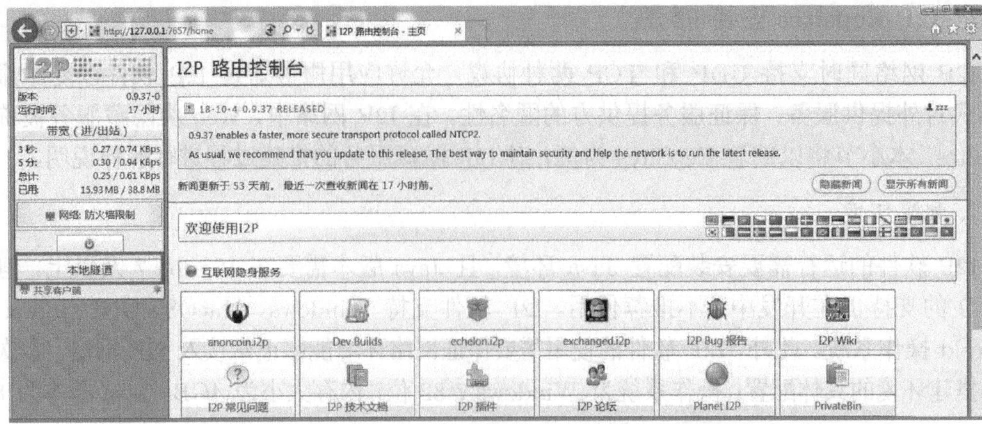

图 3.20　I2P 控制台界面

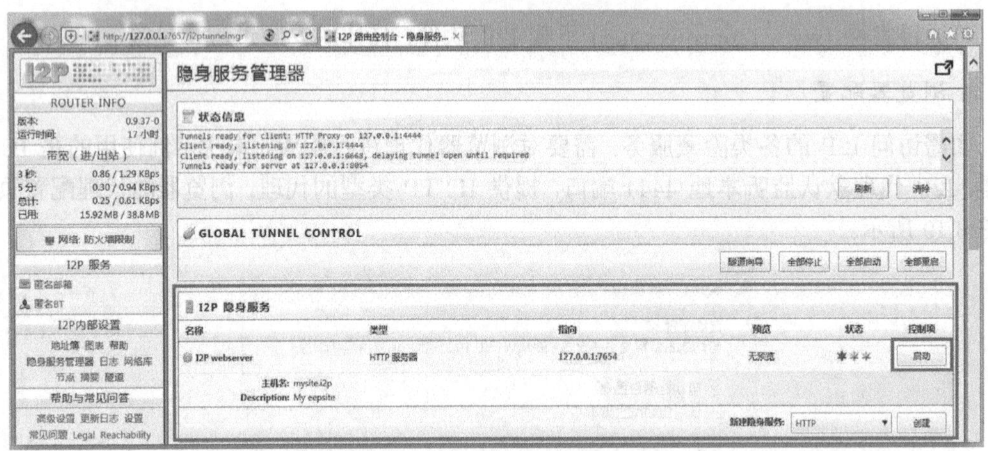

图 3.21　I2P 隧道管理界面

5. EepSites 访问

(1) 本地访问。EepSite 服务启动后，可以通过地址 http://localhost:7658 访问，默认页面如图 3.22 所示。

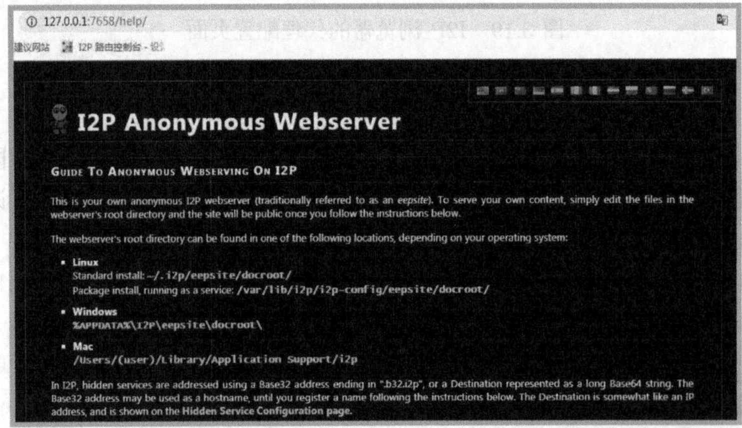

图 3.22　本地访问 I2P EepSites 的默认界面

(2) 匿名访问。在本地隧道管理界面 (http://localhost:7657/i2ptunnelmgr) 中单击【预览】按钮，即可跳转到到自己的 EepSites 页面，如图 3.23 所示。

图 3.23 I2P EepSites 预览配置界面

由图 3.24 可以看到 I2P Eepsites 的地址是 37slaan7rkgvdm777vajy2aemuc6k5okayzoqmxjyq3ii3jrh3za.b32.i2p。

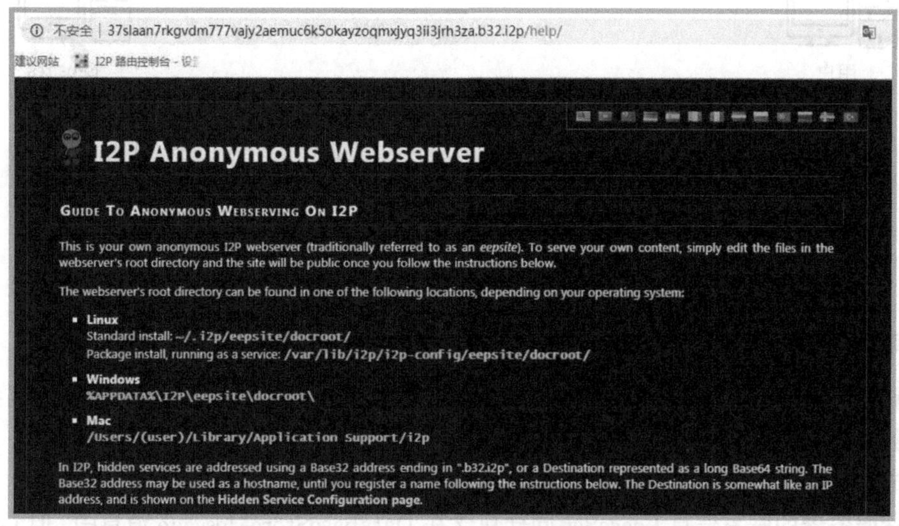

图 3.24 I2P Eepsites 匿名访问预览界面

3.3.3 I2P Eepsites 工作原理

任何用户都可以通过 I2P 网络建立自己的隐藏服务 (即基于 I2P 的 Eepsites 站点等服务)，供 I2P 网络内的其他用户访问和使用。I2P Eepsites 的建立和连接步骤如图 3.25 所示。

(1) Client 向网络数据库请求一系列的节点信息，即向 floodfill 节点请求 RouterInfo，其中包含了节点的身份标识、联系地址等重要信息。

(2) Client 依据特定的路径选择算法选择若干节点建立通信隧道。其中，输出隧道用于发送消息，输入隧道用于接收消息。隧道包括网关节点、中间节点和终结节点，中间节点的个数决定了隧道的长度和通信的匿名程度。

(3) Eepsites 以与 client 类似的方式向 netDb 请求一系列的节点信息，创建并维护自己的输入隧道和输出隧道。

(4) Eepsites 选择与自己逻辑距离最近的 3 个 floodfill 节点发布自己的 LeaseSet 信息，通常包括输入隧道的网关信息、隧道 ID 和失效时间等。LeaseSet 信息使用 Eepsites 身份标识的 SHA256 哈希值作为索引关键字。

(5) Client 通过自己的隧道与 netDb 建立连接，并以目标 Eepsite 的标识哈希值为关键字向 netDb 请求其 LeaseSet，以获得 Eepsites 输入隧道的网关节点信息。

(6) HTTP 请求通过 client 的输出隧道发送给 Eepsites 的输入隧道，最终实现对该 Eepsites 的访问。通常情况下，client 发送的消息中包含自己的输入隧道的网关信息。

(7) HTTP 应答通过 Eepsites 的输出隧道与 client 的输入隧道返回。

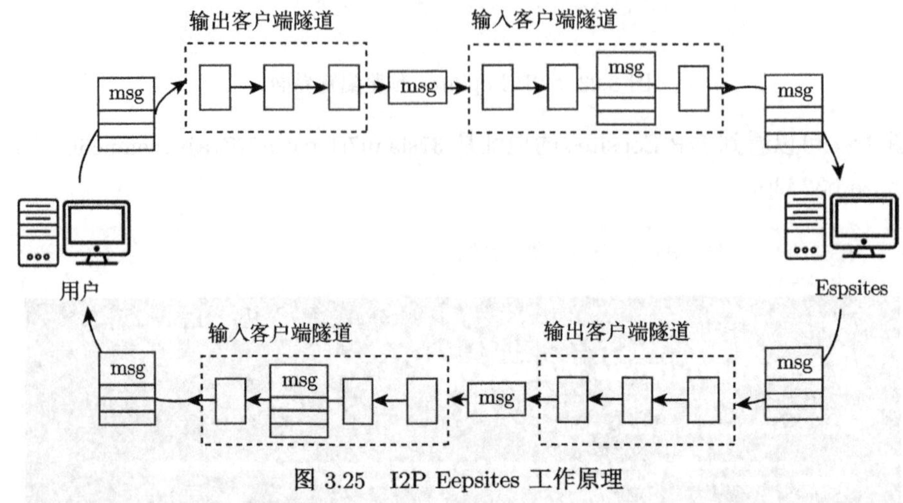

图 3.25　I2P Eepsites 工作原理

1. **服务发布**

如前所述，在 I2P 中匿名终点与路由节点是严格区分的。与节点类似，作为匿名终点的目标服务器拥有自己的身份标识 ID，由 256B 公钥、128B 签名密钥和一个证书经过 Base64 编码组成。

目标服务器的联系信息 LeaseSet 同样包含在 DatabaseStoreMessage 消息中。但 LeaseSet 的发布相比于 RouterInfo 敏感许多，以避免 LeaseSet 被关联到某一节点，导致匿名性遭到破坏。

目标服务器使用自己的出口隧道发送本地 LeaseSet 给“最近的”floodfill 节点，消息使用目标服务器的会话密钥进行端到端加密。floodfill 节点通过 DeliveryStatusMessage 消息进行回复，该消息发送到目标服务器的入口隧道。

2. **服务查询**

当一个节点试图获得其他 I2P 内部服务的地址信息时，将使用 I2NP DatabaseLookupMessage 消息查询该目标服务器的 LeaseSet。DatabaseLookupMessage 消息通过节点的出口探测隧道发送，其应答消息通过节点的入口探测隧道接收。

此时，DatabaseLookupMessage 消息使用目标服务器 ID 的哈希值作为关键字进行查询，消息被同时发送给距离该关键字最近的两个 floodfill 节点。收到此消息的 floodfill 节点会在本地查询，如果该 floodfill 节点已知的节点中包含此关键字，则返回该关键字对应的节点，否则，返回和该关键字逻辑距离最近的 3 个已知节点。LeaseSet 的查询消息使用大蒜路由进行端到端加密。

3. 服务验证

当一个节点向一个 floodfill 节点发布了 LeaseSet 信息后，为了验证 LeaseSet 已被正确存储，节点将等待 10s，然后向另一个 floodfill 节点发送普通的 LeaseSet 查询消息。查询成功，则表示存储成功；查询失败，则重复查询；查询失败次数达到上限，则重新发布 LeaseSet。

4. 命名服务

I2P 的命名服务提供类似于 DNS 的功能，用户可以通过该服务实现域名到路由地址的映射。I2P 的命名格式为 xxx.i2p=destination，destination 即匿名终点的身份标识。所有 destination 都是一个 516B(或者更长) 的密钥。它由一个 256B 的公钥加上一个 128B 的签名密钥组成，经 Base64 编码后长度是 516B。I2P 命名系统主要包含以下几部分。

(1) 本地命名服务 (在本地查询域名，也支持 Base32 格式的地址)；

(2) HTTP 代理 (向路由器提出域名查询请求，若查询失败则引导用户到域名跳转服务)；

(3) 域名添加服务 (允许用户向本地 hosts.txt 添加新的域名)；

(4) 跳转服务 (提供其他节点的域名查询服务)；

(5) 地址簿 (存储域名和路由地址，通过 HTTP 将外部域名和本地域名列表合并)；

(6) SusiDNS(一个用来管理整个命名系统的 Web 界面)。

3.4 ZeroNet

3.4.1 ZeroNet 概述

ZeroNet 是 2014 年由匈牙利的开发者使用 Python 制作的，ZeroNet 结合 BitTorrent 内容分发协议与区块链加密技术，是一个具有革命性突破的 P2P 网络，其中每个节点既是客户端又是服务器，都承担着存储网站内容和提供传输带宽的任务。当访问一个网站时，网站的内容会从包含该网站的节点下载到本地并保持同步更新，然后本地也成了该网站的一个输出节点对外提供服务。这种特性促使一个站点内容一经发布永久在线成为可能，也是 ZeroNet 网络最大的特性。通过分析 ZeroNet 网络组成要素发现，根据要素角色可以将 ZeroNet 节点分为 Tracker 节点、Peer 节点以及 Zsite 三种，具体结构如图 3.26 所示。

(1) Tracker 节点：当新的 ZeroNet 节点加入网络时，需要向 Tracker 节点请求当前网络中的其他节点信息以及站点信息，此时 Tracker 节点解决了网络冷启动的问题；此外，Tracker 节点负责接收新 Zsite 发布消息，并更新当前网络中所有 Zsite 和对等节点映射信息，同时提供信息查询接口，此时 Tracker 节点是整个网络路由映射的基础设施。

(2) Peer 节点：Peer 节点是构成 ZeroNet 网络的核心组件，Peer 节点可以作为客户端访问一个 Zsite，同时可以作为服务端向其他对等节点提供内容服务。在 ZeroNet 网络中，所有 Zsite 内容的存储、更新、下载都是通过 Peer 节点之间的消息同步完成的，Peer 节点向整个网络贡献存储资源、带宽资源。

(3) Zsite：ZeroNet 用户可以创建静态或者动态内容以网络站点的形式发布到网络中，这些网络站点称为 Zsite，支持论坛、博客、社交网络、文件分享、邮箱、聊天室、视频直播等多种网络应用类型。当用户访问 Zsite 网站内容时，用户就会成为该网站信息的提供者。

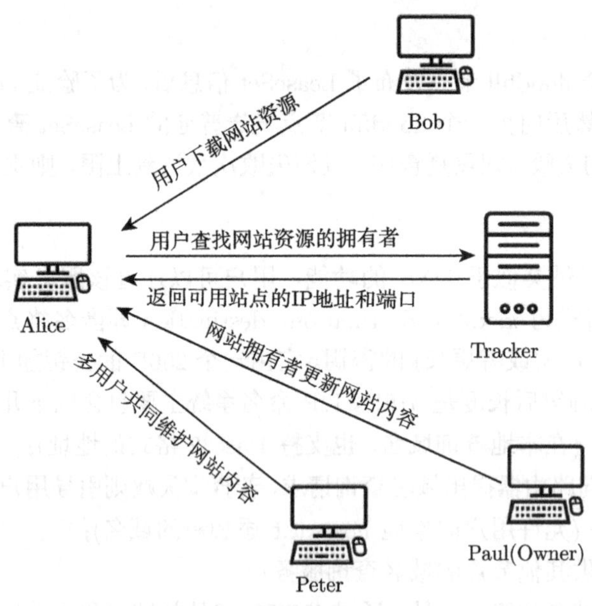

图 3.26　ZeroNet 架构

当用户访问一个 ZeroNet 网站时，首先查找本地资源，若不存在则通过 BitTorrent 网络查找该网站的拥有者，并将部分访问过该网站的用户 IP 地址以及端口返回给该用户。由于站点的访问者即是用户，又通过存储访问过的站点资源文件为其他对等节点提供服务，使得任意用户即便在网站拥有者不在线的情况下也可以从其他访问者中下载网站内容，ZeroNet 体系架构和具体步骤如图 3.26 所示。

(1) 用户通过 BitTorrent Tracker 查找网站资源的拥有者，用户在向 BitTorrent Tracker 请求网站资源时，Tracker 服务器会将用户注册为访问者，并将拥有该资源的部分用户的 IP 地址及端口返回给用户。

(2) 用户向其他访问者请求下载网站资源。用户首先请求下载该网站的签名信息集文件，该文件包含所有的文件名、哈希值和网站拥有者的加密签名。之后用户使用文件中网站地址和网站所有者的签名来验证下载的签名信息集文件。验证完毕后用户可使用签名信息集文件中的 SHA512 哈希值下载并检验网站的其他文件，如 HTML、CSS 以及 JS 等。

(3) 用户在访问网站后即可为其他访问者提供该网站的下载服务，以提升整个系统的健壮性和站点文件的下载速度。此外，用户可使用 Tor 与 BitTorrent Tracker 服务器通信以隐藏其真实 IP 地址。

(4) ZeroNet 站点所有者可更新其内容，如果网站所有者修改了站点内容，他将签署一个新的签名信息集文件，该文件会自动映射到内置的本地数据库，同时将其发送给访问者，访问者验证文件的完整性，并将修改后的文件内容保存在本地，以供其他访问者下载。

(5) Zeronet 站点的用户也可通过向其拥有者发送维护申请许可来获得站点更新的权限。用户首先发送其地址（公钥）给网站所有者，此后，网站所有者在签名信息集文件中加入该地址，并生成基于 BIP32 的 Bitcoin 地址给每个用户，表明该用户为有效的签名者，并向所有的访问者发送新的签名信息集文件，以更新网站的发布权限。

3.4.2 Zsite 安装和使用

ZeroNet 软件提供了 Microsoft Windows、Apple MacOS、GNU / Linux、Android 相应的软件版本，满足不同平台用户的使用需求，提升了 ZeroNet 软件的易用性和用户使用体验。本书以 Micosoft Windows 平台、ZeroNet-Win-0.6.4.zip 版本为例，详细讲解 ZeroNet 软件的安装和使用方式。

1. ZeroNet 安装和使用

(1) 下载 ZeroNet 安装包。访问 https://github.com/HelloZeroNet/ZeroNet#user-content-how-to-join 页面，页面上包括支持各种操作系统的 ZeroNet 软件安装程序，本书撰写时 ZeroNet 软件最新版本号为 0.6.4。在下载列表中选择 Micosoft Windows 平台的 ZeroNet 安装包进行下载。

(2) 安装 ZeroNet 软件。将下载的安装文件解压至指定目录即可完成软件安装，其中 core 文件夹中是 ZeroNet 的源码文件；lib 文件夹中是 ZeroNet 软件运行依赖的各种库文件。

(3) 启动 ZeroNet 软件。在解压目录中，双击 ZeroNet.exe 文件，即可启动 ZeroNet 软件；另外需要授予 ZeroNet 软件访问互联网的权限。ZeroNet 软件启动时默认启动浏览器软件，并默认访问：http://127.0.0.1:43110/1HeLLo4uzjaLetFx6NH3PMwFP3qbRbTf3D 页面，即 ZeroNet 软件的首页，如图 3.27 所示。页面左侧是站点信息管理导航栏，具体包括站点、文件、统计三个选项页，其中站点选项页展示已下载的站点列表和推荐的站点列表，单击站点链接即可访问相应站点内容；文件选项页展示每个站点下载至本地的文件大小，同时用户可以选择是否帮助分享这些文件；统计选项页面负责展示用户流量的统计信息，包括每天使用的流量等。

图 3.27 ZeroNet 启动后的主界面

2. Zsite 搭建

ZeroNet 是一个基于 BitTorrent 协议与比特币加密技术的分布式网络，用户可以创建静态或者动态网站加入网络，称为 Zsite。当用户访问 Zsite 网站内容时，用户自动成为该网站信息的提供者。本小节主要对 Zsite 搭建方法以及 bit 域名绑定步骤进行说明。

(1) Zsite 搭建：ZeroNet 软件提供了创建 Zsite 的相关命令，极大地提高了用户搭建 Zsite 的使用体验。具体地，通过 siteCreate 命令即可根据默认模板创建一个 Zsite。

(2) 启动 ZeroNet 命令行窗口：在 ZeroNet 的安装目录下 lib 文件夹下进入命令行窗口。

(3) 使用 siteCreate 命令创建 Zsite：在命令行窗口中输入“ZeroNet siteCreate”命令，依据命令提示信息生成站点目录及文件，如图 3.28 所示。

```
C:\Users\wsy\Desktop\ZeroNet-win-dist\lib>zeronet siteCreate
- Starting ZeroNet...
- OpenSSL loaded, version: 0100020CF
- Version: 0.6.4 r3729, Python 2.7.13 (v2.7.13:a06454b1afa1, Dec 17 2016, 20:42:59) [MSC v.1500 32 bit (Intel)], Gevent:
1.2.1
- Generating new privatekey...
- ----------------------------------------------------------------------
- Site private key: 5JPZzbErnZXmHTVdQg6HKMAB7UXg2rFDEGTQBS87g83SKnji4wf
-                   !!!   Save it now, required to modify the site   !!!
- Site address:     1E96G4U5VGJUDzB8q5qNZthtgP43DMaxVi
- ----------------------------------------------------------------------
? Have you secured your private key? (yes, no) > yes
- Creating directory structure...
- Creating content.json...
Site:1E96G4..axVi File content.json not exist yet, loading default values...
Site:1E96G4..axVi Extending content.json with: postmessage_nonce_security
Site:1E96G4..axVi Opening site data directory: C:/Users/wsy/Desktop/ZeroNet-win-dist/data/1E96G4U5VGJUDzB8q5qNZthtgP43DM
axVi/...
Site:1E96G4..axVi - index.html
Site:1E96G4..axVi Adding timestamp and sha512sums to new content.json...
Site:1E96G4..axVi Verifying private key...
Site:1E96G4..axVi Correct 1E96G4U5VGJUDzB8q5qNZthtgP43DMaxVi in valid signers: ['1E96G4U5VGJUDzB8q5qNZthtgP43DMaxVi']
Site:1E96G4..axVi Signing content.json...
Site:1E96G4..axVi Saving to content.json...
Site:1E96G4..axVi File content.json signed!
- Site created!
```

图 3.28　创建 Zsite

此外，当用户创建一个新的网站时，将会得到一个由比特币加密算法产生的公私钥对。其中，私钥用于对网站内容签名以证明网站的所有权，公钥用于生成网站地址。

私钥：5JPZzbErnZXmHTVdQg6HKMAB7UXg2rFDEGTQBS87g83SKnji4wf。

Zsite 访问地址：1E96G4U5VGJUDzB8q5qNZthtgP43DMaxVi。

(4) 访问 Zsite：启动 ZeroNet 后，在地址栏输入站点创建时给出的地址，如果看到图 3.29 所示的页面则代表 Zsite 创建成功。

图 3.29　Zsite 主页

3. bit 域名绑定

bit 域名绑定需要使用到 Namecoin，即域名币，它是一种使用区块链技术的去中心化平台，通过注册和转让键值对来实现分布式域名注册，Namecoin 是一个基于比特币技术的分布式域名系统，具有安全和不被审查的特性。

(1) 查看 Namecoin 账户信息。进入 Namecoin 的 bin 目录下，使用 namecoind getinfo 查看账户余额信息，由于之前在交易网站给账户转账了一个 NMC，扣除交易手续费后，当前账户余额为 0.9 个 NMC，如图 3.30 所示。

```
root@vultr:~/namecoin-0.16.3/bin# namecoind getinfo
{
    "version" : 38000,
    "balance" : 0.90000000,
    "blocks" : 428144,
    "timeoffset" : 0,
    "connections" : 16,
    "proxy" : "",
    "generate" : false,
    "genproclimit" : -1,
    "difficulty" : 4222638828699.86474609,
    "hashespersec" : 0,
    "testnet" : false,
    "keypoololdest" : 1543387407,
    "keypoolsize" : 101,
    "paytxfee" : 0.00500000,
    "mininput" : 0.00010000,
    "txprevcache" : false,
    "errors" : ""
}
```

图 3.30 Namecoin 账户信息

(2) 检测域名是否可用。使用 namecoind name_show d/<site name> 来检验该.bit 域名是否已被其他用户注册，如果域名已经被注册，它将返回域名相关绑定信息；否则返回 returnerror 消息: {“code”:-4,“message”:“failed to read from name DB”}。

(3) 注册域名。使用 namecoind name_new d/<site name> 注册域名，如图 3.31 所示，注册成功后，会返回两个秘钥，在绑定域名时使用。Namecoin 默认保留该域名数个小时，保证用户有足够时间完成注册。同时会从当前 Namecoin 账户中扣除一笔交易费和手续费。

```
root@vultr:~/namecoin-0.16.3/bin# namecoind name_new d/huhuha
[
    "45816e48ce391b2c99859835e7516b1afdee0cab067da24f6ef58dde91726859",
    "7a65ef9cb5875d7c"
]
```

图 3.31 注册域名

4. 绑定 bit 与 Zsite 地址

使用命令 name_firstupdate d/<site name> <rand> <longhex>′<json-value>′ 完成 bit 域名与 Zsite 地址。其中 <rand> 是 name_new 命令中获得的十六进制数，<json-value> 是一个 json 编码的字符串，包含 Zsite 地址信息。例如，将之前创建的 Zsite 地址: 1E96G4U5VGJUD zB8q5qNZthtgP43DMaxVi 与“huhuha.bit”进行绑定命令，如图 3.32 所示。

```
root@vultr:~/namecoin-0.16.3/bin# namecoind name_firstupdate d/huhuha 7a65ef9cb5875d7c '{"zeronet":{"":"1E96G4U5VGJUDzB8q5qNZthtgP43DMaxVi"}}'
dc95cc392c190064e0d073ffd16d58299fc79b62e38161974237b76974dfa730
root@vultr:~/namecoin-0.16.3/bin#
```

图 3.32　注册域名绑定

5. 收费标准

当你访问一个.bit 域名时，ZeroNet 客户端会完成在 Namecoin 区块上的检索，查找到你输入的.bit 域名对应的 ZeroNet 地址，完成网站访问。表 3.2 是 Namecoin 的收费标准。

表 3.2　Namecoin 的收费标准

命令	注册费	交易税	含义	注意
name_new	0.01 NMC	0.005 NMC	预定一个域名	你仍未拥有该域名
name_firstupdate	0.00 NMC	0.005 NMC	完成注册，并公开该域名	在接下来的 36000 个区块内，你拥有该域名 (约 6 个月)
name_update	0.00 NMC	0.005 NMC	更新域名信息	更新后将重新拥有 6 个月的期限

3.4.3　ZeroNet 工作原理

ZeroNet 的工作原理跟 BitTorrent 类似，利用对等网络在节点之间互传文件，只不过 ZeroNet 传输的是一些网页类文件，用户可以发布静态或动态网站到 ZeroNet 网络，访问者可以选择共享这个网站。只要有一个节点在共享网站，那么这个网站将会一直在线。每当一个站点被所有者更新，所有共享它的节点 (访问过此网站的人) 将只会收到网站内容的增量更新。ZeroNet 带有一个内置的 SQL 数据库。这让内容很多 (content-heavy) 的站点更容易开发。这个数据库也会与共享它的节点增量同步。下面将从站点创建、站点访问和站点更新三个场景的视角对 ZeroNet 的工作原理进行阐述。

1. ZeroNet 站点创建

分布式的站点发布应该是 ZeroNet 最主要的功能，因此创建自己的站点无疑是 ZeroNet 最主要的功能，使用 ZeroNet 创建站点的操作十分简单，只需要在主页点击创建新的站点，然后进行一些文件的修改，再将站点签名和发布出去即可。其实当用户进行站点创建时用户会得到两个 key，分别是公钥和私钥。私钥让用户可以发布自己的网站的新内容，同时私钥产生后只会保存在用户的计算机的本地，不会上传到任何中心服务器，它只有用户一个人知道，如果没有私钥就不可能对用户的网站进行更改。而公钥其实就是用户的站点地址，使用公钥可以让任何人核实该站点是否被站点的所有者所创建，对站点任何文件的下载都需要对其进行校验，以防止恶意代码的插入和修改。创建 Zsite 的内在逻辑如下。

(1) 根据比特币加密算法生成公钥与私钥。

(2) 根据公钥生成 Zsite 访问 URL。

(3) 根据模版创建 Zsite 网站网页内容、css、js 文件，并根据规则将资源文件进行合并。

(4) 生成 content.json 文件，用于描述该 Zsite 网站的所有文件信息，包括文件名、文件大小、哈希值以及描述 Zsite 自身的其他信息。

(5) 使用私钥对 content.json 文件中的内容进行签名。

(6) 将自身作为 Zsite 的对等节点向所有的 Tracker 服务器注册。

2. Zsite 访问

ZeroNet 同样有一个 Tracker 服务器，每一个网站的创建者和访问者都登记在 Traker 服务器中，Traker 服务器需要维护站点和站点所有者 (网站的创建者和之前的访问者) 的信息，每个网站就相当于 BitTorrent 中的文件，当网站有新的访问者出现时，Tracker 服务器就会将存有完整网站的用户通知给网站的新访问者，网站的新访问者就可以从网站的拥有者处下载网站；下载时，站点的新访问者首先向站点的拥有者请求一个名为 content.json 的文件，访问者接收到该文件后，对文件的合法性进行校验，校验的方法是通过核实文件中的站点 address 和站点的创建者的 signature，如果校验正确，便继续向该站点所有者请求站点的数据文件，站点的新访问者继续接收并校验数据文件，校验方法是 SHA512，当用户访问 Zsite 网站时，需要提供 Zsite 的 URL 地址，访问过程分为以下 4 个阶段。

(1) 获取节点列表，在该阶段访问者首先向 Tracker 服务器查询目标 Zsite 对应的对等节点列表。

(2) 下载 content.json 文件，在该阶段用户以前一阶段获得的对等节点为目标，从对等节点下载 Zsite 的 content.json 文件，并验证 content.json 的签名是否正确。

(3) 下载站点内容并校验，访问者根据 content.json 文件中的文件列表从 Peer 节点上面下载数据文件、css 文件、js 文件等，并验证文件的哈希值与 content.json 文件中对应哈希值是否一致。

(4) 前端渲染，访问者客户端通过模板动态渲染技术，动态加载 content.json 中的数据文件、脚本文件以及各种样式文件，以 Web 页面形式展示 Zsite 具体内容；同时通过 Websocket 技术及时将数据更新至前端。

3. Zsite 更新

当 Zsite 站点创建者对网站内容进行更新后，需要重新生成 content.json 文件，并进行私钥签名；然后发送至对等节点，对 content.json 文件更新进行并下载修改后的网页文件。

(1) 网站创建者更新网站内容之后，更新 content.json 文件，并利用私钥对其重新进行签名，并随机发送给一批对等节点。

(2) 对等节点在收到 content.json 文件后，验证其合法性并与自身持有 content.json 文件的时间戳进行比较。

(3) 如果新的 content.json 文件合法并且新，则下载 content.json 文件中更新的文件列表。

(4) Peer 节点再向其可见的 Peer 节点发送该更新消息。

3.4.4 ZeroNet 通信协议

在 ZeroNet 中，根据通信双方角色可以分为 Peer-Tracker 节点、Peer-Peer 节点两种通信类型。Peer-Tracker 节点通信主要包括查询 Zsite 信息、发布 Zsite、更新 Zsite 等消息类型，包括 HTTP、UDP、ZERO 三种通信协议类型。Peer-Peer 节点通信主要是用于节点之间交换信息，包括 Zsite 节点下载、Zsite 查询、Zsite 更新检查等消息类型，并通过 ZERO 协议进行信息交换。因此，在 ZeroNet 网络中，共存在 HTTP、UDP、ZERO 三种通信协议类型，下面分别展开介绍具体的通信过程。

1. HTTP 协议通信方式

在当前发布的 ZeroNet 版本中，存在 3 个支持 HTTP 协议的 Tracker 节点，对等节点需要通过构造特定格式的 HTTP 请求消息，主动向 HTTP Tracker 发起各种请求消息，例如，查询某个 Zsite 对应的节点列表，消息格式如下：

```
(trackerAddress):(trackerPort)/announce?uploaded=(0)
\&downloaded=(0)\&numwant=(30)
&compact=(1)\&event=(started)\&peer\_id=(-ZN0064-zjhoUIQaVCu)\&port=(0)
&info\_hash=(\%CDr\%D95\%0F\%CF\%FD\%E7i\%84A4\%FC\%8D\%7D\%1DC
  \%AA\%1E\%E0)
&left=(431102370)
```

其中部分参数含义如表 3.3 所示。

表 3.3　HTTP 请求消息的参数含义

参数名称	参数含义
TrackerAddress	目标 Tracker 节点地址
TrackerPort	目标 Tracker 节点端口号
announce	通信目的
numwant	希望返回的对等节点数量
peer_id	−ZN+ 版本号 + 随机数
port	自身的端口
info_hash	请求的站点地址的哈希

在返回的响应消息中包含了对等节点列表，通过解析该列表可以获得各个对等节点的详细信息。

2. UDP 协议通信方式

在 ZeroNet 通信过程中，向 UDP Tracker 发布 Zsite 操作时使用 UDP 协议进行通信，下面分别对其通信具体过程进行详细介绍。整个通信过程分为以下四个步骤。

(1) Peer→Tracker：Peer 节点向 UDP Tracker 节点发送 Client Hello 数据包，与 Tracker 节点协商下一次链接 ID，消息格式如图 3.33 所示。其中，conn_id 取固定值 0x41727101980；action 为 0(代表 connect 行为)；trans_id 为一个整型的随机数。

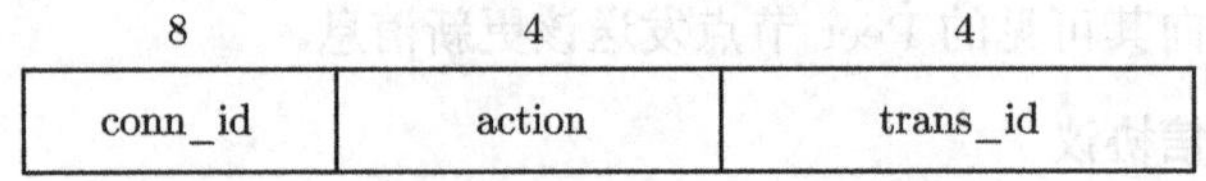

图 3.33　Client Hello 消息格式

(2) Tracker→Peer：UDP Tracker 节点在接收到 Client Hello 消息后，随机生成一个 conn_id，作为响应消息的载荷，具体消息格式如图 3.34 所示。其中 action 取值为 0(代表 connect 行为)；trans_id 取值为 Client Hello 消息中的 trans_id；conn_id 由 Tracker 返回，作为下一次通信的 conn_id。

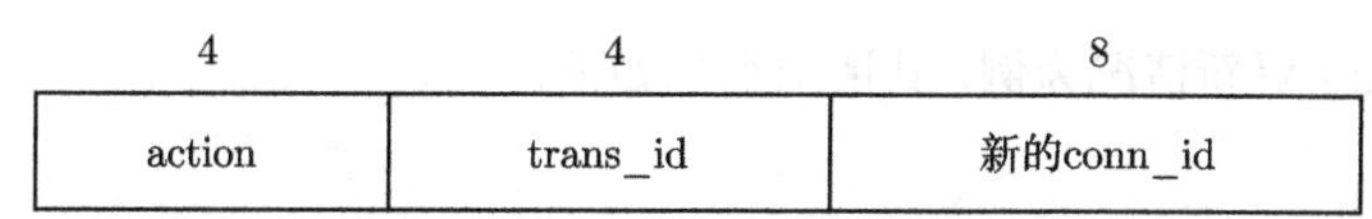

图 3.34 Client Hello 回复消息格式

(3) Peer→Tracker：使用新的 conn_id 请求对等节点，其中载荷部分为参数，如图 3.35 所示。其中，conn_id 为步骤 (2) 获得的 conn_id；info_hash 字段由请求的目标 Zsite 地址加密生成；downloaded、left、uploaded、event、ip_address、key 多数情况下置 0，具体与 ZeroNet 软件版本有关；peerid 字段前 9B 固定为"-PU0-0-1-"，其中"0-0-1"为代码中的 version 参数；num_want 字段表示当前请求的对等节点数量。

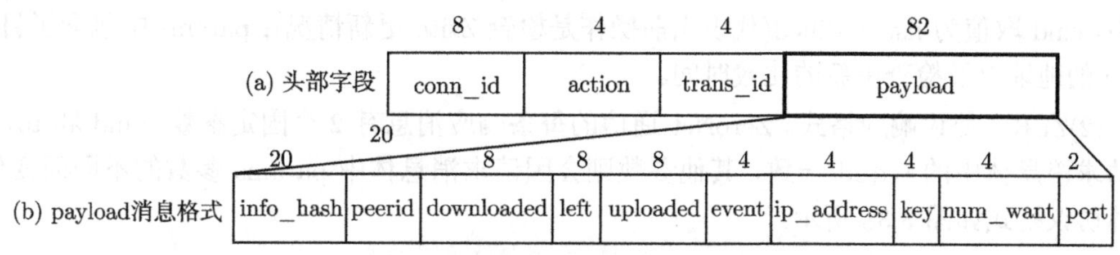

图 3.35 载荷字段的报文格式

(4) Tracker→Peer：Tracker 服务器返回对等节点，其中载荷部分为对等节点列表，如图 3.36 所示。其中 action 取值为 1(代表 announce 行为)；trans_id 字段由步骤 (3) 发出的 trans_id 决定；info 字段包含三个 long 类型，分别对应 interval、leechers、seeders 三个变量，在解析对等节点信息时使用；peerdata 字段包含了 Tracker 返回的对等节点信息。

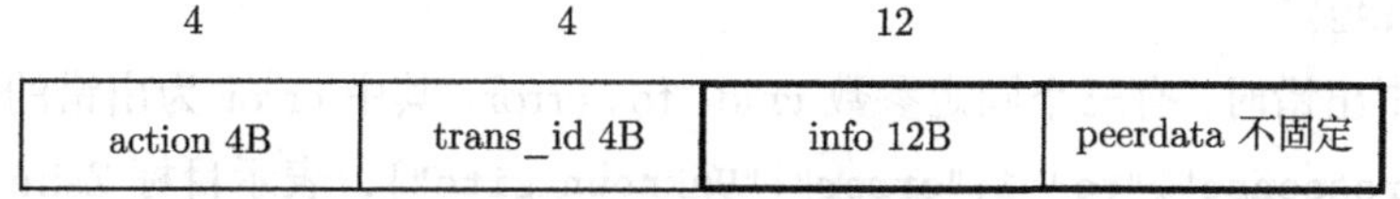

图 3.36 返回对等节点的报文格式

3. ZERO 协议通信方式

ZERO 协议是 ZeroNet 网络中最重要的通信协议，除了上面介绍的两种情景，其他的所有通信都是通过 ZERO 协议完成的。本小节先对 ZERO 协议格式进行介绍，并结合一些消息实例对具体通信过程进行介绍。

1) ZERO 协议格式

ZERO 协议数据包包括请求数据包与响应数据包，根据操作场景的不同，ZERO 协议数据包中的某些字段会随之改变。

(1) ZERO 协议请求格式。请求消息有三部分组成：cmd(请求的命令)、req_id(请求的唯一 ID，当回复命令时客户端必须包含它)、params(请求的参数)，如图 3.37 所示。

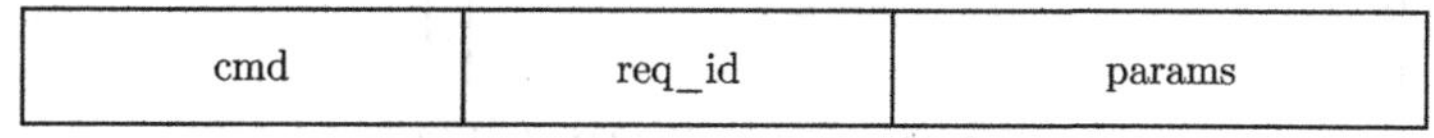

图 3.37 ZERO 协议请求格式

以检查某 Zsite 更新情况为例，其请求消息如下：

```
{
"cmd": "listModified",
"req\_id": 1,
"params": {
          "since": 1540332404,
          "site": "1HeLLo4uzjaLetFx6NH3PMwFP3qbRbTf3D"
          }
}
```

其中，cmd 取值为 listModified(代表当前操作是检查 Zsite 更新情况)；params 中包含了目标 Zsite 的地址以及检查更新的比较时间。

(2)ZERO 协议响应格式。ZeroNet 通信的每条响应消息有 2 个固定参数，cmd 和 to，to 与请求消息体中的 req_id 一致，其他参数则会因请求消息体中 params 参数的不同而变化，具体协议格式如图 3.38 所示。

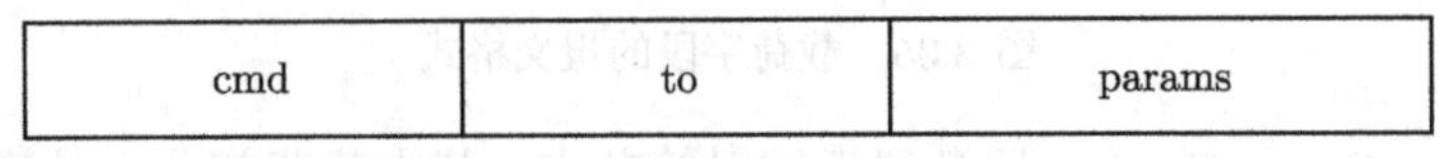

图 3.38　ZERO 协议响应格式

以响应某下载文件请求为例，其响应消息如下：

```
{"cmd":"response","to":1,"body":"content.json content","location":1132,
"site":1132}
```

ZeroNet 中出错时，有三个固定参数 cmd、to、error，其中 error 为出错的信息，例如：`{"cmd":"response","to":1,"error":"Unknown site"}`，表示目标 Zsite 不存在。

2) ZERO 协议通信过程

ZERO 协议通信过程分为四个步骤，具体通信过程如图 3.39 所示。

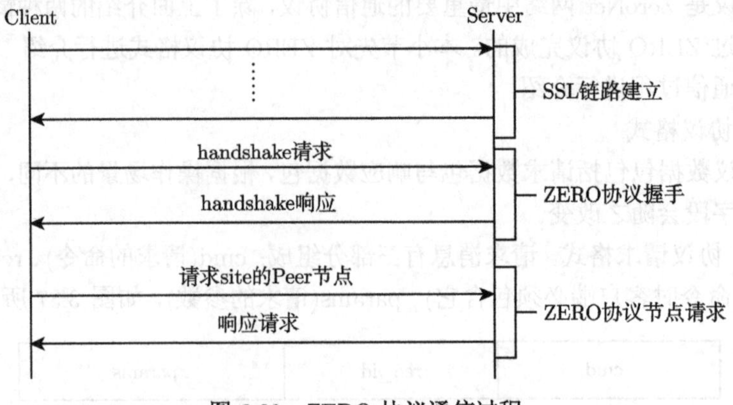

图 3.39　ZERO 协议通信过程

(1) 建立 SSL 链接：协商会话密钥。

(2) ZERO 协议握手：确认双方加密方式，以防止远程客户端不支持 SSL。

(3) 发送请求消息体。

(4) 返回响应消息体。

3) SSL 链路建立

在 ZERO 协议通信过程中，通信双方通过 SSL 加密链接进行通信，因此在进行 ZERO 协议数据包传输之前，需要与对端建立 SSL 加密链接，该过程与正常 SSL 链路建立过程完全相同。

4) ZERO 协议握手

在建立 SSL 加密链路之后，为了确认通信双方使用的加密方式，防止客户端不支持 SSL，通信双方需要进行 ZERO 协议握手。

参考文献

Biryukov A, Pustogarov I, Weinmann R P, 2013. Trawling for tor hidden services: Detection, measurement, deanonymization. 2013 IEEE Symposium on Security and Privacy: 80-94.

Overlier L, Syverson P F, 2006. Locating hidden servers. 2006 IEEE Symposium on Security and Privacy:100-114.

Tan Q, Gao Y, Shi J, et al, 2019. Towards a comprehensive insight into the eclipse attacks of tor hidden services. IEEE Internet of Things Journal:1.

The Tor Project Team, 2019. Tor: Onion Service Protocol. https://www.torproject.org/docs/onion services.

The I2P Project Team, 2019. The invisible internet project: introduction to I2P.https://geti2p.net/zh/blog/page/.

The ZeroNet Project Team, 2019. ZeroNet: Decentralized websites using Bitcoin crypto and BitTorrent network.https://zeronet.io/docs.

第 4 章 暗网空间测绘

4.1 概 述

近年来，随着 Internet 技术的快速发展，网络空间已经被视为继陆、海、空、天之后的“第五空间”，暗网作为一种平行的地下 Internet 空间，主要目的是保护互联网用户的通信隐私。暗网 (Darknet 或 Dark Web) 通称只能用特殊软件、特殊授权，并利用非标准的通信协议和端口才能访问的覆盖网络。暗网的服务器地址和数据传输通常是匿名、匿踪的，典型的暗网包括 Friend-to-Friend(如 FreeNet、OneSwarm、RetroShare 等) 和匿名网络 (如 Tor、I2P 等)。与此相对，一般公开的互联网由于可追踪其真实地理位置和通信实体的身份被称为明网 (Clearnet)，其内容一般能够被浏览器直接访问，并被搜索引擎索引。

暗网空间测绘主要从网络节点、服务、内容及用户四个维度实时探测、定位、挖掘暗网空间的资源要素和行为特征，并对资源要素的静态属性和动态演化进行全面测绘。其主要目标是全面了解暗网空间规模及其演化规律、监测暗网资源要素、挖掘暗网空间威胁情报。然而，相对于传统公开互联网，暗网空间测绘具有以下特点。

(1) 暗网空间边界模糊：虽然网络空间跨越物理世界的实体边界，但是网络空间的边界依然存在。例如，公开互联网的域名是在特定国家注册，其域名和 IP 地址受互联网名称与数字地址分配机构 (ICANN) 的分配和管理，网站的运营也由特定国家监管。但是，暗网域名体系是一套私有的、自定义的协议，不接受 ICANN 管理，其网站的 IP 地址是隐匿的。因此，暗网空间测绘因域名的管辖权、IP 地址的匿名性、网站合法性判定等问题，导致暗网空间测绘的网络边界模糊。

(2) 暗网资源要素隐匿：典型的暗网通常是构建于匿名网络 (如 Tor、I2P) 或 Friend-to-Friend(如 FreeNet、ZeroNet) 网络之上，各个通信实体 (节点) 采用私有、加密协议，利用志愿者运行的节点，采用分布式、自组织机制协同完成隐蔽、匿名通信。因此，暗网空间通信实体的高动态性、网络结构异构、通信关系的弱关联性等问题，导致暗网空间测绘的资源要素隐匿。

(3) 暗网技术复杂多变：暗网技术 (如抗审查、匿名通信、分布式信任等) 得到欧美政府、非政府组织 (NGO) 等组织机构的资助，也得到国内外学者的广泛深入的研究，因此暗网空间因技术的复杂多变，且具有很强的对抗性，这导致暗网测绘技术难度加大。

(4) 暗网空间价值密度高：暗网空间天然的强匿名、高虚拟性以及分布式信任等特点，导致暗网空间充斥着大量涉国家政治、经济、文化以及社会安全的情报信息，已经成为各国网络空间监管的盲区。因此，暗网空间侦测相对于公开的互联网，其价值密度高。

由于暗网空间边界模糊、资源要素隐匿、侦测技术难度大、暗网空间价值密度高，因此，如何将暗网空间与公开的互联网和人类社会的物理世界进行交叉验证，将虚拟、动态、隐匿的暗网空间测绘成一个多维度、多尺度的暗网空间地图，形成高附加值的暗网威胁情报库，还存在诸多挑战。本章系统性地梳理暗网空间的基本要素、测绘原理、核心技术、典型应用和现存问题。

4.2 暗网网络空间测绘概述

4.2.1 网络空间测绘概述

网络空间测绘是指利用网络探测、挖掘和绘制等技术，获取网络设备等实体资源、用户和服务等虚拟资源的网络属性，通过设计有效的定位算法和关联分析方法，将实体资源映射到地理空间，将虚拟资源映射到社会空间，并将探测结果和映射结果绘制出来，如图 4.1 所示。

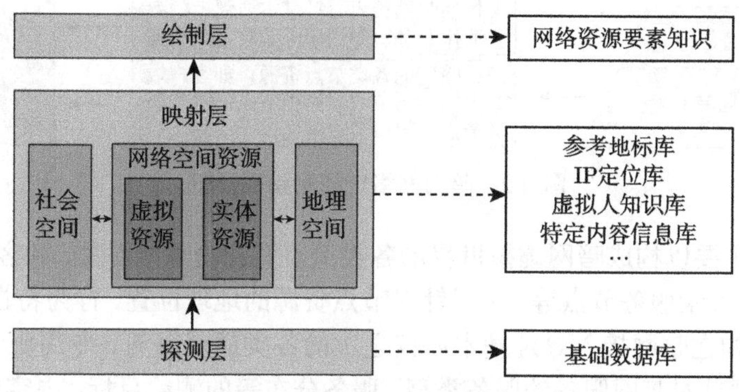

图 4.1 网络空间测绘框架图

网络空间资源测绘通过绘制网络空间资源全息地图，全面描述和展示网络空间信息，能够为各类应用 (如网络资产评估、设备漏洞发现等) 提供数据和技术支撑。因此, 研究网络空间资源测绘技术，全面掌握网络空间特性及其资源分布，对于推动国民经济和保障国家安全都具有十分重要的理论意义和应用价值。

近年来，国内外相继出现了网络空间资源测绘的相关工作。目前已形成了较为完整的网络空间探测基础设施和体系，其中代表性的工作包括：美国国家安全局 (NSA) 与英国政府通讯总部 (GCHQ) 共同发起“藏宝图”(Treasure Map) 计划，为整个互联网绘制全息地图，利用各个网络节点信息，集中网络逻辑层，汇聚数据源，监测物理路由器及用户服务器，旨在寻找和防范安全隐患节点及对象。“藏宝图” 计划以全网态势感知、侦察和攻击推演为目标，对网络空间进行多层次的信息探测和数据分析，形成大规模情报能力，探测内容包括 BGP、AS 和 IP 地址空间信息。Shodan 是由约翰 · 马瑟利在黑客大会 DEFCON2009 上发布的网络设备 (服务器、路由器、摄像头、打印机等) 搜索引擎，能够自动寻找在线设备并探测、索引供检索。如今，Shodan 已经成为面向物联网的崭新搜索引擎。在国内，创宇公司的 ZoomEye 可对全球一些地区的路由设备、工业联网设备、物联网设备以及摄像头等基础设施进行探测。

4.2.2 暗网网络空间测绘资源要素

暗网空间资源要素主要包括承载暗网空间的服务节点、信息内容以及暗网中的通信主体。不仅涉及承载暗网网络的通信设施、覆盖网络、应用系统等实体资源, 而且覆盖承载在实体设施之上的信息内容、用户等虚拟资源。暗网空间测绘的总体目标是实现对不同层次、类型各异的暗网对象的全面测绘，形成对暗网空间的体系化认知。本书从资源层、服务层、内容层和用户层 4 个层次分别给出暗网空间的测绘目标、测绘技术和测绘进展的相关研究内容, 总体框架如图 4.2 所示。

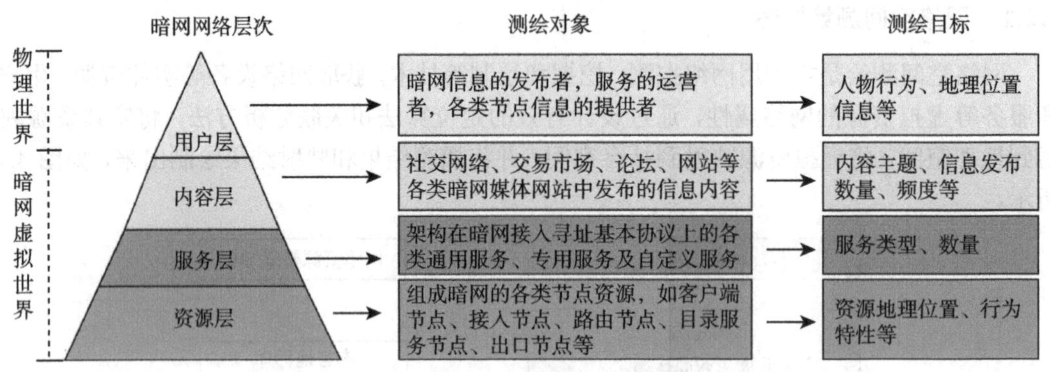

图 4.2　暗网网络空间测绘框架图

资源层测绘主要以构成暗网虚拟世界的各类节点资源为测绘对象，如客户端节点、接入节点、路由节点、目录服务节点等，实现针对节点资源的地理位置、行为特性等的测绘目标；服务层测绘以架构在暗网接入寻址基本协议之上的各类通用服务、专用服务及自定义服务为测绘对象，实现针对暗网服务的服务类型、服务分布等的测绘目标；内容层测绘以各类暗网媒体网站中发布的信息内容为测绘对象，如暗网社交网络、暗网交易市场、暗网论坛、暗网门户等，实现针对暗网信息内容的主题分布、发布数量等的测绘目标；用户层测绘以各种类型的暗网用户为测绘对象，包括暗网信息的发布者、暗网服务的运营者，以及各类暗网节点资源的提供者，实现针对暗网用户的人物行为、地理位置信息等的测绘目标。

4.3　暗网空间测绘关键技术

4.3.1　流量探针

流量探针是部署在互联网交换点 (IXP)、自治域 (ASes) 软件和硬件设备或者是植入在匿名网络内部的节点。其目标是获取暗网通信协议的流量数据。女巫攻击 (sybil attack) 是 Douceur 提出的概念，即在对等网络中，单一节点具有多个身份标识，通过控制系统的大部分节点来削弱冗余备份的作用。匿名网络及其之上的暗网都是基于分布式网络体系架构的。分布式网络通常由志愿者维护并运行，其对等网络的节点可以随时加入、退出，此外，为了维持网络的稳定运行，同一份数据通常需要备份到多个分布式节点上。因此在网络中部署特定的探针节点，监听感兴趣的流量是网络测量的重要方法。网络探针的部署既要考虑到准备收集的网络流量参数，又要尽量减少数据采集对实际网络造成的影响，同时考虑部署探针节点的现实代价。当前关于部署探针节点存在许多方法，大多是将探针节点的部署问题转化为有效的测量点的覆盖问题，即给定无向图中的最小顶点覆盖问题。此外，面向流量监测的网络探针面临的另外一个核心问题是如何绕过当前暗网的对抗机制以加入暗网网络中隐匿的监测流量信息。

4.3.2 流分析与协议识别

能够准确识别出 Internet 上每个流所使用的通信协议是网络测量的前提和基础。然而为了解决网络通信过程中的安全和隐私泄露问题，越来越多的应用层协议使用各种混淆、加密变换机制，而传统基于端口识别应用层协议的算法已经变得力不从心，因此各种新的协议识别算法成为研究热点，在过去十几年中吸引了越来越多的研究工作。

网络流是指在某一段固定时间间隔内通过网络上一个观测点的 IP 报文集合，属于一个特定流的所有报文有一些相同的属性，而协议识别是指通过流分析等方法识别出网络上每个流所使用的应用层协议。常见的协议识别方法包括如下几种。

1. 基于预定义或特殊端口

传统的应用层协议识别算法通常是基于预定义或特殊的端口这一信息，其根据各个应用层协议在 IANA 中注册的端口号来标识协议。例如，若某个 HTTP 协议使用了端口号 80、8080；HTTPS 协议的端口为 443，基于端口的协议识别方法的缺点是非标准端口或者新定义的端口不适用。

2. 基于深度包检测

普通的报文检测技术往往仅分析 IP 分组的四层以下内容，一般包括源地址、源端口、目的地址、目的端口以及协议类型，如图 4.3 所示。

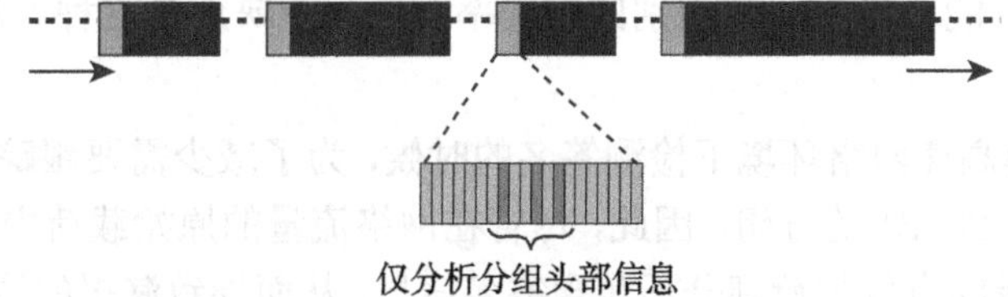

图 4.3 普通的报文检测技术

然而，仅通过分析 IP 地址和端口来识别业务存在很多问题，包括：

(1) 端口可变的业务。例如，Tor 中继节点可以由用户自行设定端口。

(2) 隐藏在合法端口之后的隧道业务。例如，为躲避防火墙封锁而隐藏在 80 端口，通过隧道传输 VoIP 语音或数据的应用。

(3) IP 地址可变业务。例如，部分应用为了逃避封锁，不断变换 IP 地址。

(4) 交互式业务。例如，FTP/流媒体/VoIP 等，其媒体流的端口是通过交互协商出来的，非固定端口。

如图 4.4 所示，深度包检测 (DPI) 的方法通常是利用数据包载荷，或通过分析协议规范和实际交互的报文得到的协议特征，然后通过流量指纹匹配等方式进行检测的方法。当 IP 数据包、TCP 或 UDP 数据流经过基于 DPI 技术的监测系统时，该系统通过深入读取 IP 包载荷的内容来对 OSI7 层协议中的应用层信息进行重组，从而得到整个应用程序的内容，然后按照系统定义的策略对流量进行整形操作。这种基于深度包检测的算法通常是一个一元判别问题，需要事先详细分析待识别的应用层协议，找出其交互过程中不同于其他任何协议的字段，作为该协议的特征。在识别的过程中，该类算法检查流中每个报文可识别的特征，若匹配到某协议的特征，则将该流标记为相应的协议。

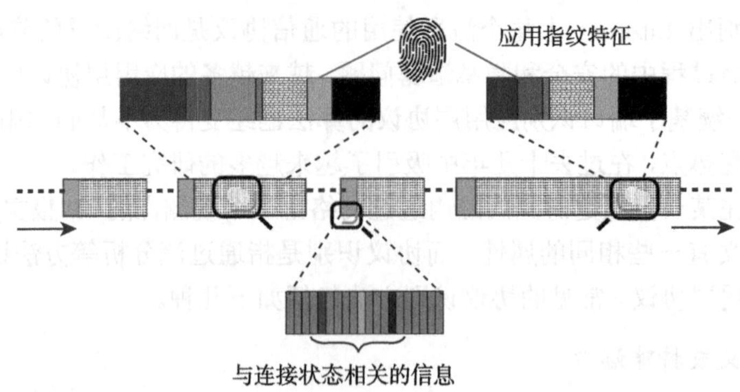

图 4.4 深度包检测技术示意图

一种减少资源消耗的方法是以无状态的方式在全部或部分报文中搜索特定字节模式，称为签名 (Signature)。这种基于启发式的方法使用预定义的字节序列或 Signature 来识别特定的流量类型，例如，Web 流量包含字符串“GET”，eDonkey P2P 流量包含“xe3 x38”。基于签名的检测算法不仅能识别出使用单一连接进行通信的协议，还能够识别出动态端口、多连接通信协议。但是，这种算法的缺点是需要依赖于专家根据经验和规则确定的特征字符串、流量指纹等信息。例如，HTTP 和 Gnutella 的流量中都会出现 GET 签名的流量，因此，仅仅依赖于签名有可能会影响协议识别的准确率。另一个缺点是这种方法不能处理加密的内容。

此外，在大规模高速网络环境下检测签名的时候，为了减少需要跟踪的载荷大小，通常只记录有限长度 (如 200B) 的分组。因此，尽管在网络流量的原始载荷中包含签名，但有可能在流量采样后记录的有效载荷部分不包含签名信息，从而导致漏报的情况发生。针对不同的识别技术，DPI 可以分为以下两大类。

(1) 基于特征字符串。

不同的应用通常会采用不同的协议，而各种协议都有其特殊的指纹，这些特征可能是特定的端口、特定的字符串或者特定的位序列。根据具体检测方式的不同，基于载荷特征匹配技术又可细分为固定 (或可变) 位置特征匹配、多连接联合匹配和状态特征匹配四种分支技术。通过对特征信息的升级，基于载荷特征匹配技术可以很方便地扩展到对新协议的检测。使用特征字符串进行协议识别，需要先统计协议实际交互过程中出现频率高的字符作为匹配串，DPI 引擎在线检查全报文以匹配多个串，这种方法可适用于少量协议，但是效率一般，其正确性也有待提高，并且对于一些变长填充的协议这种方式会显得无能为力。

固定位置匹配是最简单的一种匹配方法。以 Kazaa 协议的识别为例，其握手消息中总包含字符串“User-Agent:Kazaa”。因此可以确定，“User-Agent:Kazaa”就是 Kazaa 协议的特征字，如图 4.5 所示。而多连接联合匹配是一种需要结合该应用中的多个连接联合匹配特征的方法。

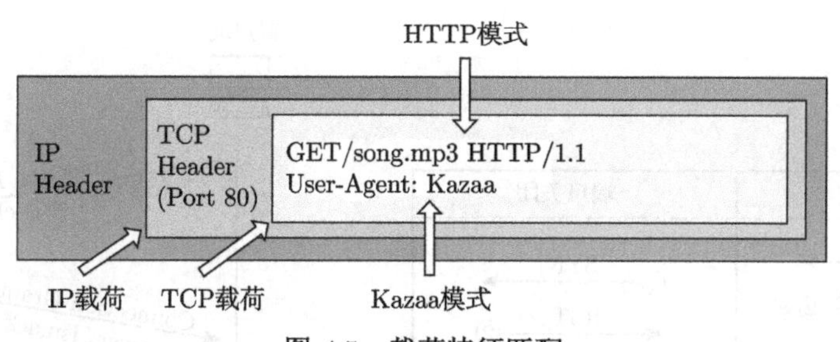

图 4.5 载荷特征匹配

(2) 基于正则表达式库的协议识别。

基于固定位置的包载荷检测方法，如检测包头的 16B 或固定长度的特征值来实现 DPI，对于一些协议的特征值在包的尾部，或者特征值之间加杂着动态长度的随机填充字节，采用固定的 DPI 检测则无法识别。正则表达式 (regular expression) 描述了一种字符串匹配的模式，可以用来检查一个串是否含有某种子串、将匹配的子串做替换或者从某个串中取出符合某个条件的子串等。基于正则表达式的 DPI 识别引擎从原理上来说可以识别绝大部分协议。但是由于正则表达式的复杂性，常规的正则表达式引擎相当消耗系统资源，效率比较低，故而直接采用通用的正则表达式算法会严重的影响协议识别的效率。因此，如何解决 DPI 引擎的性能问题，是一件非常重要的工作。

3. *深度流检测技术*

各种业务应用的数据包自身特性及传输特性都有所区别，因此，基于流的行为特征，通过与已建立的应用数据流的数据模型进行比对，也可以判别出该流的业务或应用类型。深度流检测法 (DFI) 即基于这种原理，根据各种应用的连接数、单 IP 地址的连接模式、上下行流量比例关系、数据包发送频率等数据流的行为特征指标的不同与 DFI 检测模型进行匹配，进而从中区分出匿名网络协议的类型。DFI 检测存在如下优点：能够发现未知应用，具有对新应用层协议的感知能力；加密协议对检测算法影响较小；避免查看应用层协议内容，检测效率较高。缺点在于检测准确度与 DPI 相比稍低。

随着人工智能技术的发展，基于机器学习和深度学习的网络流分析和协议识别广泛应用于网络安全领域，机器学习技术的优点是建模和识别过程自动化，但是网络流量特征抽取和选择往往依赖于领域专家的先验知识，而深度学习方法则可以解决复杂、费时费力的特征工程问题。因此未来面向高速网络环境下的深度学习技术是暗网空间测绘的主要技术方法之一。

4.3.3 网络探测与扫描

1. *开放扫描*

(1) TCP 连接扫描 (图 4.6)。利用 connect 系统调用，如果 connect 成功则表明端口开放。该方法的优点是扫描速度非常快且不需要特权；缺点是容易被检测到。

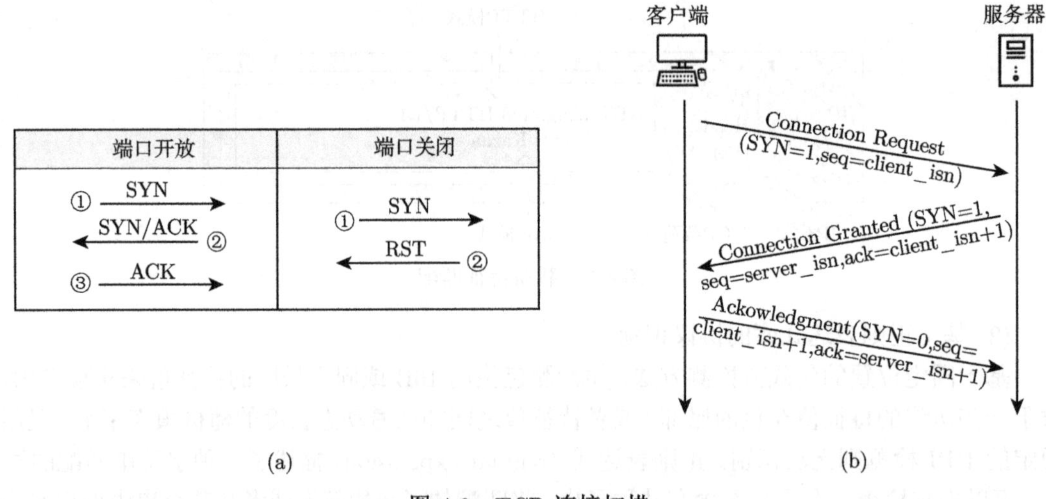

图 4.6　TCP 连接扫描

(2) TCP SYN 包扫描 (图 4.7)。客户端发送 SYN 包，并等候服务器的响应。如果收到 SYN/ACK 包，则表明该端口处于开放状态，然后发送 RST 关闭连接。如果收到 RST 包，则端口处于关闭状态。该方法的优点是大部分站点不 log 该事件，隐蔽性比较强，但是客户端需要 root 权限构建 SYN 包。

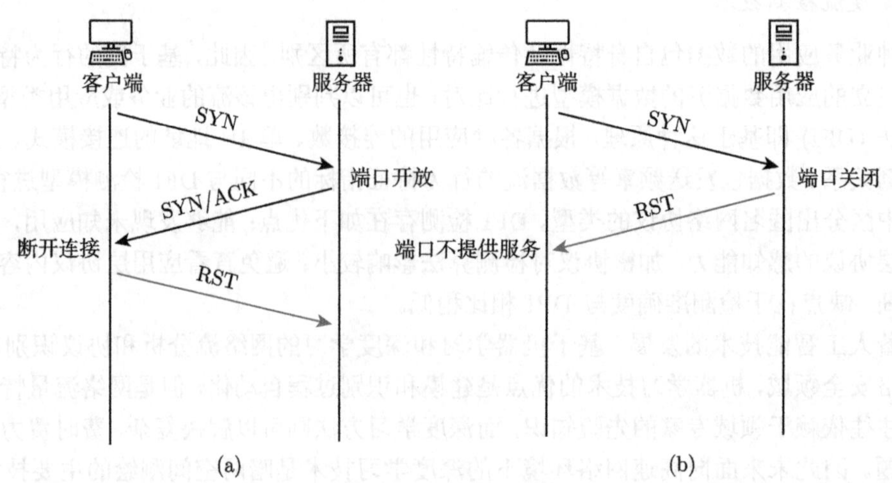

图 4.7　TCP SYN 包扫描

2. TCP 隐蔽扫描

(1) TCP FIN 包扫描 (图 4.8)。客户端直接发送 FIN 包，FIN 包可能会通过防火墙。如果服务器的端口处于关闭状态，则会回复 RST 包；如果服务器的端口处于开放状态 (或者保护状态)，则服务器会忽略 FIN 包。TCP FIN 包扫描比 TCP 连接扫描和 SYN 包扫描更加隐蔽，但是某些主机可能会不遵守 RFC 规范，即服务器不管端口的状态直接回复 RST 包，因此，该扫描方式有可能不可靠。

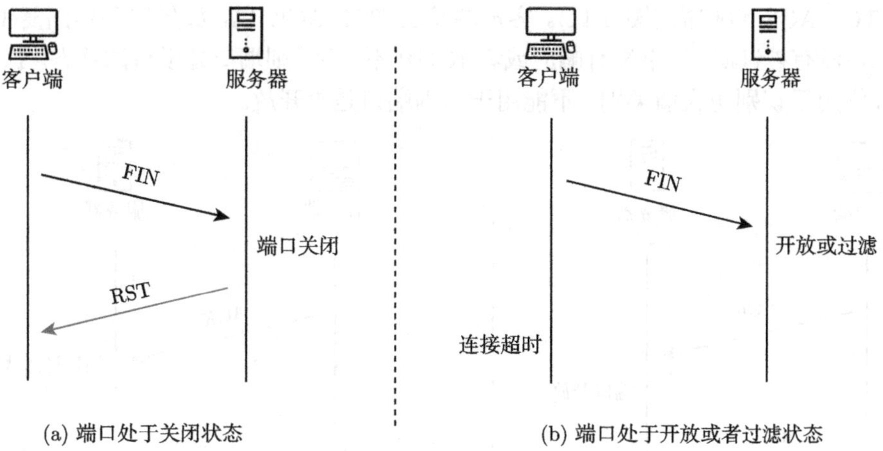

图 4.8 TCP FIN 包扫描

(2) TCP 圣诞树扫描。TCP 圣诞树扫描 (TCP Xmas tree scan)(图 4.9) 跟 FIN 包扫描相似，但 TCP 的标志位不同，扫描的客户端通过构造特定的 FIN 包，即通过设置所有的控制位 (URG、ACK、PSH、RST、SYN、FIN)，如果服务器回复 RESET 包，则端口处于关闭状态，如果没有响应，则端口处于开放状态或者受保护状态。

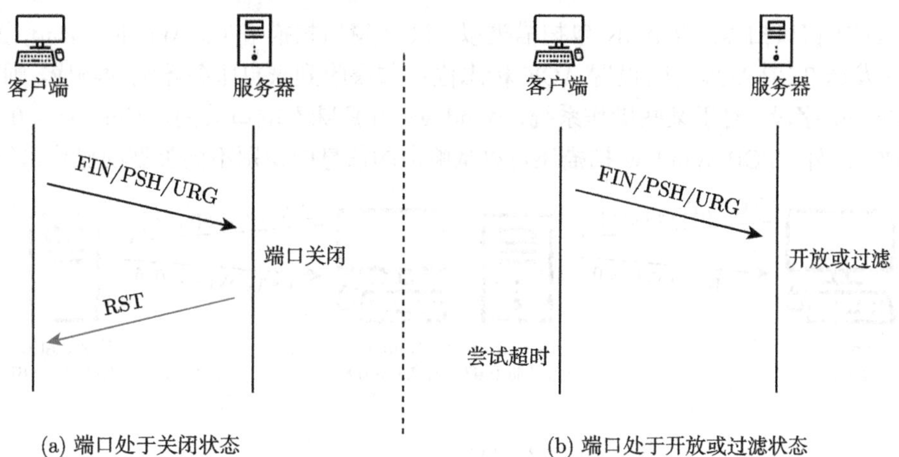

图 4.9 TCP 圣诞树扫描

(3) TCP NULL 包扫描 (图 4.10)。客户端发送没有设置控制位的数据包，如果服务器回复 RST 包，则表明端口处于关闭状态，如果没有响应，则表明服务器端口处于开放状态。

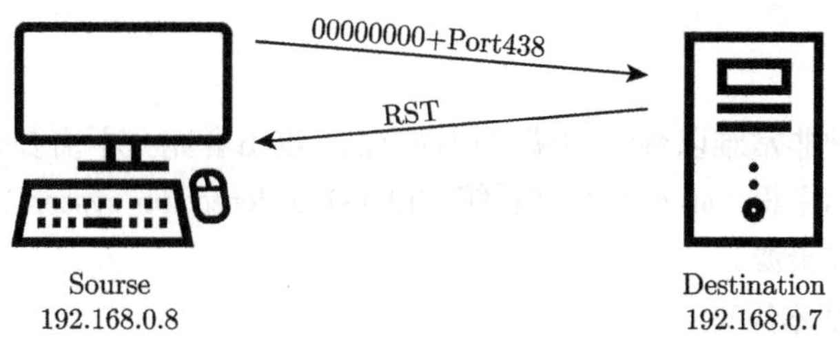

图 4.10 TCP NULL 包扫描

(4) TCP ACK 包扫描 (图 4.11)。客户端发送 TCP ACK 包，如果服务器回复 RST 包，则表明端口没有被过滤，如果没有响应或者 ICMP 不可达，则端口处于过滤状态。TCP ACK 包扫描通常用于识别防火墙类别，不能用于识别端口是否开放。

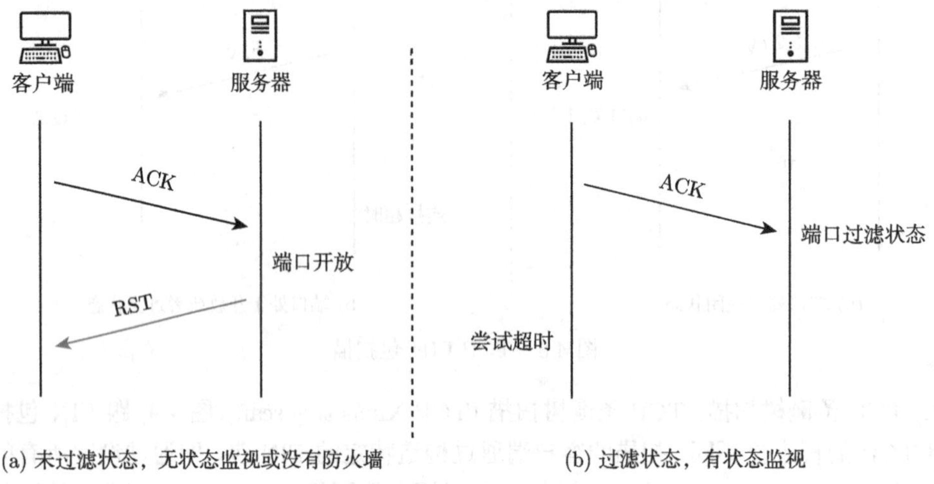

图 4.11 TCP ACK 包扫描

(5) TCP 窗口扫描。跟 ACK 包扫描类似，TCP 窗口扫描 (TCP Window scan)(图 4.12) 的客户端发送 TCP ACK 包 (设置 ACK 标志位)，如果收到来自服务器端的响应，则监视该包的 Window 字段。对于某些操作系统，Window= 0 意味着端口关闭，Window $\geqslant 0$ 意味着端口开放。此外，TCP Window 扫描还可以从响应的信息中识别不同类型的操作系统。

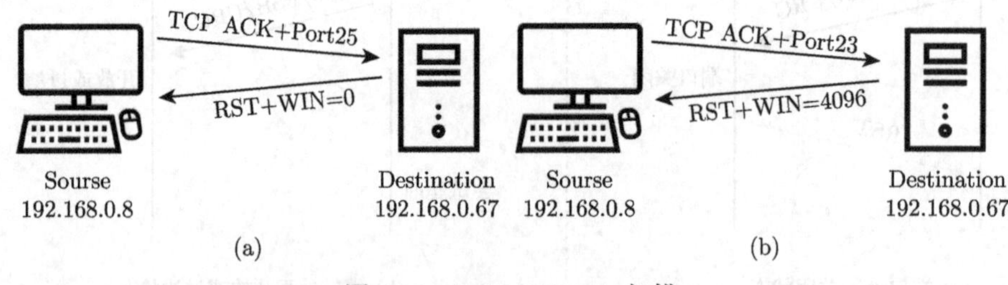

图 4.12 TCP Window 扫描

(6) TCP Fragmentation 扫描。通过修改 TCP stealth scan (SYN、FIN、Xmas、NULL)，使之利用小的分片 IP 数据包，TCP Fragmentation 扫描的优点是可增加检测和过滤的难度，但不是所有的操作系统都支持。

3. 空闲扫描

空闲扫描是一种非常难以察觉的端口扫描方法，攻击者完全不需要使用真实的 IP 发送封包给被攻击的目标主机，而入侵检测系统 (intrusion detection system) 会误以为是来自无辜的僵尸计算机的攻击源。

1) 空闲扫描的基本原理

每一个 IP 封包都有一个 IPID 字段，大部分的操作系统针对这个字段只是循序编码，任何计算机若只收到 SYN/ACK 将会回复一个 RST (因为没发出 SYN) 包，同时这个封包会包含这台主机的 IPID，而每次的 SYN/ACK 连接都会让 IPID 加 1。图 4.13 阐述了发送一个 TCP 包，服务器响应该包的协议规则，通常情况，一个 TCP 包 (如 SYN、FIN、ACK、SYN/ACK 等) 会触发服务器发送一个应答包给发送者 (如 SYN/ACK、FIN/ACK、RST)，但是 RST 包不会触发服务器发送任何响应的包。

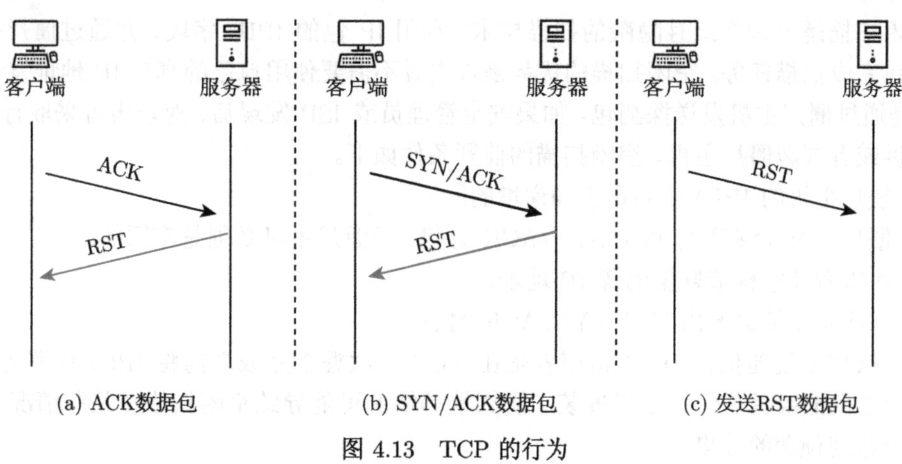

图 4.13 TCP 的行为

2) 空闲扫描的基本步骤

(1) 攻击者的主机 A 先选择一台僵尸计算机 Z，同时发出一个 SYN/ACK 封包，这时回来的 RST 封包会包含 IPID，假设为 31337，如图 4.14 所示。

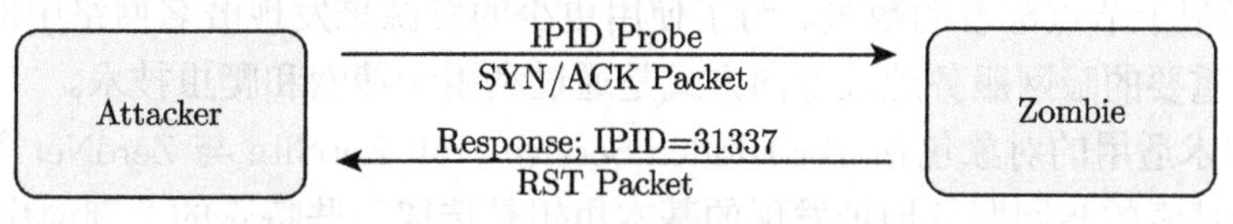

图 4.14 TCP 空闲扫描第一步示意图

(2) 攻击者发送一个 SYN 封包给目标主机，来源 IP 伪造成 Z 的 IP，若目标主机有回应，将会回应给 Z。目标主机的端口若开启，会响应一个 SYN/ACK 给 Z，Z 收到该 SYN/ACK，会将 IPID 加 1 成为 31338，并且送回一个包含 IPID 的 RST 给目标主机；若目标主机的端口关闭，则会回应一个 RST 给 Z，如图 4.15 所示。

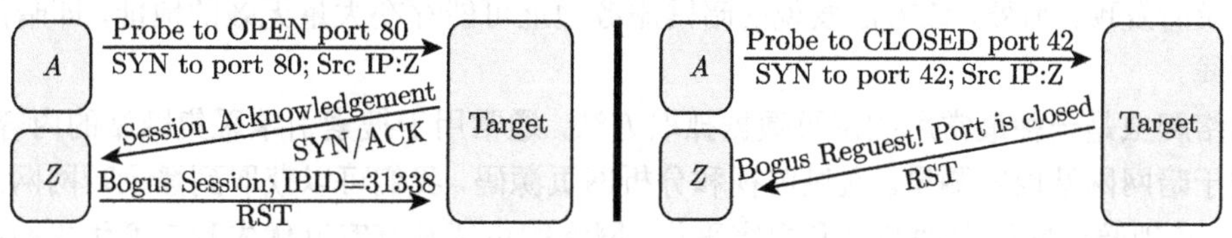

图 4.15 TCP 空闲扫描第二步示意图

(3) 主机 A 再发出一个 SYN/ACK 给 Z，如果目标主机的端口开放，则主机 Z 回应的 IPID 应该是 31338 加 1 的结果，即 31339；如果主机 A 收到的是 31338，代表这个端口在之前的扫描中没有被加 1，即没有开启，如图 4.16 所示。

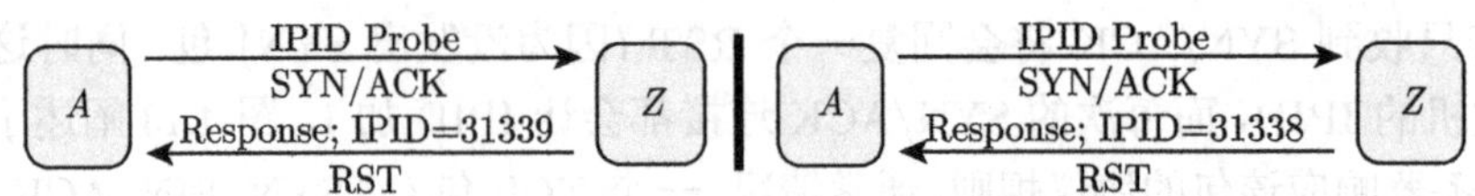

图 4.16　TCP 空闲扫描第三步示意图

3) 小结

空闲扫描是一种高级且隐蔽的扫描技术，利用 IP 包的 IPID 字段，并通过僵尸主机和欺骗封包完成扫描任务。空闲扫描的优势是攻击者不需要使用自己的真实 IP 地址发送探测包，而是通过僵尸主机发送探测包。如果安全管理员或 ISP 发现后，对攻击者采取行动，将只能投诉或者屏蔽僵尸主机。空闲扫描的前置条件如下。

(1) 僵尸主机的 IPID 必须是全局递增的。

(2) 僵尸主机能够接收 TCP SYN/ACK 封包，且僵尸主机必须是空闲的。

(3) 攻击者能够构造欺骗的源 IP 地址。

(4) 攻击者要能够发出 TCP SYN/ACK 封包。

一些操作系统随机化 IPID 值或者是在 TCP 三次握手完成之前将 IPID 设置为 0。此外，僵尸主机忙或者是僵尸主机安装了防火墙等情况可能导致空闲扫描在某些情况下无效或者很难达到预期的效果。

4.3.4　元搜索和网络爬虫

当前对暗网服务地址的发现都需要遵循相关匿名网络的协议来进行发现。这样的方式往往具有较大的资源消耗，必须实现匿名网络的相关协议、部署相关的网络节点，并且发现地址的数量受限于节点部署的数量。为了使用更少的资源来发现匿名网络中的隐藏服务地址，一种较为重要的暗网服务地址方向方式是通过利用元搜索和爬虫技术。

元搜索技术适用的对象包括 Tor Hidden Service、I2P EepSite 与 ZeroNet 等暗网网站的域名。基于元搜索的暗网服务地址发现的基本思想是选取一些特殊的关键词作为查询入口，利用商业搜索引擎进行搜索，提取搜索结果页面中的隐藏服务地址并作为关键词再进行迭代搜索。最终提取隐藏服务的地址。其中最关键的是要突破搜索引擎的反爬虫机制，并针对不同的搜索策略、暗网类别设置不同的检索关键词，以便发现大规模的暗网服务地址。基于元搜索的暗网服务地址发现，虽然代价比较低，但是它不依赖于暗网的通信，即可以摆脱暗网网络协议的限制，同时具有较好的效果。但是，该方法时效性较低，对于新的暗网服务地址不能及时发现，另外，该方法发现的暗网服务地址可能存在大量无效的地址，即暗网网站已经下线。

网络爬虫是一种最常用的网页数据抓取方法，通常用于搜索引擎采集网站的内容信息，也可用于暗网网站内容测量。通过监视和分析网页源码，我们可以获取到登录暗网网站所需的信息、实现暗网网站自动登录和内容采集。网络爬虫通常有宽度优先和广度优先两种爬取策略，为典型的图遍历过程，如以用户为中心、以好友关系为线索遍历好友的关系网。通过网络爬虫采集的数据通常是静态的，无法分析暗网动态行为，当前研究者一般利用这种方法研究暗网的拓扑结构，如链接关系等。

4.4 暗网空间测绘研究内容

4.4.1 暗网空间资源层测绘

暗网空间资源多样、规模庞大，为了能够了解与掌握暗网节点资源的分布情况与属性特征，需要对暗网空间资源层进行探测。暗网空间资源层主要描述的是组成暗网的各类节点资源与其流量特征。如何刻画各类节点的特性以及流量特征，是暗网空间资源层测绘的核心目标。

1. 暗网节点发现

暗网节点发现主要可以分为两种策略：主动侦测和被动监听。主动侦测主要包括资源枚举、定向爬取和元搜索三种方式；被动监听则是由节点植入和流量识别两种方式组成。例如，在 Tor 网络中，非公开的网桥节点通过网页和电子邮件服务器的方式分发，而资源发布者无法区分正常用户与伪装成正常用户的攻击者，因此可以通过 HTTPS 与电子邮件等方式请求获取尽可能多的非公开节点信息。在 I2P 网络中，由于 netDb 存储着 I2P 网络中所有节点的信息并提供查询服务，根据一定的策略向 netDb 发送 DatabaseLookup 消息，攻击者可以向 floodfill 节点发送节点查询消息，以此获得大量 I2P 节点。本节以 Tor 暗网为例重点阐述暗网节点发现的几个基本步骤和主要方式。

(1) 电子邮件：电子邮件方式获取桥节点是通过自动收发邮件的方式完成的。按照一定时间间隔，定时向邮箱地址 bridges@torproject.org 发送请求桥节点的邮件，从得到回复的邮件中，抽取 Tor 的网桥节点，按照预定格式存储到节点资源数据库中。

(2) Web 方式：Tor 的 BrdigeDB 会在 Tor 的官方网站 (https://bridges.torproject.org) 定时更新桥节点、Obfs 系列节点信息，通常会在固定时间间隔内部分或全部更新，Web 方式则可通过模拟用户请求页面、识别验证码的过程以此收集 Tor 的非公开节点。但是，Tor 会针对同一 IP 在固定时间间隔内，限制提供桥节点数量。实际上可以通过 Tor 网络的匿名代理机制访问桥节点发布网站，利用定时刷新策略自动更换 Tor 网络连接链路来实现代理 IP 的改变，以此提高枚举请求的频率，达到固定时间段内提升资源节点收集数量的目的。

(3) 植入节点：部署定制版本的中间路由节点可实时监测连接到该中继节点的前一跳和后一跳中继节点，通过该方式也可以有效收集私有的 Tor 资源节点。

(4) 带外方式：通过 Censys 和 Shodan 等扫描器以及元搜索也可以查找网络中所有可能的 Tor 节点集合。

2. 节点收集效率分析

电子邮件和 Web 方式发现 Tor 网桥的有效性可通过度量其单位时间间隔内发现的网桥的数量来衡量。这个过程可以用带权赠券收集模型来描述。Tor 采用加权带宽路由算法进行路径选择。路由节点的声明带宽越高，被选择用于链路的可能性就越高。网桥在链路中充当 Tor 入口节点。利用这种加权带宽路由算法，假设网桥的带宽集合为 $\{B_1, B_2, \cdots, B_n\}$，其

中，n 是 Tor 网络中的网桥数量。假设第 i 个网桥带宽为 B_i，则其被选中的概率为

$$p_i = \frac{B_i}{\sum_{i=1}^{n} B_i}$$

给定 n 个网桥，假设在每次采样中以概率 p_i 获取第 i 个网桥，其中 $0 < p_i < 1$，则根据带权赠券收集模型，可以推导出通过电子邮件和 HTTPS 收集到 n 个不同的网桥数，定义随机变量 I_i 为

$$I_i = \begin{cases} 1, & \text{如果第 } i \text{ 个网桥在 } h \text{ 次采样中被收集到} \\ 0, & \text{否则} \end{cases}$$

在此，可以用 $X_h = \sum_{i=1}^{n} I_i$ 表示在 h 次采样后收集到不同的网桥数。在 h 次采样后，第 i 个网桥还没有被收集到的概率为

$$P(I_i = 0) = (1 - p_i)^h$$

$$E(I_i) = 0 \times P(I_i = 0) + 1 \times P(I_i = 1) = P(I_i = 1) = 1 - P(I_i = 0) = 1 - (1 - p_i)^h$$

因此，在 h 次采样后，发现不同网桥数量的期望可以表示为

$$\begin{aligned} E(X_h) =& E\left(\sum_{i=1}^{n} I_i\right) = E(I_1) + E(I_2) + \cdots + E(I_n) \\ =& 1 - (1 - p_1)^h + \cdots + 1 - (1 - p_n)^n = n - \sum_{i=1}^{n} (1 - p_i)^h \end{aligned}$$

通过中间节点收集网桥方法。假设在 Tor 网络中注入了 k 个恶意的中间节点，则注入 k 个节点后的带宽可以表示为 $\{B_1, B_2, \cdots, B_k, B_{k+1}, B_{k+2}, \cdots, B_{k+N}\}$，其中 $\{B_1, B_2, \cdots, B_k\}$ 是所有恶意中间节点的带宽。假设它们的带宽都相同，即 $B_1 = B_2 = \cdots = B_k = b$。$B$ 为所有正常节点的带宽总和 $B = \sum_{i=k+1}^{k+N} B_i$，因此整个 Tor 网络中的总带宽为 $B + kb$。根据节点标签的不同，可以将节点分为以下四类。

(1) 纯 Guard(只有 Guard 标签)。

(2) 纯 Exit(只有 Exit 标签)。

(3) Guard-Exit(既有 Guard 标签也有 Exit 标签)。

(4) None(既没有 Guard 标签也没有 Exit 标签)。

这四类节点的总带宽可以表示为 B_{entry}、B_{exit}、B_{EE}、$B_{\text{N-EE}}$，因此 $B = B_{\text{entry}} + B_{\text{exit}} + B_{\text{EE}} + B_{\text{N-EE}}$。由于 Tor 采用带权的节点选中算法，其中权值为

$$W_{\text{E}} = \begin{cases} 1 - \dfrac{B + kb}{3(B_{\text{exit}} + B_{\text{EE}})}, & W_{\text{E}} > 0 \\ 0, & W_{\text{E}} \leqslant 0 \end{cases}$$

$$W_{\text{G}} = \begin{cases} 1 - \dfrac{B + kb}{3(B_{\text{entry}} + B_{\text{EE}})}, & W_{\text{G}} > 0 \\ 0, & W_{\text{G}} \leqslant 0 \end{cases}$$

因此，恶意中间节点的被选中的概率为

$$P(k,b)=\frac{kb}{B_{\mathrm{exit}'}+B_{\mathrm{EE}'}+B_{\mathrm{entry}'}+B_{\mathrm{N-EE}'}}$$

其中，$B_{\mathrm{exit}'}=B_{\mathrm{exit}}W_{\mathrm{E}}$，$B_{\mathrm{EE}'}=B_{\mathrm{EE}}W_{\mathrm{E}}W_{\mathrm{G}}$，$B_{\mathrm{entry}'}=B_{\mathrm{entry}}W_{\mathrm{G}}$，$B_{\mathrm{N-EE}'}=B_{\mathrm{N-EE}}+kb$。

那么在创建 q 次链路后，至少有一个网桥被恶意节点捕获的概率为

$$P(k,b,q)=1-(1-P(k,b))^q$$

3. *恶意节点识别*

1) 节点家族测量

Tor 的家族节点设计源于 2004 年发布的 0.0.9pre4 版本。节点家族是由同一个人或组织管理的一组 Tor 节点。为了提高匿名性并降低流量关联分析攻击的风险，Tor 避免在同一链路中使用来自同一家族的多个节点。家族节点是 Tor 网络中非常重要的组成部分。但是，在实际网络中，家族节点是由 Tor 节点之间的相互声明来确定的，需要提供 Tor 中继节点的志愿者自发主动地配置声明。攻击者可能故意不对家族节点进行声明，借此将一些恶意节点植入暗网，给暗网用户的安全性带来威胁。节点家族的测量主要是出于安全性的考虑。

Tor 节点可分为家族节点与非家族节点两类，通过对比发现 Tor 家族节点在 Tor 网络性能提高与规模扩展上正扮演着的越来越重要的角色。研究者从 Tor 网络真实数据中提取了数千个 Tor 节点家族，揭示了 Tor 节点家族的规模、带宽、地理分布等规律，同时研究了超级家族背后的运营者身份。具体地，实验结果显示，大多数的节点家族规模都很小，大约有 90% 的节点家族都由 5 个以下的 Tor 节点构成；在一个节点家族中，平均约有 65% 的节点会同时在线，而节点在线比例与其家族规模并无明显关联；节点家族的高带宽为 Tor 网络的性能与规模做出了极大的贡献；一些节点家族跨/16 子网、跨自治域甚至跨国；大部分的超级节点家族都由一些公司、组织或社团等团体机构所提供。此外，作者揭露了 Tor 网络中隐藏家族现象的普遍性及其对 Tor 网络匿名性所造成的威胁。

2) 女巫节点识别

女巫节点是指同一个攻击者以很小的代价在 Tor 网络中植入的多个节点，以实现对用户的共谋攻击。Winter 等提出了一种基于节点外观和节点行为的女巫节点检测算法。该算法通过检测网络抖动、节点的上线时间矩阵、指纹数量、配置信息等属性，可有效识别具有一定相似性的女巫节点，具体的检测算法如下。

(1) 网络抖动率。网络抖动率定义为在一个时间内加入和离开整个网络的节点所占的比例，通过检测一段时间内的网络抖动率，可以发现大量节点同时上线的行为。网络抖动率可以分为上线节点抖动率 α_n 与下线节点抖动率 α_l，其定义如下：

$$\alpha_n=\frac{|C_t-C_{t-1}|}{C_t}$$

$$\alpha_l=\frac{|C_{t-1}-C_t|}{C_{t-1}}$$

其中，C_t 表示在 t 时刻 consensus 中所有节点的集合。

(2) 在线时间矩阵：为了方便管理，Tor 节点的运营者可能会同时上线或者下线多个节点。这种行为可以轻易地被在线时间矩阵识别出来，在线时间矩阵的生成分为以下四个步骤。

① 将每个节点的上线、下线时间按顺序排成一列，其中黑色像素代表上线，白色像素代表下线，如图 4.17 所示。

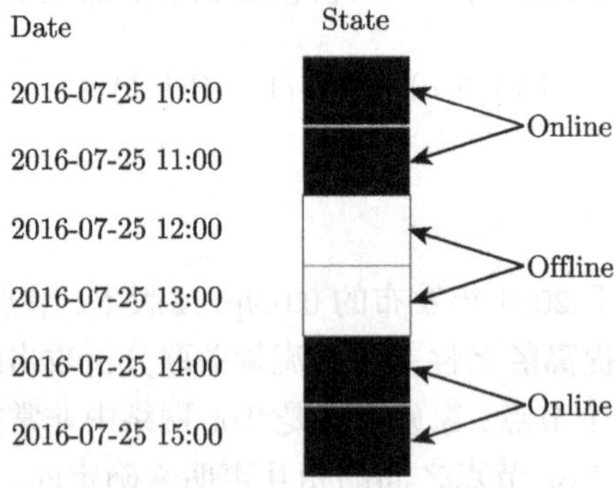

图 4.17　在线时间矩阵算法示意图之一

② 每个节点代表一列，然后将 Tor 网络中所有的路由节点拼接起来构成一个二维时间序列矩阵，如图 4.18 所示。

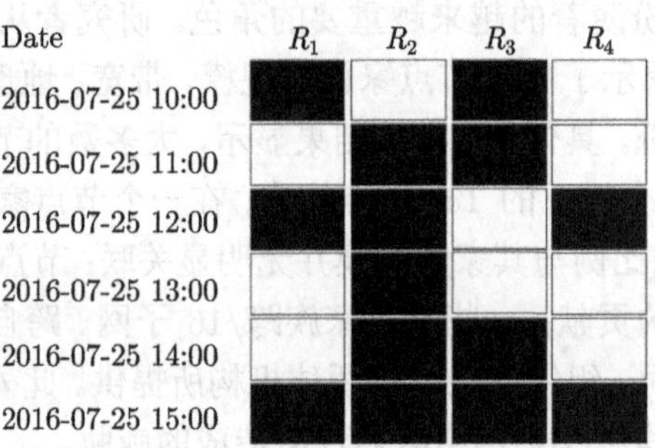

图 4.18　在线时间矩阵算法示意图之二

③ 使用层级聚类 (如 single-linkage clustering) 的方式对节点的排列顺序进行调整，使具有相似在线时间的节点在矩阵中相邻，如图 4.19 所示。

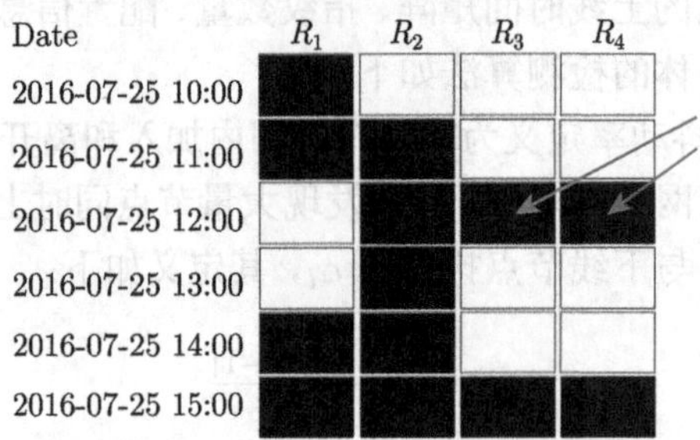

图 4.19　在线时间矩阵算法示意图之三

④ 使用浅灰色标记出具有相同上线、下线时间的节点，如图 4.20 所示。

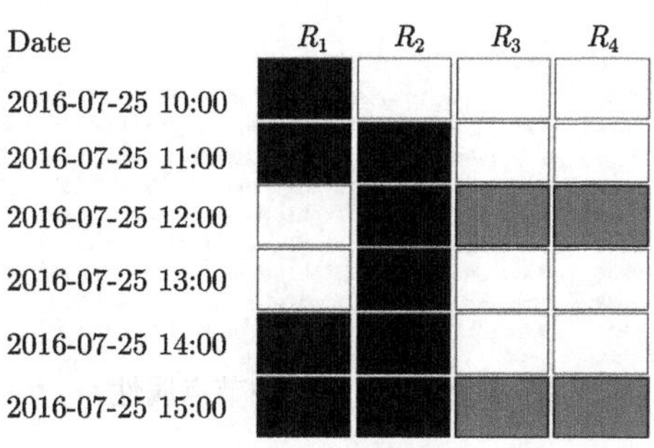

图 4.20 在线时间矩阵算法示意图之四

图 4.21 展示了 2012 年 8 月 Tor 网络中所有节点的上线、下线时间而生成的在线时间矩阵。图片每一列代表一个节点的在线时间，其中每一列的黑色的像素代表了该节点在某一个小时在线，白色的像素代表该节点在某一个小时离线。图中方框部分为具有相同在线时间的节点，即属于同一个运营者的节点，发现大约有 100 个节点存在间歇性上线、下线的行为。

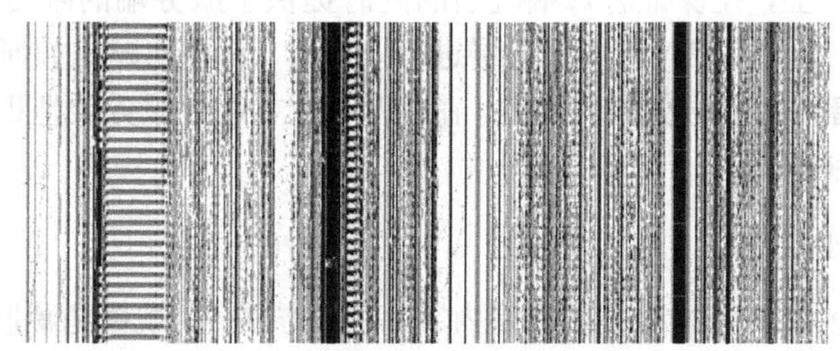

图 4.21 Tor 网络中节点的在线时间矩阵

(3) 指纹数量统计：在 Tor 网络中，指纹是一个 40B 的可以唯一标识 Tor 节点的公钥哈希。通常来说，每个 Tor 节点在上线后不会改变其指纹。因此，如果发现某一 IP 地址的指纹在短时间内发生了较多变化，有可能是一个使用影子节点的攻击者。

(4) 配置相似性度量：同一个用户管理的节点可能会拥有相似的配置信息，如软件版本、配置的端口、节点的昵称等具有相似性。通过度量节点配置信息的相似性，可以找出 Tor 网络中与目标 Tor 节点相关的 Sybil 节点。其基本思路如下。

①作者将不同的配置属性拼接起来，得到每个节点的配置字符串，如图 4.22 所示。然后，使用编辑莱文斯坦距离 (Levenshtein distance) 的方法来计算两个节点之间的相似度。编辑距离的计算公式如下：

$$\operatorname{lev}_{a,b}(i,j)=\begin{cases}\max(i,j), & \min(i,j)=0\\ \min\begin{cases}\operatorname{lev}_{a,b}(i-1,j)+1\\ \operatorname{lev}_{a,b}(i,j-1)+1\\ \operatorname{lev}_{a,b}(i-1,j-1)+1_{(a_i\neq b_j)}\end{cases}, & \text{否则}\end{cases}$$

② 当与目标节点的相似度高于一定阈值时，可以标记其为女巫节点。

Nickname	IP address	ORPort	DirPort	Flags	Version	OS	Bandwidth
Unnamed	204.45.15.234	9001	9030	Fast|Guard|HSDir|Stable|Running|Valid|V2Dir	0.2.4.18-rc	FreeBSD	26214400
Unnamed	204.45.15.235	9001	9030	Fast|Guard|HSDir|Stable|Running|Valid|V2Dir	0.2.4.18-rc	FreeBSD	26214400
Unnamed	204.45.15.236	9001	9030	Fast|Guard|HSDir|Stable|Running|Valid|V2Dir	0.2.4.18-rc	FreeBSD	26214400
Unnamed	204.45.15.237	9001	9030	Fast|Guard|HSDir|Stable|Running|Valid|V2Dir	0.2.4.18-rc	FreeBSD	26214400
Unnamed	204.45.250.10	9001	9030	Fast|Guard|HSDir|Stable|Running|Valid|V2Dir	0.2.4.18-rc	FreeBSD	26214400
Unnamed	204.45.250.11	9001	9030	Fast|Guard|HSDir|Stable|Running|Valid|V2Dir	0.2.4.18-rc	FreeBSD	26214400
Unnamed	204.45.250.12	9001	9030	Fast|Guard|HSDir|Stable|Running|Valid|V2Dir	0.2.4.18-rc	FreeBSD	26214400
Unnamed	204.45.250.13	9001	9030	Fast|Guard|HSDir|Stable|Running|Valid|V2Dir	0.2.4.18-rc	FreeBSD	26214400
Unnamed	204.45.250.14	9001	9030	Fast|Guard|HSDir|Stable|Running|Valid|V2Dir	0.2.4.18-rc	FreeBSD	26214400

图 4.22　Tor 网络中节点属性

4.4.2　暗网空间服务层测绘

暗网服务层构建在暗网资源层之上，为暗网内容层提供平台支撑，是暗网中不可或缺的组成部分。通过对暗网服务层进行测绘，研究者可以了解与掌握暗网中服务的各类信息，如服务规模、服务地址、服务类型、服务运营者等。暗网服务层测绘的主要研究对象是架构在暗网接入寻址基本协议之上的各类通用服务、专用服务以及自定义服务。这些服务大多构建在匿名网络之上，在保证客户端匿名的同时提供了服务端的匿名，如 Tor 的隐藏服务、I2PEepSites 等。因此，在对暗网服务层进行研究时，首要问题是如何进行大规模的服务地址发现，这也是暗网内容层测绘的前提。在此基础上，进行服务类型识别和溯源，从而对服务层进行全面的刻画。

1. 暗网服务地址测量

本节将重点阐述 Tor 隐藏服务的测量内容、基本方法，大规模隐藏服务地址发现，针对特定网站访问频率的测量，针对暗网网站内容的测量以及针对暗网网站间链接的测量。

1) Tor 隐藏服务发现

与具有明显语义的明网网址不同，暗网地址都是由一串固定长度的随机字符串组成的，想要对隐藏服务的网页结构、网站内容等进行测量，首先要知道其隐藏服务的地址。因此，大规模隐藏服务发现是对隐藏服务进行测量的前提。

Tor 隐藏服务为了确保能够与用户进行可靠通信，会将其描述符发布到 HSDir 上。传统的攻击者通过部署 HSDir 节点的方法，可以收集到隐藏服务发布的描述符，从而收割隐藏服务的地址信息。这种隐藏服务地址的收集方式简单有效，但是其收集的效率却不高。如果想要收集到所有的隐藏服务地址，则需要在 HSDir 环上每隔 2 个就部署一个攻击者控制的 HSDir。因此，该方法的代价非常大。

Biryukov 等在 2013 年提出了一种高效的 Tor 网络隐藏服务地址收集方法。在文献中，Biryukov 等发现虽然同一个 IP 地址上可以运行多个 Tor 实例，但是至多有两个可以出现在 Tor 网络的 consensus 文件中，也就是说相同 IP 地址的主机上运行的剩余 Tor 实例也可以向权威目录服务器发布自己的信息并获取相应的标志，这样当 consensus 文件中的该 IP 主机的两个实例变为不可用时，该主机上剩余的实例可以迅速出现在下一次发布的 consensus 文件中，研究者将这种技术称为影子 (shadowing) 技术。基于该技术，研究者利用 Tor 匿名网络中隐藏服务发布描述符的机制，并根据当时 Tor 网络中 HSDir 的数目 (约 1200 个)，计算出要接收所有隐藏服务描述符需要部署的 HSDir 数目为 600，并利用影子技术将这些 HSDir 分散在了 50 个 IP 主机上。最后，研究者成功地收割到 39824 个不同的隐藏服务地址。在此，我们重点介绍通过部署 HSDir 节点收集 Tor 隐藏服务的方法。具体的部署步骤如下。

(1) 在一台服务器上部署 N 个 Tor 的实例，Tor 实例的指纹生成算法 (参见 3.2 节)，其中每个 Tor 实例拥有不同的指纹，但其中只有两个实例可以出现在 Consensus 文件之中。此时，这两个实例在 HSDir 中的位置如图 4.23 所示。

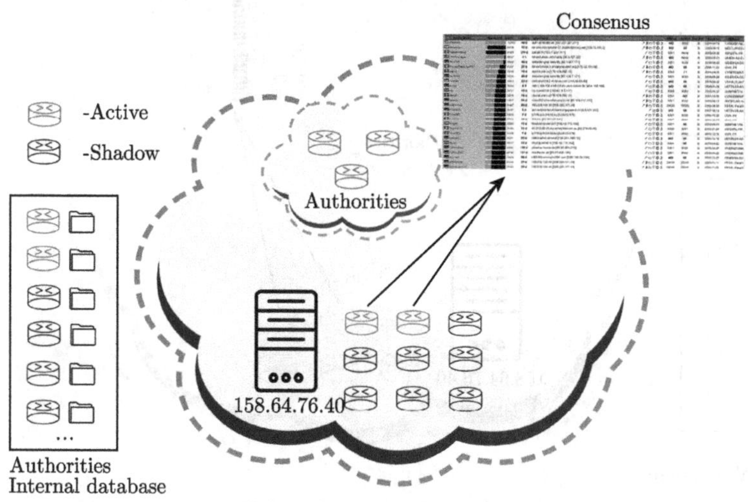

图 4.23 Tor HSDir 部署示意图之一

(2) 1h 之后，这两个 Tor 实例已经收割到分布在它们相应位置的隐藏服务地址，因此攻击者可以将它们下线，然后让另外两个实例出现在 consensus 文件中，它们在 HSDir 中的位置如图 4.24 所示。

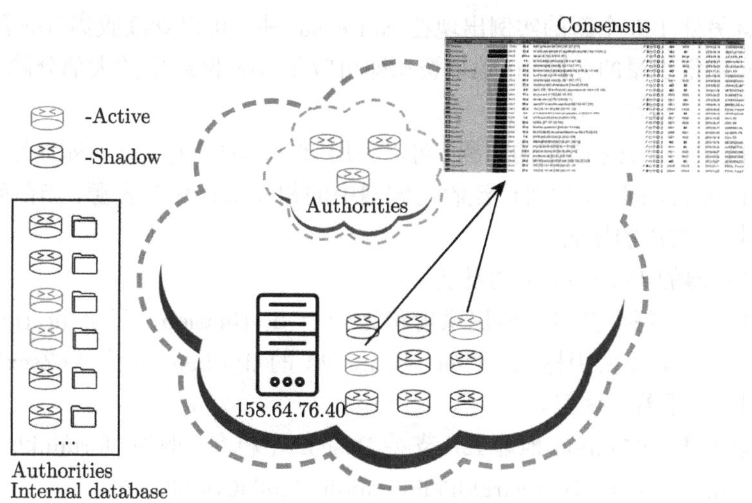

图 4.24 Tor HSDir 部署示意图之二

(3) 再过 1h 之后，当前的两个实例已经收集完分布在它们相应位置的隐藏服务地址，因此攻击者可以将它们下线，这时让另外两个实例处于影子状态的 Tor 实例再出现在 consensus 中，它们在 HSDir 中的位置如图 4.25 所示。

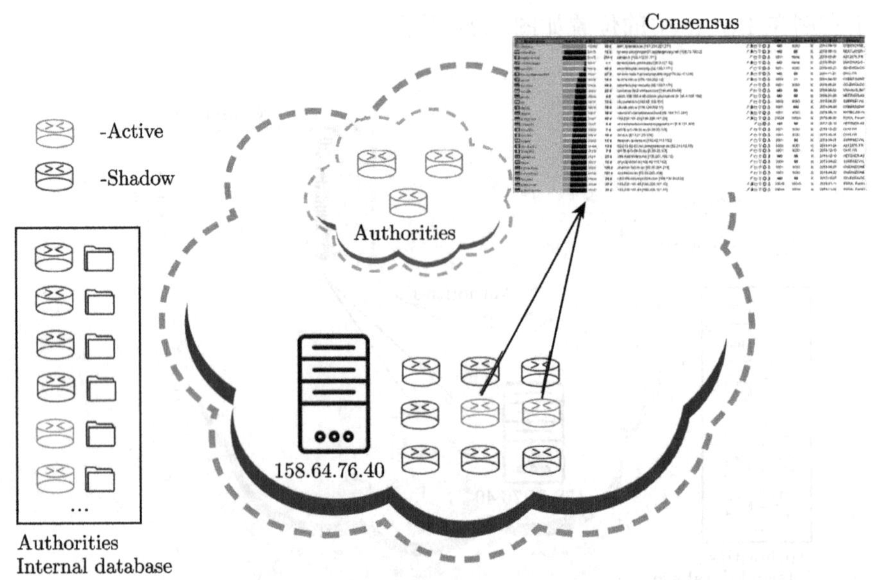

图 4.25　Tor HSDir 部署示意图之三

(4) 以此类推，直至将所有的实例都上线一遍。

利用该方法，攻击者只需要拥有 50 个公网 IP 地址，在每个 IP 地址上运行 24 个 Tor 实例，总共运行了 1200 个 Tor 实例，这 1200 个实例的指纹平均分布在整个 HSDir 环之间。在每个小时内，会有其中的 100 个 Tor 实例出现在 consensus 中，即只有 100 个 Tor 实例会收集隐藏服务发布的描述符。每个小时快要结束时，攻击者会将当前小时的 100 个实例下线，因此会有另外 100 个新的实例出现在 consensus 中，可以继续收集 Tor 隐藏服务的地址。这种方法只需很少量的公网 IP 地址资源即可收集 Tor 网络中的大部分隐藏服务地址。

2) I2P EepSites 地址收集

针对 I2P EepSites 域名收集的问题，可以利用 I2P 本身特性之一，即地址簿，来探索暗网空间中的 I2P 域名。同时，也可广泛收集明网中的相关 I2P 域名资源。当前研究者主要从以下三个方面收集 I2P 的域名。

(1) 基于地址簿的 EepSites 主动发现。

在 I2P 网络中，每个匿名服务提供者称为一个 destination，每个 destination 由一个 516B(或更长) 的 Base64 密钥标识。例如，forum.i2p 的 destination 为 XaZscxXGaXxuIk··· GAAAA，中间省略了若干字符。

此外，类似于 Tor 的.onion 地址 I2P 支持 Base32 主机名。例如，forum.i2p 的 Base32 地址为 33pebl3dijgihcdxxuxm27m3m4rgldi5didiqmjqjtg4q6fla6ya.b32.i2p。

然而 I2P 作为一个全分布式网络，并没有提供类似于 DNS 的中心命名服务。而是通过分布式的地址簿提供类似的命名服务，格式为 hostname=Base64。地址簿程序会定期下载订阅的地址簿并将它们的内容合并至本地地址簿。为了更便捷地进行 EepSite 发现，我们可以通过脚本程序模拟 I2P 内部的地址簿下载更新过程，自动获取公共的地址簿。

I2P 官方网站发布了自己的地址薄订阅地址 http://i2p-projekt.i2p/hosts.txt 以及如下三个推荐的订阅地址，用户也可以搜集其他用户发布的订阅地址。

①http://ixxxt.i2p/cgi-bin/i2hostetag;

②http://sxxxs.i2p/cgi-bin/newhosts.txt;

③http://nxxxo.i2p/export/alive-hosts.txt。

(2) 基于定向爬取的 EepSite 主动发现。

I2P 网络内部有一些流行的门户网站，如 forum.i2p 和 ugha.i2p 等，这些网站包含了大量的 EepSite 地址并定期更新，可以称为种子站点。通过调研这些种子站点的更新周期，进行递归爬取，可以有效收集 EepSites 地址。

(3) 基于节点植入的 EepSites 被动发现。

I2P 网络采用基于 KAD 协议的全分布式架构，每一个用户都可以通过运行一个 I2P 客户端成为一个节点加入 I2P 网络中，但并不是每个节点都可以成为 KAD 网络节点。通常，I2P 会选择节点中带宽较高的节点作为种子节点，即 floodfill 节点，floodfill 节点彼此之间构成 I2P 的 KAD 网络，即 netDb。基于 floodfill 节点植入的 EepSite 被动发现方法具体步骤如下。

第一步：下载 I2P 源码。

第二步：修改 I2P 源码，使发布到本节点的 LeaseSet 信息输出到 log 文件，由于 LeaseSet 信息包含一组隧道入口节点信息，这些信息仅在 10min 内有效，LeaseSet 信息也会很频繁的失效，所以 floodfill 节点并不会将收到的 LeaseSet 信息长期存储在本地。可以通过修改源码的方式，在 floodfill 节点收到 LeaseSet 的存储请求后，将 LeaseSet 信息输出到 log 文件中。

第三步：编译修改过的 I2P 源码并运行。

第四步：修改 I2P 的配置文件 router.config，I2P 通常会选择节点中带宽较高的节点作为 floodfill 节点，简单运行 I2P 节点并使其成为 floodfill 节点需要较高的带宽和较长的等待时间，因此，可以手动修改 I2P 的配置文件 router.config，通过添加语句 router.floodfillParticipant =true，使 I2P 节点成为 floodfill 节点，以便更高效地进行 EepSites 发现。

第五步：通过 floodfill 节点输出的 LeaseSet 信息计算得到 EepSites 的 Base32 地址。每个 LeaseSet 信息包含一个键值，即发布该 LeaseSet 的 EepSites Base64 地址的 SHA256。通过该哈希值，可计算得到 EepSites 的.b32.i2p 地址，计算过程如下：

```
raw_key = base64.b64decode(key,'-~')
base32_hash = base64.b32encode(raw\_key)
base32_address = base32\_hash.lower().replace('=','')+'.b32.i2p'
```

2. Tor 暗网对抗机制

针对攻击者部署受控的 HSDir 收割 Tor 暗网服务地址的问题，Sanatinia 等提出一种基于 Honey onion 的概念。Honey onion 是一种在正常情况下不会被访问，而一旦被客户端访问则说明其中某一个 HSDir 泄露了该隐藏服务的地址信息。基于这一思想，作者通过生成蜜罐 Honion(Honey onions) 来识别恶意的 HSDir，具体的检测方法如图 4.26 所示。

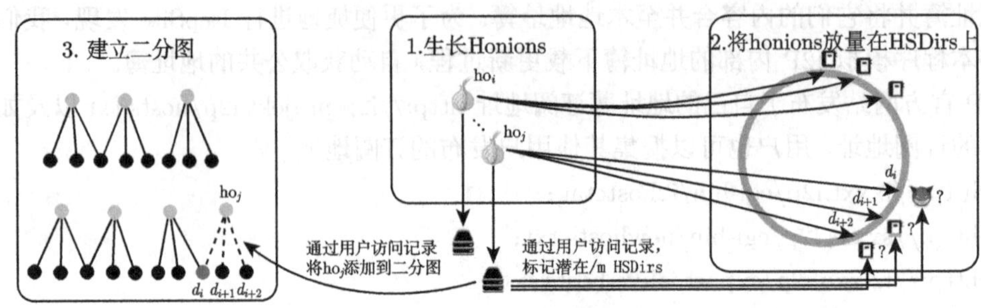

图 4.26 恶意 HSDir 监测架构图

1) 自动生成 Honion

通过使用程序自动生成 torrc 文件，对隐藏服务的各项配置信息进行自动生成。每个隐藏服务实例与一个本地运行的服务端进程对应，并且该服务端返回空页面，防止泄露隐藏服务的配置信息。在 Honion 生成阶段最重要的是需要知道生成多少个 Honion？如果每一个 Honion 随机放置在一个 HSDir 中，则每一个 HSDir 存储一个 Honion 的概率为

$$p_0 = \frac{1}{N_{\text{HSDir}}}$$

一个描述符被存放在一个 HSDir 的概率为

$$p = 3p_0 = \frac{3}{N_{\text{HSDir}}}$$

那么，生成 m 个 Honion，一个 HSDir 没有被 $2m$ 个标识符覆盖的概率为 $(1-p)^{2m}$。

定义 f 为 HSDir 的覆盖率：

$$f = 1 - \left(1 - \frac{3}{N_{\text{HSDir}}}\right)^{2m}$$

给定 f，则可求解需要的 Honion 数量为

$$m = \frac{\log(1-f)}{\log(1-(1-\frac{3}{N_{\text{HSDir}}}))}$$

2)Honion 部署

将 Honion 的生命周期划分为每天、每星期以及每月，在降低检测所需 Honion 数量的同时，可以对具备高对抗意识的攻击者进行有效检测。

3) 在服务端记录访问信息

当某个 Honion 被访问时，记录访问的时间、访问时请求携带的头部信息以及载荷，这些信息用于 HSDir 的检测以及访问意图的识别。

4) 建立二分图，识别恶意 HSDir 节点

Honion 的访问问题可以建模为一个二分图的顶点覆盖问题，其中图的顶点为 HO 和 HSD 的并集，边为 ho_j 放置到 d_j，且 ho_j 被访问过。

$$\text{HSD} = \{d_j:\ \text{Tor 的中继节点中拥有 HSDir 标签的节点}\}$$

$$\text{HO} = \{\text{ho}_j : \text{被访问过的 Honion}\}$$

$$V = \text{HSD} \cup \text{HO}$$

$$E = \{(\text{ho}_j, d_i) \in \text{HO} \times \text{HSD} | \text{ho}_j \text{为放置在} d_j, \text{且被 Tor 客户端访问过}\}$$

因此恶意 HSDir 的识别问题转化为在 HSD 中寻找最小的子集 S 的问题:

$$\underset{S \subseteq \text{HSD}}{\arg\min} \quad |S : \forall (\text{ho}_j, d_i) \in E \exists d_i' \in S \wedge (\text{ho}_j, d_i') \in E| \tag{4.1}$$

对于每一个 HSDir，定义 Honion 集合为 $O_j = \{(\text{ho}_i | \text{ho}_i, d_j) \in E\}$。求解式 (4.1) 的等价于寻找最小的集合 O_i，并覆盖了所有被访问的 Honion。然后通过线性规划求解集合的覆盖问题，识别恶意的 HSDir 节点。

4.4.3 暗网内容层测绘

暗网网络结构测绘主要是从暗网网络的拓扑结构出发，研究暗网网络的平均路径长度、聚集系数、节点度分布、出入度相关性、网络混合模式等物理性质，从而得到暗网网络的基本属性，为暗网网络的拓扑生成与相关应用研究奠定基础。由于暗网的连接关系在一定程度上代表了暗网网站之间的关联关系，因此基于暗网的链接关系、信息内容等测量可以研究暗网的隐私泄露和用户行为问题。

暗网空间的内容无法通过已知的搜索引擎来搜索获得，暗网网站的域名 (如.onion、.i2p) 不受 ICANN 管理，也无法在公开网络中解析成功。因此，暗网空间接入和内容采集成为内容层面测绘的首要问题，暗网空间的数据来源主要包括 Tor、I2P 等暗网网络中的隐藏服务，如.onion、.i2p 域名，以及其他非标准的顶级域名。

1. 暗网接入和爬虫技术

网络接入技术是内容层测绘的前提，为了能够高效、稳定地对暗网空间内容进行测绘，需要对暗网的接入技术进行深入研究，以解决公开网络和暗网之间的接入转换问题，实现从公开的互联网向暗网空间发起请求和访问，支持暗网自定义域名的解析，并提供连接到 Tor、I2P、FreeNet 等节点的支持。然而，网络接入仍面临着很多问题。首先，由于暗网基于分布式网络架构，暗网信息通过多跳路由转发实现消息传递，导致暗网通信延迟现象严重，通信效率低下；其次，由于暗网节点是由志愿者运行的节点组成的，暗网节点的稳定性以及可用性差异较大；最后，由于目前暗网对通信流量的控制是基于 TCP 的拥塞控制，对所有应用类型的流量控制都无差别对待，影响交互式应用体验，而目前内容层的测绘对象主要为交互式 Web 应用数据，因此，解决网络接入的问题很有挑战性。

暗网空间接入技术主要研究以下三个层次的内容。

(1) 在应用层：通过构建分布式暗网服务接入节点，采用基于 RESTFul(representational state transfer full) 架构的分布式体系，实现一个可扩展、安全可靠的暗网代理基础设施，为整个平台提供趋于稳定的暗网接入能力和规模化的暗网服务接入资源。然后，通过构建多维度的资源评级体系，实现接入资源的整体调度，并在应用层面达到负载均衡的目的，提升暗网服务接入环境的可用性。

在节点层：通过对暗网节点服务质量进行评价，选择性能高、稳定性好的优质暗网节点，作为暗网服务接入链路的候选路由节点。

在链路层：一方面，通过减少暗网通信链路中路由节点的个数，从宏观角度降低通信链路的整体时间延迟；另一方面，提高交互式应用链路调度优先级，提升交互式应用的使用体验。

暗网空间内容采集跟普通的爬虫基本类似，可采用无界面浏览器 (如 Selenium、PhantomJS) 爬取收集到的暗网页面地址列表，并从页面中提取各类数据信息。具体过程包括：记录所有 HTTP 头部字段，提取页面的各类元数据，包括标题、meta 标签、资源、关键字；执行完整的 DOM 渲染，获取动态的 JavaScript 页面，提取页面链接并追踪所有重定向链接，以及页面的文本内容和关键词 (如 E-mail 地址、IP 地址、PGP、bitcoin 地址等)、图片、音视频等；然后访问新的页面地址并进行递归采集。

在对暗网网站的内容进行分布式采集时，可能某个页面在短时间内重复采集多次，从而严重影响整个系统的性能，因此需要研究利用局部敏感哈希算法对网页进行去重。也可能某个页面在较长的一段时间内未重新采集，从而影响数据的时效性。在数据爬取解析时，还需要预先判断目标资源文件的元数据信息，避免过度爬取无意义的数据信息，浪费系统的带宽资源。因此，暗网分布式采集框架需要充分考虑容错性和可扩展性等问题，支持暗网空间资源的大规模内容高效采集。

2. 复杂网络理论

网络科学的数学起源可追溯至 18 世纪莱昂哈德 · 欧拉 (Leonhard Euler) 关于图论的开创性研究工作，网络科学的目标是理解网络发展的过程，无论该网络源自何处，如互联网、神经网络、社会关系网络等。在网络理论的研究中，复杂网络是由数量巨大的节点和节点之间错综复杂的关系共同构成的网络结构。用数学的语言来说，就是一个有着足够复杂的拓扑结构特征的图。

定义 4.1 复杂网络

具有自组织、自相似、吸引子、小世界、无标度中部分或全部性质的网络称为复杂网络。

网络是描述系统的通用语言，研究方法涉及针对网络进行的网络建模和分析，其中在互联网中最为主要的研究方法包括网络测量。只有理解复杂系统背后的网络才能够真正理解这些复杂系统。近年来，人们在刻画复杂网络结构的统计度量上提出了许多概念和方法，除了一些基本的属性——边、节点度等，还会关注一些统计特性——平均路径长度 (average path length)、聚集系数 (clustering coefficient) 和度分布 (degree distribution) 等。

1) 网络的图表示

一个具体网络可抽象为一个由点集 V 和边集 E 组成的图 $G=(V,E)$。节点数记为 $n=|V|$，边数 $m=|E|$。E 为 $V\times V$ 的多重子集，也就是说 E 中每条边都有 V 中一对节点与之相对应。如果任意点对 (i,j) 和 (j,i) 对应同一条边，则该图称为无向图 (undirected graph)，否则称为有向图 (directed graph)，通俗来讲，边没有方向的图为无向图，如朋友关系网络；边有方向的图为有向图，如电话网络、Twitter 关注关系网等。

如果给每一条边都赋予相应的权值，那么该图就称为加权图 (weighted graph)；否则称为无权图 (unweighted graph)。当然，无权图也可看作每条边的权值都为 1 的等权图。此外，一个网络中还可能包含多种不同类型的节点。例如，在社会关系网络中可以用权表示两个人的熟悉程度，而不同类型的节点可以代表不同国籍、地区、年龄、性别和收入的人。在图论中，没有多重边和自环的图称为简单图 (simple graph)。

(1) 连通图。连通图指的是图中任意两点都是连通的，即在一个无向图 G 中，若从顶点 V_i 到顶点 V_j 有路径相连，则称 V_i 和 V_j 是连通的。如果 G 是有向图，那么连接 V_i 和 V_j 的路径中所有的边都必须是同向的。

连通分量：无向图 G 的一个极大连通子图称为 G 的一个连通分量 (或连通分支)。连通图只有一个连通分量，即其自身；非连通的无向图有多个连通分量。

强连通图：有向图 $G=(V,E)$ 中，若对于 V 中任意两个不同的顶点 V_i 和 V_j，都存在从 V_i 到 V_j 以及从 V_j 到 V_i 的路径，则称 G 是强连通图 (strongly connected graph)。强连通图只有一个强连通分量，即其自身；非强连通的有向图有多个强连通分量。

弱连通图：将有向图的所有有向边替换为无向边，所得到的图称为原图的基图，如果一个有向图的基图是连通图，则有向图是弱连通图 (weakly connected graph)。

(2) 完全图。在图论的数学领域，完全图是每对顶点之间都恰好连有一条边的简单图。所有完全图都是它本身的团 (clique)。n 个顶点的完全图有 n 个顶点及 $n(n-1)/2$ 条边，以 K_n 表示。图 4.27 表示的是含有 7 个顶点的完全图 K_7。

(3) 二分图。二分图又称为二部图，是图论中的一种特殊模型，见图 4.28。设 $G=(V,E)$ 是一个无向图，如果顶点 V 可分割为两个互不相交的子集 (U,V)，并且图中的每条边 (i,j) 所关联的两个顶点 i 和 j 分别属于这两个不同的顶点集 $i\in U$，$j\in V$，则称图 G 为一个二分图。二分图最大的边数为

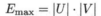

$$E_{\max}=|U|\cdot|V|$$

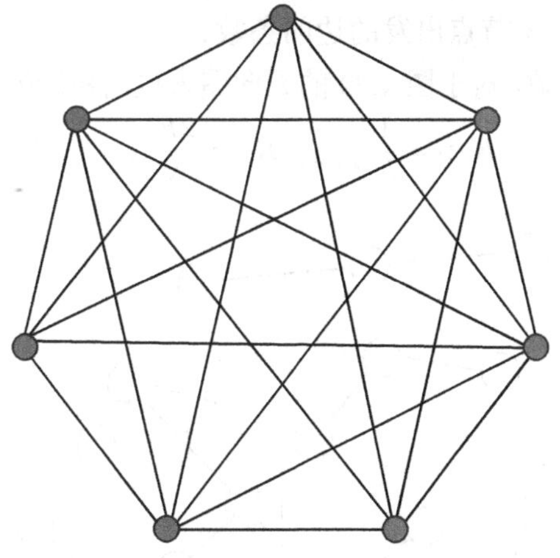

图 4.27 含有 7 个顶点的完全图

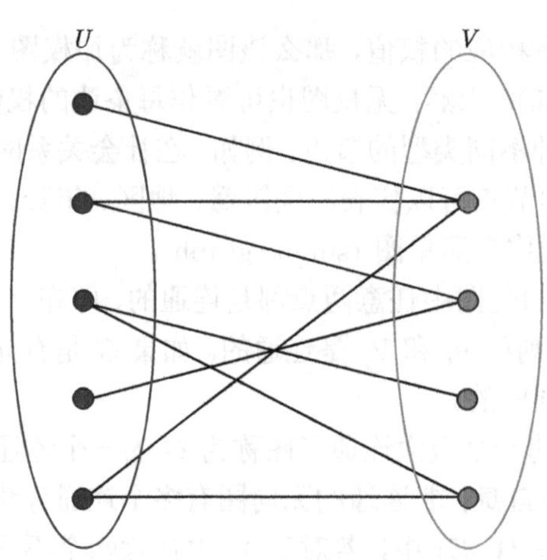

图 4.28　二分图

简而言之，就是顶点集 V 可分割为两个互不相交的子集，并且图中每条边依附的两个顶点分别属于这两个互不相交的子集，两个子集内的顶点不相邻。典型的二分图网络有：演员–电影网络 (演员是否出现在电影里)、用户–电影网络 (用户是否对电影进行评分) 以及作者–论文网络 (作者是否写了当前论文)。

无向图 G 为二分图的充分必要条件是：G 至少有两个顶点，且其所有回路的长度均为偶数。对于二分图，其中最常见的问题是二分图最大匹配问题，给定一个二分图 G，在 G 的一个子图 M 中，M 的边集中的任意两条边都不依附于同一个顶点，则称 M 是一个匹配。选择这样的边数最大的子集称为图的最大匹配问题 (maximal matching problem)。如果一个匹配中，图中的每个顶点都和图中某条边相关联，则称此匹配为完全匹配，也称为完备匹配。

2) 网络拓扑结构与静态特征

(1) 节点度。节点度是指和该节点相关联的边的条数，又称关联度。特别地，有向图定义了入度和出度，一个节点的度为该节点的入度和出度的和。节点的入度是指进入该节点的边的条数；节点的出度是指从该节点出发的边的条数。

令 K_i 表示节点 i 的边数，对于图 4.29 的无向图来说，图中节点 A 的度为 4，即 $K_A=4$，对于无向图的平均度为 $\bar{K}=<K>=\frac{1}{N}\sum_{i=1}^{N}K_i=\frac{2E}{N}$ 。

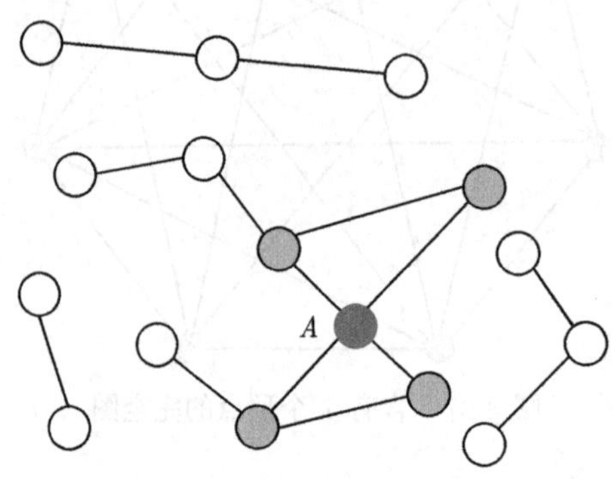

图 4.29　无向图

对于图 4.30 中的有向图，节点 C 的入度为 $K_C^{\text{in}} = 2$，出度为 $K_C^{\text{out}} = 1$，其度数为 $K_C = 3$。对于有向图来说，其节点的平均度为 $\bar{K} = \dfrac{E}{N}$，平均入度等于平均出度 $\bar{K}^{\text{in}} = \bar{K}^{\text{out}}$。

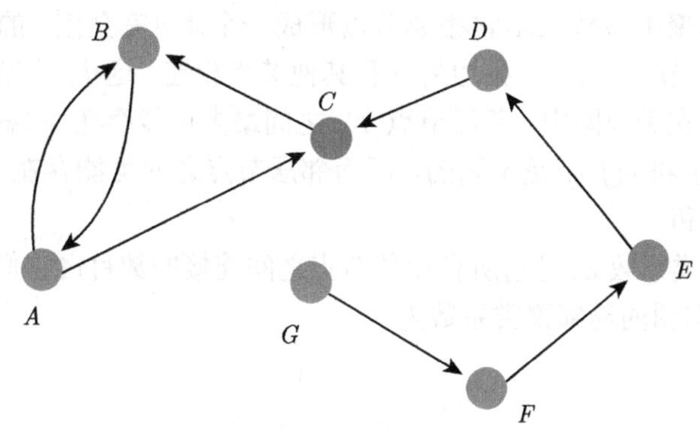

图 4.30　有向图

(2) 度分布。度分布 (degree distribution) 指的是图中各个节点度的散布情况。度分布是对一个图中顶点度数的总体描述。对于随机图，度分布指的是图中顶点度数的概率分布。随机图是指由随机过程产生的图，即将给定的顶点之间随机地连上边。一个随机图中，每两个顶点之间的边的数量是随机变量。因此任意顶点的度也是随机变量。这个变量的概率分布也称为随机图中的顶点的度分布 $P(k)$。

(3) 平均路径长度。网络中两个节点 i 和 j 之间的距离 d_{ij} 定义为连接这两个节点的最短路径上的边数。网络中任意两个节点之间的距离的最大值称为网络的直径 (diameter)，记为

$$D = \max\{d_{ij}\}$$

平均路径长度 (average path length)：对于连通图来说，$<d>$ 定义为任意两个节点之间的距离的平均值为

$$<d>= \frac{1}{2E_{\max}} \sum_{i,j \neq i} d_{ij}$$

其中，$E_{\max} = \dfrac{n(n-1)}{2}$，$n$ 为图中节点个数。在无向图中，由于 $d_{ij} = d_{ji}$，因而只需要计算一次即可：

$$<d>= \frac{1}{2E_{\max}} \sum_{i,j > i} d_{ij}$$

(4) 聚类系数。聚类系数 (clustering coefficient) 描述图中的点倾向于集聚在一起的程度。在多数实际网络中，节点有聚集成团的强烈倾向，从而形成一个相对紧密的连接，即两个节点之间存在相互关系的概率比随机生成的均匀网络中两个节点间存在连接的概率大。例如，在好友关系网络中，一个人的两个好友很可能彼此也是好友，这种属性称为网络的聚类特性。

聚类系数分为两种：局部聚类系数 (local clustering coefficient) 和全局聚类系数 (global clustering coefficient)。前者是从单个节点的角度考虑其嵌入指标，而后者则是从整个网络总体考虑其聚类指标。

一个节点的局部聚类系数表示它相邻节点形成一个团 (完全图) 的紧密程度。给定图 $G=(V,E)$，其中一个节点 i 有 k_i 条边将它和其他节点相连，这 k_i 个节点就成为节点 i 的邻居节点 N_i。显然，在无向图中，邻居节点 N_i 之间最多可能存在 $k_i(k_i-1)/2$ 条边；而对于一个有向图，$e(i,j)$ 和 $e(j,i)$ 是不同的，因而邻居节点之间可能存在 $k_i(k_i-1)$ 条边 (k_i 表示节点的出入度之和)。

节点 i 的局部聚类系数 c_i 是它所有相邻节点之间连接的数目占它们所有可能的连边数目的比例。因此，有向图的局部聚类系数为

$$c_i=\frac{|\{e_{jk}\}|}{k_i(k_i-1)}$$

而无向图的局部聚类系数为

$$c_i=\frac{2|\{e_{jk}\}|}{k_i(k_i-1)}$$

其中，$j,k\in N_i$，$e_{jk}\in E$。

此外，Watts 和 Strogatz 还定义整个网络的聚类系数 (平均聚类系数)，即整个网络中所有节点的局部聚类系数的均值为

$$\hat{c}=\frac{1}{n}\sum_{i\in V}c_i$$

3) 复杂网络模型

(1) 随机图模型。与完全规则图相反的是完全随机图，主要是指由随机过程产生的图，其中一种典型的模型是 Erdos-Rényi 模型 (简称 ER 随机图模型)。

(2) 小世界网络。小世界网络是一类特殊的复杂网络结构，在这种网络中大部分的节点彼此并不相连，但绝大部分节点之间经过少数几步就可到达。若将一个小世界网络中的点代表一个人，而连接线代表人与人认识，则这个小世界网络可以反映陌生人由彼此共同认识的人而连接的小世界现象。小世界性是指实际网络具有比规则网络小得多的平均节点间距离和比随机网络大得多的平均集群系数 (即邻点之间也相邻，形成紧密集团的比例)。产生小世界性的机制就是一部分基本单元之间相互作用的远程性、跳跃性和随机性。Watts 等定义了小世界网络应同时具有以下两类属性：①网络中的大多数节点以较短的路径相连；②网络具有较高的聚集度。

大量的测量实验研究表明，真实网络几乎都具有小世界效应，尤其在社交网络中更普遍存在。小世界理论表明，无论网络规模有多大，只要经过有限的几条边，就可以从网络的一个节点到达其他任意节点，该理论也被称为“六度分离”理论。本书主要采用网络平均路径长度 (average path length) 和聚类系数作为小世界网络的测量指标。

(3) 无标度网络。无标度性指实际网络中节点邻边数取一个定值的概率分布函数是幂函数，产生无标度性的机制就是基本单元建立相互作用的“优选” (或者称为“富者更富”) 法则，典型的无标度网络如表 4.1 所示。

表 4.1 典型的无标度网络

网络	节点	连接
电影演员网络	演员	出演同一部电影
万维网	网页	超链接
Internet	路由器	物理链接
金融网络	金融机构	借贷关系
美国飞机航班网络	机场	飞机航线

3. 暗网网络结构分析

暗网指的是只能用特殊软件、特殊授权或对计算机做特殊设置才能连接上的网络的统称，无法使用一般的浏览器和搜索引擎获取其发布的内容。简单来说，Tor 暗网指的是.onion 伪顶级域名下的所有域名，与万维网十分相似，两者都是通过标准的 Web 浏览器浏览。洋葱网站域名不是通过人类可读的主机名 (如 yahoo.com) 或 IP 地址 (如 206.190.36.45) 来标识，而是通过随机生成的 16 个字符来标识。每个网站都可以通过它的哈希值来访问，但是从哈希值映射回网站的 IP 是比较困难的。

近年来，研究者不仅对暗网网络的规模、大小以及连通性等特征进行了深入分析，还对暗网的内容、隐匿性等进行了一定的研究探讨，帮助大家更好地了解暗网。图论是分析社会关系以及量化工程特性的有利工具，目前对万维网的规模、结构、特性等进行了深入分析，我们采用图论的方法对暗网进行细致的分析。

暗网网络所构成的图中仅包含 onion 的链接，不考虑表层网中的网站或者指向表层网的链接。暗网网络主要分为 3 个层面: 页面级图 (page graph, PG)、主机级图 (host graph，HG) 和服务级图 (service graph，SG)。页面级图结构中，每个节点表示的是一个页面，而边表示的是页面之间存在一个或多个超链接；在主机级图结构中，节点表示的是属于同一个主机的所有页面的集合，例如，任何暗网的域名或者子域名，每一条边表示的是两个主机之间存在一个或多个超链接，即不同主机下的页面存在跳转到其他主机下页面的超链接；在服务级图结构中，每个节点表示的是属于同一个隐藏服务 (hidden service) 的所有页面的集合，通俗来讲，一个隐藏服务表示的是用 16 个字符 (Base32 编码) 来标识的 Tor 域名，边表示的是不同隐藏服务间页面存在一个或者多个超链接。

为了更明确地阐述这 3 种级别的图结构，下面将以图 4.31 为例阐述暗网隐藏服务层级关系图。假设 Tor 隐藏服务 syndiccjacy*****.onion 所构成的图即服务级图结构 SG；而该隐藏服务包含 2 个主机 (子域名)。

mad-max.syndiccjacy*****.onion 和 blackmambamarket.syndiccjacy*****.onion

主机所构成的图即主机级图结构 HG，而主机 mad-max.syndiccjacy*****.onion 又包含 2 个页面：

mad-max.syndiccjacy*****.onion/sig_up

mad-max.syndiccjacy*****.onion/goods/i/59fa8ac2d11b35bf3ac05e775b1dcc5e

主机 blackmambamarket.syndiccjacy*****.onion 仅包含一个页面：

blackmambamarket.syndiccjacy*****.onion/login

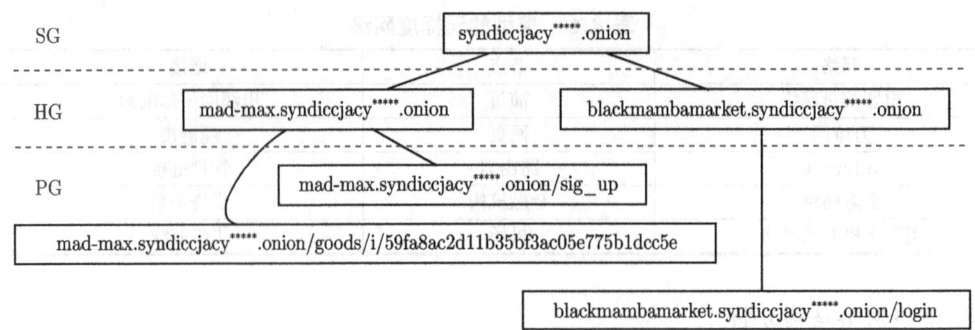

图 4.31　Tor 暗网隐藏服务层级关系图

根据页面之间的超链接所抽象出来的网络图即页面级图结构 PG。2017 年，Bernaschi Massimo 对暗网中的站点进行了深入分析，将拓扑网络主要分为 3 层：页面级、主机级和服务级，分别分析它们的度分布、中心线以及连通分量等。研究结果表明，暗网中的服务大多具有超少超链接，是弱连通的。

Iskander Sanchez-Rola 等对 Tor 网络中隐藏服务的结构进行了测量分析，结果显示，部分网站仅重定向至其他站点而不包含任何其他内容，接近 1/2 的网站仅包含一个页面，超过 80% 的网站包含的内链数少于 17。这意味着暗网中的绝大多数网站非常简单，仅有极少数网站包含成百上千内链、结构复杂。从链接、资源和重定向 3 个方面研究暗网网站之间的关系，表明有 41.5% 的网站包含指向其他暗网网站的 HTML 链接，且超过 10% 的网站没有被任何其他网站链接；有 6.47% 的网站包含指向其他暗网网站的资源链接；有 3.9% 的网站重定向至其他暗网网站。借助复杂网络理论分析技术，研究者还分析了链接图、资源图和重定向图的度分布、聚簇系数、连通分量等属性。结果显示，链接图高度连通但稀疏，与互联网相比，没有呈现明显的幂律分布和蝴蝶结结构。资源图和重定向图结构类似，高度连通性导致一定的隐私泄露问题。

4. **暗网内容分析**

暗网网站页面同万维网一样，充斥着大量的内容信息，对这些信息进行合理的分类识别等有助于刻画暗网中用户的行为，同时加深对暗网的理解认知。对暗网的内容分析主要分为两个方面：一方面是对所有爬取到的页面进行语义分析；另一方面是针对特定主题的网站 (如情报等) 进行分类和聚类。下面重点阐述暗网特定主体关键词发现和暗网网站分类方法。

1) 关键词发现

暗网中特定关键词发现是暗网网站内容深度分析的前提，对于每个暗网的类别或主题，需要领域专家提供一组手动标注好的关键字，例如，"武器"类别具有"枪"、"格洛克"、"消音器"、"口径"等关键字。在这种情况下，关键词发现的目标是使用来自多个源的数据自动发现相关关键字，例如，关键词发现的目标是从多源数据中自动提取相关关键词，数据包包括以暗网网页内容中提取的标题关键词，内容关键词以及现有人工标注的关键词。实际上，关键字列表也可以通过自然语言处理 (NLP) 从已知内容和类别标签的暗网中自动提取。首先从每个类别的关键字种子列表开始，并使用引导机制来增加种子列表以及这些类别的其他相关关键字。算法 4.1 是一个基于 TF-ICF 的关键字发现算法。该算法查证给定类别中具有最高 TF-ICF 权重的关键字，其中 TF-ICF 被定义为 TF(词频率) 和 ICF(反向类频率) 分数的乘积，即

$$\text{tficf}(w,c,C)=\text{tf}(w,c)\times\text{icf}(w,C)$$

式中，

$$\text{tf}(w,c)=\text{freq}(w,c)$$

$$\text{icf}(w,C)=\log\left(\frac{|C|}{|c\in C:w\in c|}\right)$$

其中，w 是关键字；c 是类别；C 是所有类别的集合；$\text{freq}(w,c)$ 计算在分配给类别 c 的所有暗网内容中出现 w 的次数。直观地，对于给定的关键字和类别，TF 测量该关键字在该类别中的受欢迎程度，而 ICF 估计所有类别中关键字的稀有度，因此，乘积 TF-ICF 对一个类别中常见但在其他类别中不常见的关键字给予高权重。这样有助于识别某一类别中更独特的关键字，从而更好地代表该类别。TF-ICF 分数是 TF-IDF 分数的变体，这里使用 ICF 分数来计算跨类别的单词受欢迎程度，而不是使用 IDF 分数，它在 TF-IDF 中用于计算跨文档的单词的流行度。TF-ICF 得分的一个关键是如何使用来自多个来源的数据计算 TF 得分。算法 4.1 概述了用于计算最终 TF-ICF 得分的矩阵 M 中填充统计数据的步骤。M 的每一行都提供了特定类别的高分关键字，可以用它来发现该类别的新关键字。

算法 4.1 的 7~21 行对初始化矩阵 M(类别 $\times$ 关键词) 进行填充。对于种子列表中的每个 k，如果 k 在类别 c 中，则 $M[c,k]$ 在原有权重上加上类别 c 中 k 出现的次数。如果训练数据中的暗网网页内容 d 拥有标签 $c_1,c_2,\cdots,c_m$，那么对于每个 $c\in\{c_1,c_2,\cdots,c_m\}$：对每个在 d 中的单词 w，令 $M[c,w]$ 在原有的权重上加上 w 在 d 中出现的次数除以 m，m 是 d 拥有的标签总数；对每个 d 的标题中的单词 t，令 $M[c,t]$ 在原有的权重基础上加上 λ 和 t 在 d 标题中出现的次数除以 m 的乘积。

使用 M 计算每一个类别的 TF-ICF 值，对于 M 的每一列代表的词 w，令 ICF_w 为 0；对于 M 每一行代表的类别 c，如果 $M[c,w]>0$，则 ICF_w+1。如果 $\text{ICF}_w>0$，则 $\text{ICF}_w=\log\left(\dfrac{|C|}{\text{ICF}_w}\right)$，其中 $|C|$ 为所有类别的总数。对于 M 每一行代表的类别 c，令 $M[w,c]=M[w,c]*\text{ICF}_w$，即 TF-ICF 值，最后返回矩阵 M。

2) 暗网网站分类

本节将讨论如何通过特征加权、样例重要性标注进行暗网网站类别识别的方法。首先，介绍如何使用 TF-ICF 算法计算类别关键词的权重；然后，阐述通过加权处理对样例重要性进行标注；最后，通过训练分类器来预测暗网网站类别识别的方法，如支持向量机 (SVM)、朴素贝叶斯、Logistic 回归等方法。使用不同类型的特征加权方案 (如 BOW、TF-IDF、TF-ICF) 来表示训练/测试数据点。算法 4.2 给出了暗网网站分类算法。

算法 4.1　基于 TF-ICF 权重的关键词发现算法

输入：

```
K_expert：来自领域专家的关键字向量的种子列表 (每个类别一个向量)
C_train：暗网网站内容，其中每个暗网页面 d 被表示为 n 维词袋向量 X ∈ℝ^n，n 是词汇大小
L_train：基于标签数据分配给语料库的类别标签集
λ：标题词的权重乘数
```

输出：

```
M：矩阵，每一行是每个类别的关键字加权向量，权重等于类别中关键字的 TF-ICF 得分
function ATOLKEYWORDS(K_expert, C_train, L_train, λ)
    M ← []
    while k ∈ K_expert do
      if 在类别 c 中存在关键词 k  then
        M[c, k]+ = categoryCount(k, c)
      end if
        if训练数据中暗网网页中有标签 c_1,···, c_m then
          while 类别 c ∈ {c_1, ···, c_m } do
            while 单词 w ∈ d do
              M[c, w]+ = onionCount(w, d)/m
            end while
            while单词 t ∈ d 的标题do
              M[c, t] += λ × titleCount(w, d)/m
            end while
          end while
        end if
    end while
      // 对于每一个类别，使用矩阵 M 计算 TF-ICF 分数
    while 对于 col(M) 中每一个单词 w do
      ICF_w ← 0
      while对于 row(M) 中每一个类别 c do
      if M[c, w] > 0 then
        ICF_w+ = 1
      end if
      end while
      if ICF_w > 0 then
        ICF_w = log(|C| / ICF_w)    // |C| = 类别数量
      end if
      while 对于 row(M) 中每一个类别 c do
        M[w, c] = M[w, c] × ICF_w    //计算 TF × ICF
      end while
    end while
      return M
end function
```

算法 4.2 暗网主题标签分类算法

输入:

M: 矩阵，其中每一行是由 tficfKeywords 函数生成暗网类别中关键字的加权向量

C_{train}，C_{test}: 训练和测试文档语料库，其中每个文档 d 由 n 维词袋向量$X \in \mathbb{R}^n$表示，n 是词汇量大小，l 是分配给 d 的类别标签

$C_{\text{unlabeled}}$: 未打标的文档语料库

T: 类别阈值

输出:

ML: 使用 C_{train} 训练的 ML 分类器

L_{test}: ML 给 C_{test} 中每个暗网页面 d 分配的标签

accuracy: 在 C_{test} 中分类的准确率

function ATOLCLASSIFY(M, C_{train}, C_{test}, $C_{\text{unlabeled}}$, T)

  训练阶段:

  $D_{\text{train}} \leftarrow \emptyset$

  while $d \in C_{\text{train}}$ do

    $X :=$ 每个文档 d 中词袋向量 $\mathbb{R}^n$ //获得文档 d 的 BOW 特征向量

    $l :=$ d 的类别标签

    $D_{\text{train}} \leftarrow D_{\text{train}} \cup \text{tficfFeature}(X, M, l)$ //获得文档 d 的 TF-ICF 带权特征向量

  end while

  tficfFeature: //在 D_{train} 上训练分类器 ML

  tficf_features $\leftarrow \emptyset$

  while $(k, w) \in M[l, :]$ do

    if $k \in X$ then

      tficf_features$[k] = w \times X[k]$ //对于 M 中 l 类别的每个元素 (关键词 k，权重 w)，如果 $k \in X$，则令 tficf_features$[k] = w \times X[k]$

    end if

  end while

  评估阶段:

  $L_{\text{test}} \leftarrow \emptyset$

  correct := 0

  while $d \in C_{\text{test}}$ do

    $X :=$ 文档 d 中词袋向量 $\mathbb{R}^n$

    $l :=$ 文档 d 的类别标签

    $l' :=$ predict(ML, X)   //预测暗网网页的标签

    $L_{\text{test}} \leftarrow L_{\text{test}} \cup l'$

    if l 匹配 l' then

      correct := correct + 1   //正确分类

    end if

  end while

  accuracy $\leftarrow \dfrac{\text{correct}}{|C_{\text{test}}|}$ //计算准确率

return ML, L_{test}, accuracy

end function

在训练阶段，对于每个在训练集中的 d，令 X 为 d 的 n 维词袋向量，l 为 d 的类别标签。在 M 中获得 d 的 TF-ICF 特征向量 tficfFeature(X, M, l)，令 $D_{\text{train}} \leftarrow D_{\text{train}} \cup$ tficfFeature(X, M, l) 然后在 D_{train} 上训练分类器 ML。

在评估阶段，首先，对于测试集中的每个 d，令 X 表示 d 的 n 维词袋向量，l 是 d 的标签，l' 是使用分类器 ML 预测的 d 的标签，令 $L_{\text{test}} \leftarrow L_{\text{test}} \cup l'$，如果 l' 和 l 匹配，则 correct+1，然后，计算准确率 $\text{accuracy} = \dfrac{\text{correct}}{|C_{\text{test}}|}$，最后返回 (ML，$L_{\text{test}}$，accuracy)。

参 考 文 献

Bernaschi M, Celestini A, Guarino S, et al, 2017. Exploring and analyzing the tor hidden services graph. ACM Transactions on The Web, 11(4): 24.

Christin N, 2013. Traveling the silk road: a measurement analysis of a large anonymous online marketplace. Proceedings of the 22nd international conference on World Wide Web: 213-224.

Gao Y, Tan Q, Shi J, et al, 2017. Large-scale discovery and empirical analysis for I2P eepsites. 2017 IEEE Symposium on Computers and Communications (ISCC): 444-449.

Ghosh S, Porras A, Yegneswaran V, et al, 2017. Atol: a framework for automated analysis and categorization of the darkweb ecosystem. AAAI Workshops.

Ghosh S, Das A, Porras P A, 2017. Automated categorization of onion sites for analyzing the darkweb ecosystem. Proceedings of the 23rd ACM SIGKDD International Conference on Knowledge Discovery and Data Mining: 1793-1802.

Hoang N P, Kintis P, Antonakakis M, et al, 2018. An empirical study of the I2P anonymity network and its censorship resistance. Internet Measurement Conference: 379-392.

Ling Z, Luo J, Yu W, et al, 2015. Tor bridge discovery: Extensive analysis and large-scale empirical evaluation. IEEE Transactions on Parallel and Distributed Systems, 26(7): 1887-1899.

Pescape A, Montieri A, Aceto G, et al, 2018. Anonymity services tor, I2P, jondonym: Classifying in the dark (web). IEEE Transactions on Dependable and Secure Computing: 1.

Sanatinia A, Noubir G, 2016. Honey onions: a framework for characterizing and identifying misbehaving tor hsdirs. 2016 IEEE Conference on Communications and Network Security (CNS): 127-135.

Sanchez-Rola I, Balzarotti D, Santos I, 2017. The onions have eyes: a comprehensive structure and privacy analysis of tor hidden services. WWW '17 Proceedings of the 26th International Conference on World Wide Web:1251-1260.

Soska K, Christin N, 2015. Measuring the longitudinal evolution of the online anonymous marketplace ecosystem. SEC'15 Proceedings of the 24th USENIX Conference on Security Symposium: 33-48.

Spitters M, Klaver F, Koot G, et al, 2015. Authorship analysis on dark marketplace forums.2015 European Intelligence and Security Informatics Conference: 1-8.

Wang X, Shi J, Fang B, et al, 2013. An empirical analysis of family in the tor network. 2013 IEEE International Conference on Communications (ICC): 1995-2000.

Winer P, Ensafl R, Loesing K, et al, 2016. Identifying and characterizing sybils in the tor network. Uenix Security Symposium: 1169-1185.

第5章 匿名网络服务可访问性技术

5.1 问题背景

随着互联网的发展，人们在互联网上的隐私保护和自由表达意识逐步提高，网络监视和流分析问题也就越来越受到人们的关注，在这种背景下，以保护用户通信隐私为目的的匿名通信技术得到了越来越多的关注。

在互联网发展初期，人们通过网络代理，或者匿名代理绕过互联网监视和流分析，如 Anonymizer.com 和 Zero Knowledge 等提供匿名的 Web 浏览，通过加密 HTTP 请求来保护用户的隐私，然而这种匿名代理的方式存在单点失效问题，基于加密的通信，内容虽不可见，但是不能够保证用户的匿名性，此外其加密连接的通信行为会引起攻击者怀疑，甚至有些组织会对所有的加密连接进行直接过滤。为了保护互联网用户的通信内容及其隐私，Chaum 于 1981 年首次提出了 MIX (消息混合) 技术和匿名通信的概念。并根据此思想设计了许多匿名通信工具，如 Tor、JAP、I2P 等，它们被广泛应用于互联网。

然而，现有的匿名通信系统并不能隐藏通信主体正在使用匿名通信工具这一事实。因此，随着网络流量分析技术的发展，攻击者不仅可以检测到匿名通信系统的流量指纹特征，阻断互联网用户与匿名网络的连接，还能够进一步监视匿名网络，以破解其匿名性。当前的匿名通信技术主要是从通信协议、流量特征、通信行为特征三个层面研究匿名通信系统的不可观测属性，即通过协议伪装、流量模糊化、接入点隐藏和区分发布等消除匿名通信过程、通信行为和流量特征, 以抵御深度流分析、扫描攻击、女巫攻击等主动攻击和被动攻击方法，从而增强系统的匿名性和不可检测性。本章深入分析国内外针对匿名通信系统服务可访问性技术及其系统，从而阐述当前匿名通信系统在抵御流分析方面的关键技术、研究现状和发展脉络。

5.2 设计原则

5.2.1 安全属性

匿名通信系统的重要目标是防止攻击者从正常的通信流量中区分出匿名通信系统的流量特征，即便在匿名通信系统的流量被识别出以后，攻击者也很难处置，或者是攻击者因需要花费足够的代价而不愿意处置，从而保障匿名通信系统的可用性。定义抵御流分析的匿名通信系统的安全属性主要包括以下三方面。

(1) 不可观测性 (unobservability)：攻击者不能够根据内容、流指纹、接入点等信息检测到互联网用户正在使用匿名通信系统或者通信。不可观测性主要包括以下三方面。

① 内容混淆：匿名通信系统的客户端和其他组件通信时，不包含任何唯一的静态字符串或者字符串模式。

② 流量混淆：匿名通信系统的客户端和其他组件通信时，不包含任何唯一的随机字符串模式 (如包的大小和时间特性)。

③ 目的地混淆：匿名通信系统的代理资源发布服务器的身份或者网络位置 (如 IP 地址、域名等)，匿名通信系统的中继服务器等信息应该是隐蔽的。

(2) 可用性 (availability)：匿名通信系统应当处在可工作状态，这是此类系统的基本要求和首要目标。

(3) 完整性 (integrity)：指在传输、存储信息或数据的过程中，确保信息或数据不会遭到未授权的篡改或在篡改后能够被迅速发现，即便在攻击者篡改通信信息、操纵信道属性 (如注入、修改或丢弃数据包) 或者改变路由的情况下，匿名通信系统仍然是鲁棒的。

5.2.2 隐私属性

(1) 用户匿名性：在资源获取阶段和通信阶段，匿名通信系统的用户在跟资源发布服务器和代理节点通信过程中自身身份信息不被泄露。

(2) 服务端匿名性：在资源发布阶段和通信阶段，资源发布服务器和代理节点跟用户的通信不会泄露自己的身份信息。

(3) 用户可抵赖性：攻击者不能有效地确认用户是否有意地访问被审查的内容信息，或者使用过匿名通信系统。即用户的通信行为对攻击者是一个计算上的谜题，攻击者既不能识别某个用户是否正在使用该系统，也不能确定某个用户正在使用该系统有意地请求某个特别的内容，也不能够确认或者区分该用户有意发布一些特别的信息。

(4) 服务端可抵赖性：攻击者不能合理地确认资源发布服务器或者信息发布者有意提供审查的内容，或直接参与匿名通信系统的通信。

5.3 威胁模型

本节从攻击者能力的角度定义匿名通信系统的威胁模型，攻击者可能是本地的 ISP，也可能是某一国家或组织。一般地，攻击者有自己的网络边界，只能够在自己控制的网络边界部署流分析和监视设备，并利用复杂的网络审查技术，如 IP 地址过滤、DNS 劫持、深度包监视等，识别用户的连接是否包含特定的内容和流模式。此威胁模型不考虑攻击者控制用户主机的情形，即攻击者不能够在用户的主机上安装监控软件。此外，假设攻击者由于经济或者其他原因，不会大面积地干扰互联网关键设施，阻断用户与重要的网络服务之间的通信。攻击者的目标是希望监视用户的行为，识别用户访问目标。因此常见的网络审查都是在网络边界通过监测、识别用户的匿名通信系统的流量，利用目的地址过滤、关键词过滤、统计特征过滤等方式完成，具体如下。

(1) 地址过滤：阻止客户端跟承载审查内容的服务器 IP 地址通信。

(2) 内容模式分析：在网络流中检测特定的字符串或计算特征。

(3) 统计行为模式监测：在网络流量中检测目标通信模式，识别可疑通信行为。

5.4 通信架构

5.4.1 端到端架构

端到端代理是目前最常用的一种匿名通信架构，它的主要思路是利用部署在端点 (服务器) 上的代理程序从被审查的服务器 (如 Web 服务器) 上获取资源，然后再将这些资源通过代理返回给客户端。其研究问题主要是如何让普通用户连接到接入点 (端点)，而防止敌手作为一个恶意的内部攻击者发现这些接入点。在实际应用中，端到端代理主要面临两方面的攻击：一方面，针对代理资源节点，攻击者可通过模拟客户端的用户行为，以伪造大量普通用户身份信息获取可用的代理资源节点，也可以通过主动探测等方法识别可疑的节点；另一方面，在匿名通信系统的数据通信阶段，攻击者也可以利用深度包检测识别用户的流量是否为可疑的匿名通信系统的流量，从而阻断用户跟该节点的连接。因此，当前端到端架构的匿名通信系统主要是从代理资源隐藏和协议混淆两个方面开展研究工作。

代理资源发布主要研究接入点分发策略，即研究如何在保障普通用户连接到接入点的同时，防止敌手作为一个恶意的内部攻击者检测、识别这些接入点，这包括两层含义。

(1) 尽可能让普通用户知道匿名通信系统的代理资源节点，从而轻松接入匿名通信系统。

(2) 抵御敌手的各种攻击方法，以防止敌手发现这些节点资源。

目前敌手对接入点的攻击方法主要包括对可疑的服务节点进行主动扫描的攻击方法；通过伪造大量的合法用户身份获取服务节点的女巫攻击方法；通过流分析以及深度包检测等方法识别用户与代理、代理与代理的连接，从而识别用户的接入节点。本节主要介绍匿名通信系统的接入点分发策略研究工作。在接入点分发策略方面，当前的匿名通信系统主要从以下几方面展开。

1. 限制资源获取速率

目前，端到端代理面临的难题是攻击者模仿真实用户无限制地获取资源。限制攻击者收割接入点资源的关键是设计良好的资源发布策略，实现用户便利和攻击限制的合理均衡。

为了防止攻击者冒充合法的用户收割代理资源，学者提出了区分资源发布和限制资源发布的不同资源发布策略，常见的方法包括工作量证明 (proof-of-work)，如 CAPTCHAs and puzzles；将资源按照时间分割 (time partitioning)，即攻击者通过构建一个足够大的不可预测的值空间，然后对每一个时间间隔，选择其中的子集映射到该时间段；将资源按照键空间分割 (keyspace partitioning)，即代理资源根据用户属性 (如客户端 IP 地址) 进行分割，每一个用户只能获得整个键空间的一个有限的子集。

如 Tor 匿名网络为了抵御攻击者的枚举攻击，Tor 官方通过 Web 站点 (http://bridges.torproject.org) 或者通过 Gmail 邮箱 (向 Tor 邮箱服务器 bridges@torproject.org 发送邮件) 发布 Bridge 节点、Obfs 系列节点等，并将每一个 Bridge 节点利用键空间分割算法映射到不同的发布信道 (E-mail 哈希环或 HTTP 哈希环)，如图 5.1 所示。用户通过邮箱、Web 等方式申请资源节点时，Tor 会将客户端的 IP 地址或者邮箱地址 (gmail.com 的邮箱) 标识唯一的用户，并对每一个用户的请求限定在一定的条件下只能得到相同数量的接入点资源节点 (如 3 个 Bridge 节点)。其资源发布策略如图 5.2 所示。

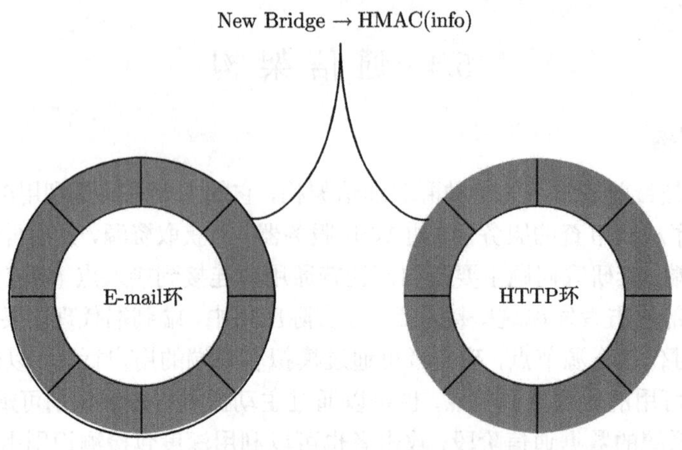

图 5.1　基于键空间分割的资源发布方法

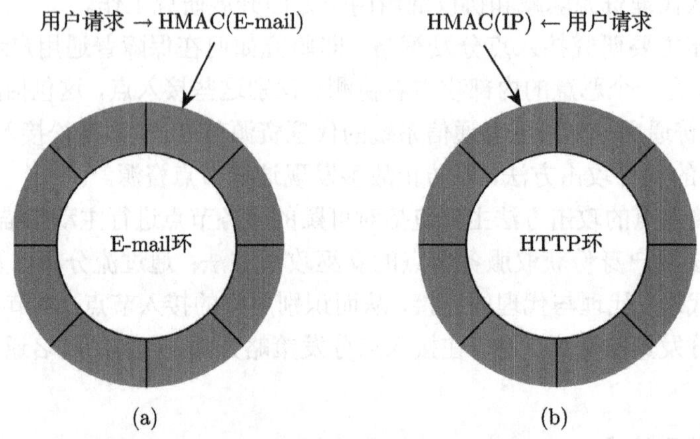

图 5.2　基于键空间分割的资源请求方法

限制资源获取速率是匿名通信系统实现服务可访问的主要方法。现有匿名通信系统大都采用该方法向用户发布接入点，用户通过特定的方式向资源分发系统申请这些代理资源后，才可以使用这些资源连接到匿名通信网络。

资源消耗是限制资源获取速率的另外一种方法，该方法在发布接入资源的同时给客户端用户增加一个机器人很难解的谜题，以识别人和机器，客户端谜题可能是验证码，也可能是其他形式。如果客户端是人则很容易解出谜题，而机器则很难解出。典型的应用有 JAP 的 Forwarder 节点分发方式，Tor 在网页发布 Bridge、Obfsproxy、FTE 等代理资源节点也是采用客户端谜题分发方式。

限制资源获取速率主要从资源节点总使用效率这一角度来度量区分发布，其目的是让合法的用户至少得到一个可用的资源节点，而恶意用户尽可能少获得资源节点，然而敌手可以使用大量的 IP(或者邮箱) 来变换身份，以枚举代理资源，因此，在实践上很难抵御拥有强大资源的敌手的女巫攻击 (图 5.3)。

尽管限制资源获取速率的方法能从一定程度上增加攻击者获取资源节点的代价，但是如何在拥有大量资源、可以进行大规模资源枚举攻击条件下仍然保持抗干扰通信效果，还是一个难题。

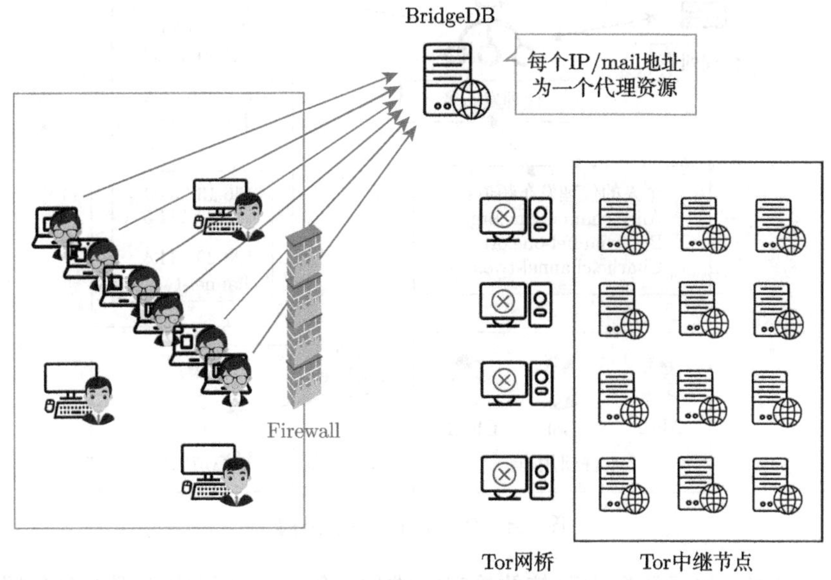

图 5.3 女巫攻击示意图

2. 基于用户信誉

基于用户信誉的资源发布策略的主要思想是，资源发布服务器根据用户历史行为来刻画其信誉值，并根据信誉值做出不同的响应。目前基于用户信誉的代理资源发布方法主要是从社交网络、恶意用户识别两个方面来研究代理资源的区分发布。

基于社交网络的资源发布策略主要利用人和人之间的信任关系、社会关系，将资源节点通过可信的通道发布给互联网用户，该用户也可以将自己的资源分发给下级用户 (好友用户)，然后通过资源的有效存活时间赚取信誉，以获取新的资源节点，从而将自己获取的节点发布给更多的好友。用户的信誉越高获取的资源节点就越多，从而可用的资源节点也就越多。这方面的典型工作有：McCoy 等提出的 Proximax，Proximax 使用可信的用户作为分发的代理通道，每一个用户有自己的信道 (channel)，将资源分发问题转换为一个最优问题求解，即每一个信道上的用户资源总的使用时间与资源节点总的风险之比值。下面介绍 Proximax 系统的设计方案。

Proximax 在设计上分为两类用户：注册用户和普通用户。注册用户直接从系统获取代理资源，普通用户只能从注册用户处申请代理资源。Proximax 通过度量一个代理节点的用户数量以及这些代理在被审查之前的使用时间来跟踪每一个代理节点的使用率和被审查的风险，以此决定每一个注册用户的信誉。基于估算的信誉，Proximax 确定由哪个注册用户获得新的代理资源。图 5.4 为 Proximax 系统架构，从图中可以看到 Proximax 主要包括三个任务：管理信道、发布代理、邀请用户。

(1) 管理信道：Proximax 对于每一个注册用户都分配一个主机名 (唯一的域名)，并利用 fast flux 技术来防止攻击者发现并阻断代理资源发布信道。代理资源发布信道可以是私有的邮件列表、社交网站，也可以是其他具备隐蔽信道的发布通道。

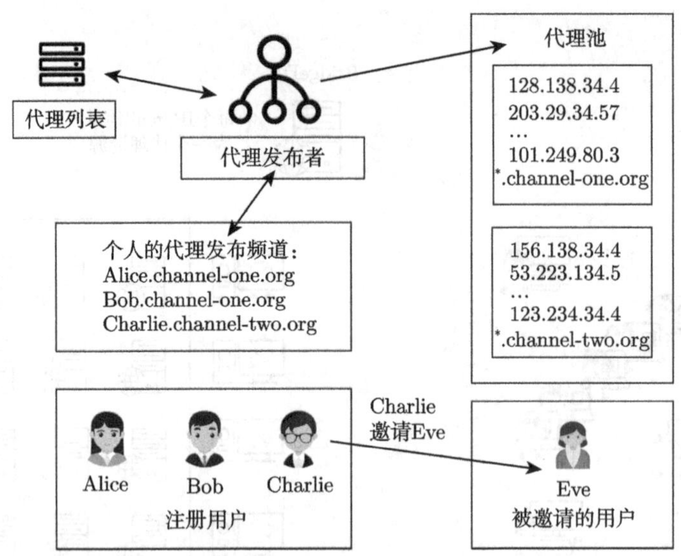

图 5.4　Proximax 系统架构

(2) 发布代理：代理资源由可信的第三方维护，每一个注册用户都将会分配用于发布代理资源的主机名。该主机名可以跟踪每一个代理信道有多少个终端用户在使用这些代理资源。

(3) 邀请用户：采用邀请机制加入新的注册用户，Proximax 通过分析注册用户树上的信誉值来确定哪些用户可以被邀请加入。

下面阐述 Proximax 的系统模型以及用户的信誉计算方法，Proximax 建模为选择资源发布信道去发布代理资源的问题。在此模型中，代理扮演资源的角色，注册用户扮演信道的角色，假设通过信道发布的资源节点有可能被攻击者发现，信道本身也有可能存在问题。基于 Proximax 的资源发布问题可形式化：存在 n 个信道、m 个资源，其中信道 j 中资源的使用率 (usage) 记为 u_j，A_i 表示发布了资源 i 的信道集合。其中资源的使用率表示每天每个信道吸引到用户使用的小时数。为此，资源 i 的总使用时间和总的风险可以由如下公式计算得出：

$$\Lambda_i = \gamma + \sum_{j \in A_i} \lambda_j, \quad U_i = \sum_{j \in A_i} u_j \tag{5.1}$$

其中，Λ_i 表示资源 i 总的风险；λ_j 表示信道 j 的风险；γ 表示资源本身存在不可用的概率；U_i 为资源 i 总的使用时间。因此，资源效益的期望值为

$$\Delta_i = \frac{U_i}{\Lambda_i} \tag{5.2}$$

由于一个资源节点可能被多个信道发布，因此资源的使用风险不能够被直接关联到一个给定的信道，即当一个资源被审查时，我们不知道是由于哪个信道的原因导致资源被审查。然而，通过对资源整个生命周期的采样，便可以计算出资源使用风险参数的最大似然估计。

此后，Wang 等提出的 rBridge 是在 Proximax 基础之上，引入激励和惩罚机制，对每一个活跃的 Bridge 可以赚取信誉，同时可以利用信誉值购买新的 Bridge 节点。只有到达一定

信誉值的用户才能邀请新的用户，以抵御 Sybil 攻击。基于社交网络的资源分发方法的主要问题在于其开放性，即新加入的用户很难找到拥有可信节点的好友用户以获取可用的资源节点，其次信誉机制在实践上很难评判，目前只在理论层面研究的比较多。

基于恶意用户识别的方法主要是利用算法检测识别恶意用户的探测包，这方面的典型工作有 VPN Gate，其主要思想是 VPN Gate 服务器维护志愿者运行的代理节点，并在志愿者运行的代理节点列表中加入一些无辜的节点，如 Windows 更新服务器、iTunes 商店以及 Gmail 等服务器节点。当 VPN Gate 客户端向服务器申请资源时，VPN Gate 利用协同检测算法识别攻击者的探测包，主要的识别算法如下。

(1) 在同一时间，单个 IP 地址或者 IP 地址集合连接大量的 VPN Gate 服务器；

(2) 传输的数据总量小，或者是连接的持续时间短，此外 VPN Gate 还加入了其他复杂特征。

VPN Gate 客户端接入和识别女巫攻击的检测流程如图 5.5 所示。

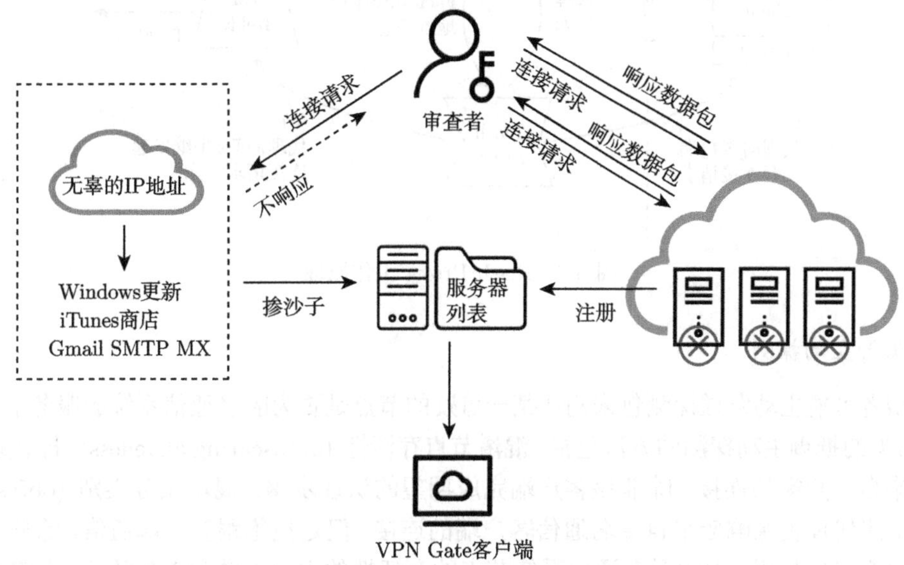

图 5.5 VPN Gate 接入方法

3. 海量速变代理

2012 年 Stanford 大学的 Fifield 等开发出 Flash Proxy，Flash Proxy 是一段运行在 Web 服务器页面上的小程序，只要用户浏览该页面，本地浏览器就会自动运行并作为一个代理程序。该技术的核心思想是利用海量的用户浏览网页的高动态性来创建海量、快速变换、短暂的网页代理节点，由于这些代理的创造与终结快于审查机构侦测、跟踪和屏蔽的步伐，攻击者不能够快速地识别所有代理节点。因此，Flash Proxy 可以利用大量稍纵即逝的浏览器代理作为接入点让用户连接到 Tor 网络，而 Tor 的流量则被封装在 WebSocket 协议里。Flash Proxy 工作原理如图 5.6 所示。

由图 5.6 可知，Flash Proxy 的工作步骤如下。

(1) 客户端向 Facilitator 注册，目的是告知 Facilitator 需要 Flash Proxy 的连接需求。

(2) 一旦位于 Web 浏览器中的代理出现，便会询问 Facilitator 客户端的 IP 地址。

(3) Facilitator 发送以前注册过的客户端的 IP 地址至 Flash Proxy。

(4) Flash Proxy 通过 WebSocket 连接到客户端，位于客户端的 Connector 监听并接收来自 Flash Proxy 的连接。

(5) 与此同时，Flash Proxy 发起另外一个连接到 Tor Relay，并开始中继客户端和 Tor Relay 之间的密文。

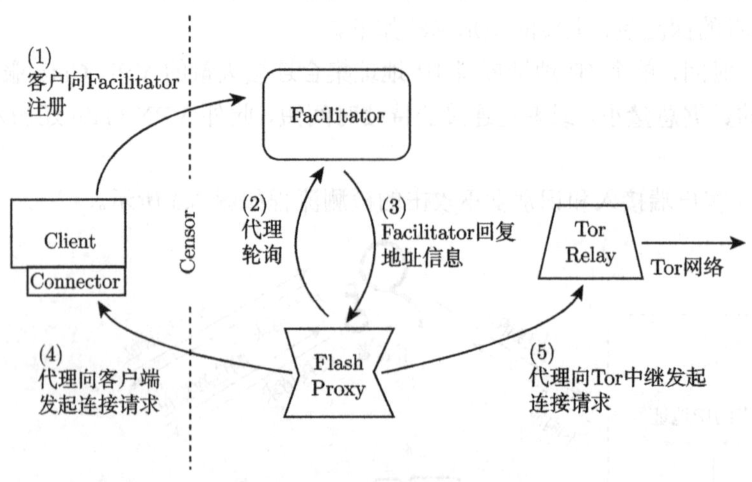

图 5.6 Flash Proxy 工作原理

4. *抵御主动探测*

攻击者可能主动发送探测包来确认某一可疑的节点是否为匿名通信系统的服务节点。目前，最常见的抵御主动探测的方法包括：混淆节点存活性 (obfuscating aliveness)，即代理资源不响应来自客户端的连接，除非该客户端完成期望的认证步骤；混淆服务类别 (obfuscating service)，即代理资源响应来自匿名通信客户端的连接，但是拒绝跟客户端通信，除非客户端完成预先定义的握手。混淆匿名通信系统节点的存活性的主要方法为单包认证，其最初用于抵御端口扫描攻击，以防止敌手通过端口扫描收集目标系统的数字指纹信息，如操作系统及其版本、开放的网络服务，从而帮助攻击者确定该服务是否具有已知的网络漏洞。传统解决端口扫描的方法主要是通过白名单机制过滤未知的 IP 包。然而匿名通信系统的目标用户是世界范围内的互联网用户，其用户 IP 地址具有动态性和不确定性，因此，白名单机制无法适用于如此场景。此后，Vasserman 等提出一种可证的、不可检测的单包认证机制 SilentKnock，即通过数字水印技术在 TCP SYN 包里面构造一个特别的 ISN 值，在服务端检测这个 ISN 值是否为一个特别的 ISN 值。最后，为了证明该方案的不可检测性，作者提出一个形式化模型评估单包认证方案是可证明安全的。

Smits 等将单包认证机制 Bridge SPA 用于匿名通信系统，以抵御扫描攻击。其基本思想是利用预先分享的密钥 (在发布 Tor 的桥节点的同时发布一个密钥) 生成一个消息认证码 (MAC)，当某一客户端的连接到达资源节点的同时，利用该消息认证码确定该客户端的连接是否合法，消息认证码被嵌入 TCP SYN 包，并利用 TCP 包头的序列号字段作为单包认证的隐蔽信道，如图 5.7 所示。

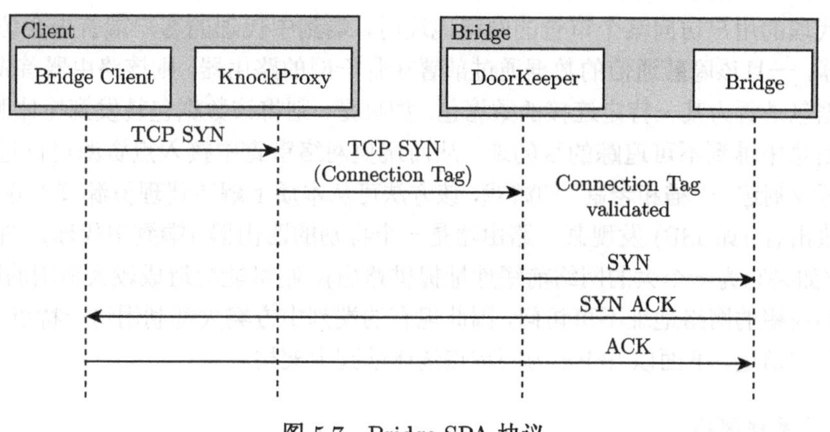

图 5.7 Bridge SPA 协议

5.4.2 端到中架构

随着网络空间信息对抗的日益升级，攻击者有能力监视、篡改、过滤自己网络范围内的网络流量，控制本地用户的路由路径。学术界和工业界致力于研究匿名支持隐蔽技术，开发相应的软件系统。然而，传统的匿名通信系统 (如 Tor 等) 是端到端代理 (end-to-end proxing)，互联网用户在使用端到端代理通信系统之前，都需要寻找可用的代理节点，并以此为跳板访问互联网其他资源。由于端到端的代理需要发布接入点资源 (代理资源) 节点，因此现有的资源分发策略以及接入点隐藏算法在抵御女巫攻击、扫描攻击等方面具有明显的弱点，针对这些问题，学术界和工业界致力于改进接入点资源的发布算法，设计各种传输层插件，以抵御攻击者的资源枚举攻击，然而这些方式不可避免地陷入"猫和老鼠"的游戏，并没有从系统架构上解决传统匿名通信系统在接入点隐藏方面的缺陷。

1. 基本思想

网络服务如电子商务、银行交易、协同办公、云计算、文件分享等重要应用在互联网用户中广泛使用，这些服务往往出于安全性需求广泛采用诸如 HTTPS 等加密方案。互联网已经渗透到人们生活的各个方面，极大地促进了国家和社会经济的发展，因此网络服务机构通常不愿意因过度审查而影响网络服务质量，以避免对国民经济、社会发展和人们的日常工作和生活带来影响。

现有的互联网协议，其网络连接的数据报文包含目的地 IP，但不包含路由路径的中间跳 IP 地址，且网络对上行路由路径的控制非常少，其路由路径主要依赖于数据包头和路由协议。因此，在端到中架构中，几乎所有的 IP 地址 (取决于端到中代理部署的位置) 都可以成为掩护地址，而真正的代理是部署在骨干网络的路由器之上。为了在客户端和端到中代理之间通信，代理需要拦截用户的连接、劫持用户的会话，从而将客户端数据转发给目标地址。由于其目的地 IP 是毫无意义的掩护地址，而部署在骨干网络的路由器又没有 IP 地址，因此基于 IP 地址的网络审查对于端到中代理是无效的。

端到中代理 (end-to-middle proxing) 是为解决互联网审查提出了一种新的技术思路，

得到越来越多学者的关注，相关研究成果发表在信息安全顶级会议上，如 USENIX Security、ACM CCS。端到中代理的核心思想是将接入点由原来的端点转移到互联网基础设施，当端到中代理的用户访问某个审查的网络地址时，端到中代理的客户端首先会访问某一个掩体服务器，一旦该隐蔽通信的数据通过部署在骨干网的路由器，则该路由器首先会检查并识别该数据包是否为某一特定连接的数据包，如果是，则将该数据包转发到掩体服务器。然后将隐蔽信息中继到不可追踪的目的地，从而避免网络审查中接入点资源对抗过程中资源发布和资源收割这一“猫和老鼠”的游戏，该方法可从本质上解决代理资源节点分发的问题，即便网络攻击者 (如 ISP) 发现某一路由器是一个特别的路由器 (端到中代理)，并试图绕过该路由器 (如果它为一个大的网络前缀地址提供路由)，则可能会造成较大范围的附带损失，如具有相同前缀的网络地址不可访问，因此现有的端到中方案大都利用这一特点，构建高可用的隐蔽代理信道。下面以 Telex 为例重点阐述端到中架构。

2. Telex 系统架构

图 5.8 所示为 Telex 的系统架构，系统主要由 Telex 客户端、攻击者、转向路由器、Telex 工作站 (Telex station)、掩体站点和被禁止访问的站点等构成。其中，Telex 客户端和防火墙位于攻击者控制的互联网范围内，任意客户端访问域外站点所产生的通信数据报文都会经过攻击者防火墙的监视和过滤。转向路由器以串联的方式部署在域外 ISP 的边界自治域，Telex 代理服务器作为转向路由器的扩展组件部署在域外网络空间的骨干网，通过路由器扩展接口与转向路由器进行交互，监听并识别特定的网络通信数据报文，并提供正常的网络路由转发功能。

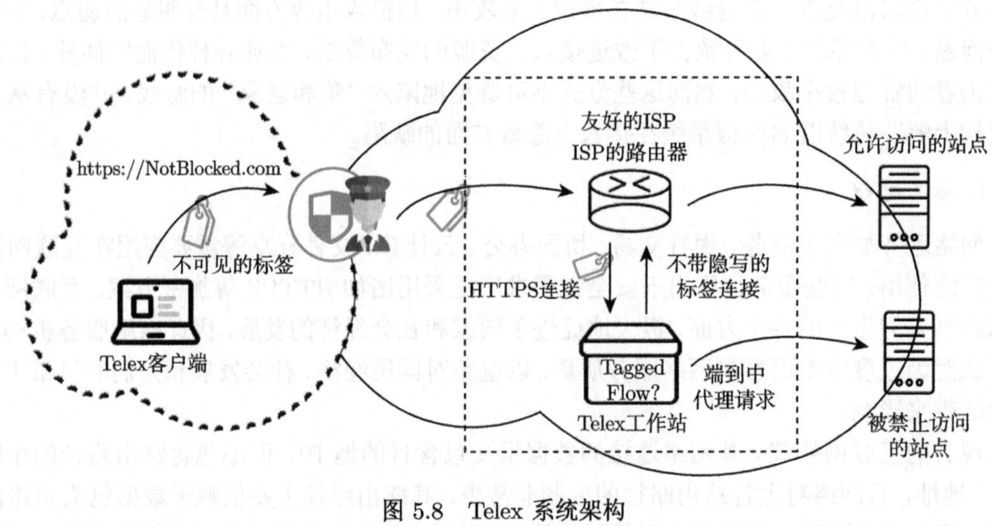

图 5.8　Telex 系统架构

3. Telex 通信过程

(1) Telex 客户端选择一个合适的，没有被列入攻击者的黑名单站点 NotBlocked.com。

(2) 用户通过 HTTPS 协议连接到 NotBlocked.com，并利用隐写术在 TLS 协议头的随机域生成一个带隐写的标记 (Tag)。由于 HTTPS 的 TLS Client Hello 包包含一个 32B 的

nonce，其中前 4B 为 UNIX 时间戳，后 28B 为随机数，Telex 客户端根据这一特性，在 TLS Client Hello nonce 域，利用 Diffie-Hellman(DH) 算法生成一个带隐写的标记。Telex station 利用该标记和自己的私钥计算出客户端的 DH 系数，通过 DH 系数计算出客户端和掩体服务器 TLS 会话的主键，并成为客户端和掩体服务器端的中间人。

(3) ISP 同意在客户端和 NotBlocked.com 的路由路径上放置 Telex station，一旦通信双方收到 TLS 完成消息，部署在骨干网上的路由器解密并计算出客户端和掩体服务器之间 TLS 会话的主键，验证 TLS 完成消息。

(4) Telex station 中断到掩体服务器的连接，并扮演中间人角色与客户端和隐蔽服务器通信，在此过程中会保留服务端 TCP 和 TLS 握手的状态信息。

4. Telex 通信协议

下面重点介绍 Telex 通信协议，在介绍 Telex 协议之前，首先对 TLS 协议的流程进行详细介绍。

1) TLS 协议概述

安全传输层协议 (TLS) 用于在通信双方建立一个安全的信道，并为信道中的数据提供机密性和完整性。该协议由两层组成：TLS 记录协议 (TLS record) 和 TLS 握手协议 (TLS handshake)。TLS 握手协议提供安全信道和安全参数，主要包括共享秘密生成和认证。记录协议通过算法从握手协议提供的安全参数中产生密钥、IV 和 MAC 密钥。典型的 TLS 协议交互流程如图 5.9 所示。

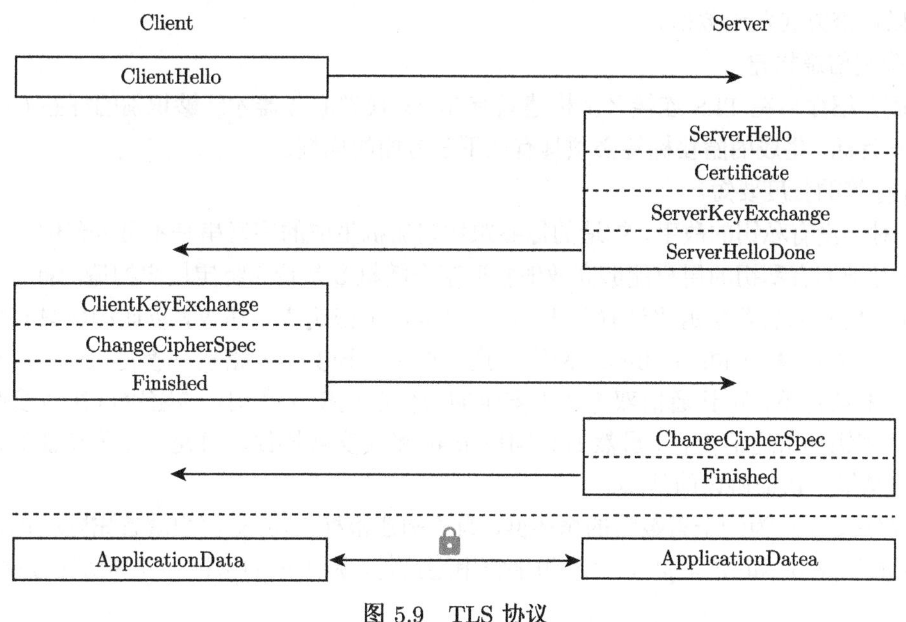

图 5.9　TLS 协议

每个 TLS 连接都是从握手协议开始的，握手的过程包括一个消息序列，用于在客户端和服务器之间协商安全参数、加密算法套件 (cipher suite)，进行身份认证以及交换密钥，握手过程严格按照 TLS 协议规范定义的先后顺序进行，通常这个过程涉及四次通信。

2) TLS 协议握手过程中的消息序列

(1) ClientHello 消息：是握手过程中的第一个消息，用于告知服务器客户端所支持的密码套件种类、最高的 TLS 协议版本以及压缩算法。其中还包含一个 32B 的随机数 (nonce)，该随机数由 4B UNIX 时间戳和 28B 的随机数组成。

(2) ServerHello 消息：服务端在收到客户端的 ClientHello 分组后，会返回 ServerHello 分组。该分组包含服务器从 ClientHello 中提供的各种算法返回服务器所支持各种密码套件、TLS 版本以及压缩算法。此外，ServerHello 消息中还包含一个与 ClientHello 结构一致的 32B 随机数。

(3) 服务器证书 (certificate)：服务器通常在发送 ServerHello 消息之后接收一条向客户端认证的证书消息，该证书包含 X.509 证书链 (一条从服务器证书开始到 CA 或者最新自签名证书结束的证书链)，同时证书会附带协商好的密钥交换算法对应的密钥。

(4) ServerKeyExchange 消息：提供服务器端 Diffie-Hellman 密钥交换的参数，以便在后续步骤中协商 premastersecret。这些参数包括一个生成元 g、密钥协商计算的大质数模数、服务器的 Diffie-Hellman 公钥，并对服务器的密钥交换参数签名。

(5) ServerHelloDone 消息：是一个空记录，表明服务器端握手消息已经发送完成了，等待客户端消息以继续接下来的步骤。

(6) ClientKeyExchange 消息：包含客户端的 Diffie-Hellman 参数。

(7) 编码改变通知 (ChangeCipherSpec)：表示随后的信息都将用双方商定的加密方法和密钥发送。服务器在收到消息后，发送 ChangeCipherSpec 消息，通知客户端此消息以后服务器会以加密方式发送数据。

3) 隐蔽信道构建

下面介绍如何在 TLS 连接之上构建只有 Telex 代理服务器才能够识别的标签 (tag)，要实现这一目标，生成的隐秘标签必须具有如下三方面的属性。

(1) 标签的长度要短。

(2) 对于没有私钥的敌手，构造的标签跟均匀随机生成的字符串是不可区分的。

(3) 对于拥有私钥的用户能够高效地验证某个随机数是否为特定用户构造的标签。

Telex 构建的隐蔽信道将选择基于 Diffie-Hellman 密钥交换协议，以此构建只有特定用户才能识别的流量。Diffie-Hellman 密钥交换协议是一种安全的密钥交换协议，在没有任何预先信息的条件下，可让通信双方在不安全的通信信道创建密钥，该密钥可在后续通信中作为会话密钥加密通信内容。虽然 Diffie-Hellman 密钥交换协议本身是一个无认证的密钥协议，但它是很多认证协议的基础。

记 $G=<g>$ 为一个素数阶的循环群，为了构建密标，Telex 客户端首先随机选择一个私钥 s，并计算 g^s 和 $\alpha^s=g^{rs}$，记 $\|$ 为字符串连接符，则生成的密标和共享密钥分别记为

$$t=g^s\|H_1(g^{rs}\|\chi)$$
$$K_{\mathrm{sh}}=H_2(g^{rs}\|\chi)$$

其中，g 为群 G 的生成元；r 为 Telex 的私钥，$\alpha=g^r$ 为公钥；H_1 和 H_2 为两个安全哈希函数；χ 为哈希函数的盐。

为了保证密标短小且安全，Telex 在具体实现上采用椭圆曲线群 (elliptic curve groups)。具体地，Telex 使用两个椭圆曲线：原始曲线和椭圆曲线的二次扭曲 (twist of the elliptic curve)，Telex 客户端首先均匀随机地选择一个私钥 s 和参数 b，$b \in \{0,1\}$，并计算标签：

$$t = g_b^s \| H_1(\alpha_b^s \| \chi)$$

其中，$\|$ 为字符串连接操作；χ =server_ip ‖ timestamp ‖ TLS_session_id。与此同时，客户端利用另外一个哈希函数生成客户端与 Telex station 之间的共享密钥：

$$K_{\text{sh}} = H_2(\alpha_b^s \| \chi)$$

这个过程可以生成 224bit 的标签 t 和 128bit 的共享密钥 K_{sh}。客户端按照 TLS 协议规范构造 ClientHello 数据包，用 t 替换 nonce 字段后 28B 的随机数，并将它发送给 server_ip。

当 Telex station 监听到 ClientHello 分组之后，将其 nonce 字段的随机数解析成 $t = \beta \| h$ 的形式，然后验证 $\beta = g_b^s$ 和 $h = H_1(\beta^r \| \chi)$ 是否成立，如果成立，表明其为一个有效的 tag，该连接为一个 Telex 连接，Telex station 利用监听到的特殊标签 $\tau = \beta \| h$ 生成共享密钥 $K_{\text{sh}} = H_2(\beta^r \| \chi)$。如果不成立，则停止监听该连接，并告知其作为正常的路由器。其生成和检测示意图如图 5.10 所示。

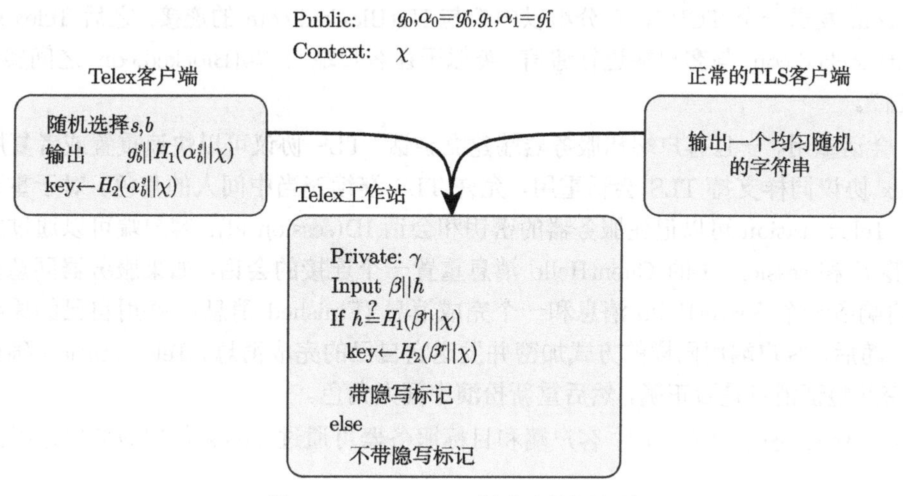

图 5.10 Telex Tag 创建和检测方法

4) Telex 握手协议

Telex 客户端和服务器之间的握手协议是基于 TLS 握手协议修改而成的。握手协议的主要目标是在客户端的 TLS 握手数据包中嵌入一个只有 Telex 服务器才能够识别的标签，并利用该标签生成一个共享密钥。Telex 协议的具体过程如下。

(1) 配置客户端。客户端选择一个没有被审查的 HTTPS 站点 (如 https://NotBlocked.com)，并利用 DNS 协议解析主机名获得其 IP 地址 server_ip，并尝试与 server_ip 建立 TCP 连接。

(2) 计算隐写标签。一旦 TCP 连接建立成功，客户端通过 Diffie-Hellman 算法在 ClientHello 数据包中构造一个带隐写的标签 (Tag)。

(3) 证书验证。服务器 (NotBlocked.com) 发送自己的 X.509 证书给客户端，之后客户端利用用户 Web 浏览器的 CA 证书验证服务器证书的有效性。如果证书无效，或者证书链的根 CA 不在匿名通信系统的信任白名单列表中，则客户端继续处理本次握手，但会严格按照 TLS 协议规定中断 Telex 调用服务，并发送一个无辜的应用层 Web 请求 (e.g., GET/HTTP/1.1 for HTTPS)。

(4) 密钥交换。为了计算出客户端和服务器端共享的主密钥，Telex 修改密钥交换算法，以便将协商的密钥“泄露”给 Telex station。实际上，TLS 的密钥交换过程有多种算法可供选择，例如，在 RSA 的密钥交换算法中，客户端生成 46B 的主密钥，并利用服务器的公钥加密，客户端和服务器也可以利用 Diffie-Hellman 密钥交换算法生成主密钥。

Telex 客户端在密钥交换算法中，不是随机地生成密钥交换的值，而是将所有需要用到的随机数都用 PRG 伪随机数生成器生成，并以共享密钥 K_{sh} 为种子。这样 Telex staion 将知道客户端密钥交换过程中所有输入信息，同时监视服务器端的密钥交换参数，并计算客户端的 PRG 种子 K_{sh}。使用这些信息，Telex station 可以模拟客户端和服务器交互，同时计算出相同的主密钥。

(5) 完成握手。Telex station 尝试解密双方的 Finished 数据，如果解密失败，则停止监视该连接，并告知路由器只完成正常的路由功能。如果解密成功，则通知路由器向 NotBlocked.com 发送一个 TCP RST 分组以中断与 NotBlocked.com 的连接。之后 Telex station 代替 NotBlocked.com 与客户端进行通信，类似于在客户端与 NotBlocked.com 之间实施“中间人攻击”。

(6) 会话重用。一旦客户端和服务器端建立会话，TLS 协议可以快速重置或者复用该连接，Telex 协议同样支持 TLS 会话重用，允许 TLS 继续充当中间人的角色。对于重新加入的会话，Telex station 可以记住服务器的密钥和会话 ID(session_id)。客户端可以通过发送包含新标签 t' 和 session_id 的 ClientHello 消息重置一个连接的会话，如果服务器同意重置会话，它将响应一个 ServerHello 消息和一个完成消息 (Finished 消息)，并用自己的原始主密钥加密，随后，客户端用同样的方式加密并发送它自己的完成消息。Telex station 确认是否能够解密并验证消息是否正确，然后重新扮演中间人角色。

至此，Telex 握手过程完成，客户端和目标服务器可通过 Telex 代理服务器进行隐蔽信息传输。

5) 端到中代理的策略部署

上面已经讨论了如何构建 Telex 的通信协议，本小节将讨论如何在 AS 域上部署端到中代理，部署多少个端到中代理可以让处于某一国家和地区的 HTTPS 网络的流量以较大的概率途经该路由器。

端到中代理的策略部署问题本质上是如何在骨干网络放置一个转向路由器使得本区域内的 Telex 用户以最大的概率命中该路由器，然而最大限度地减少部署的代价 (转向路由器部署的个数)。考虑 Internet ASes 级别的拓扑作为一个有向图 $G(V,E)$，其中顶点集合 V 代表 ASes 集合，边集 E 代表 ASes 之间的路由路径。定义路由策略 $R(u,v)$ 为当且仅当处于路由器 $u \in V$ 的数据包能够遍历到路由器 $v \in V$。因此，从客户端到目的地址的路由路径可以定义为如下公式:

$$P_{\text{src}\leftrightarrow\text{dst}} = \cup\{R(\text{src}, \text{dst})\}$$

定义 vertices(p) 作为包含在路由路径 $P_{\text{src}\leftrightarrow\text{dst}}$ 的定点集合，edges(p) 作为包含在路由路径 $P_{\text{src}\leftrightarrow\text{dst}}$ 中的边集。在此基础上，可以建模端到中代理的策略部署问题。考虑端到中代理 $M(s,m,d)$ 作为路由路径 $P_{\text{src}\leftrightarrow\text{dst}}$ 上的顶点集合，其中顶点 s 为源地址，m 为端到中代理，d 为目的地。因此，端到中代理的策略部署可以由如下公式给出：

$$M(s,m,d) = \begin{cases} 1, & m \in \text{vertices}(p) \\ 0, & \text{否则} \end{cases}$$

若 M 为端到中代理集合，当移除 M 上为 1 值的顶点，可以定义 $G \setminus M$ 为图 G 上的二分图，在那里，$G \setminus M$ 为不相交的连通分量。也可以定义 $C_{\max}(M)$ 作为 $G \setminus M$ 上拥有最多顶点数的连通分量。

因此，建模端到中代理的策略部署问题为求解图上最小的顶点数，使得该图上的每一条边都至少经过集合中的一个顶点，称为集合 V 覆盖了 G 上的边，即求解最小顶点覆盖问题。该问题可以由如下公式给出：

$$\min_{M \subset V, |M| \leqslant k} |C_{\max}(M)|$$

其中，k 为最小顶点覆盖的大小。

求解最小顶点覆盖问题是一个经典的 NP 难问题。本小节采用控制点 (覆盖本地区 90% 以上的 IP 地址所需要的最小 ASes 数量) 代表最小顶点近似解。为了了解端到中代理的真实的代价，研究者采用哈佛大学 Berkman 互联网和社会学研究中心的数据集作为 AS 级的网络拓扑图。研究表明只需要部署 7 个端到中代理就可以让法国境内的 90% 以上的互联网用户的流量命中其中任意一个端到中代理。

由于 Telex、Cirripede 等系统需要将端到中代理串联部署到骨干网络中，因此在实际部署中面临诸多困难。一方面，Telex 代理服务器需要在大规模网络环境下监视一个连接的上行和下行方向，并选择性地中断某些网络流，由于 Telex station 的串联接入，因此需要实时线速处理每一个流经该路由器的网络流量，这样有可能增加网络时延、引入网络故障。另一方面，一旦在骨干网引入端到中的代理设备，将需要增加故障诊断设备，以防止出现网络故障。为了解决 Telex 系统在实际部署过程中的问题，2014 年 Wustrow 等提出了一种新的端到中代理，称为 TapDance，该系统支持旁路接入骨干网络，以解决 Telex 等系统在实际部署上的不足。然而，Schuchard 等的研究表明对于具有路由控制能力的敌手，基于端到中代理方式也很难有效抵御敌手的路由攻击，即攻击者可以通过路由探测技术测试出端到中代理所在的位置，然后通过控制路由策略，以绕过端到中的代理。此外，Schuchard 指出基于简单的计时分析和 Web 指纹攻击，攻击者不仅可以识别出端到中代理的流模式，还能够检测出哪些网站被用于掩体服务器。2016 年，Bocovich 等提出一种新的端到中代理系统 Slitheen，该系统通过模仿正常用户访问掩体 Web 站点的流模式，抵御时延分析和 Web 指纹攻击。

5.4.3 端到云架构

1. CDN 技术简介

随着 Internet 上 Web 应用的飞速发展和广泛应用，用户访问 Web 的性能除了依赖用户的网络带宽和服务器的性能，还取决于 HTTP 请问类型 (页面对象)，典型的 HTTP 请求是大量的小文件、少数大文件，而大量的小文件请求及其相应的延迟将极大地影响互联网用户的体验。此外，互联网内容分发过程中的热点效应更是加重了 Web 服务器和骨干网网络的过载，导致远距离传输的网络服务质量无法保障。

由于互联网上传输的内容大部分为重复的 Web 内容，为了实现跨运营商、跨地域的高效访问，网络缓存技术将广域网中冗余数据的重复传输问题转换为本地就近访问。当前互联网服务提供商解决网络服务质量问题最主要的方案是采用 CDN(content delivery network) 技术。CDN 是构建在 Internet 之上的内容分发网络，依靠部署在全球各地区的边缘服务器，通过中心平台的负载均衡、内容分发、流量调度等功能，使用户就近获取所需的内容，降低网络拥塞，提高用户访问响应速度和命中率。

2. *域名前置*

随着云计算技术、内容分发网络 (content distribution network，CDN) 技术的发展，越来越多的 Web 应用基于大的 Web 站点、云服务提供商 (如 Google App Engine、Amazon AWS、CloudFront 等) 来提供自己的 Web 服务，这些云服务提供商大都支持域名前置 (domain fronting) 技术。域名前置技术通过在不同的通信层级使用不同的域名来隐藏通信内容和目的地，如图 5.11 所示。当用户发起 HTTPS 请求时，目的地域名将会在三个地方出现：DNS 查询请求、TLS 服务器名称指示 (TLS server name indication，SNI) 扩展字段以及 HTTP 的主机头部，通常这三个域名出现的域名是同一个地址，然而，在域名前置请求中，DNS 查询请求和 SNI 为同一域名地址 (前端域名)，而 HTTP 主机头则由于 HTTPS 加密而不可见，攻击者将只能看到用户请求的外层域名。

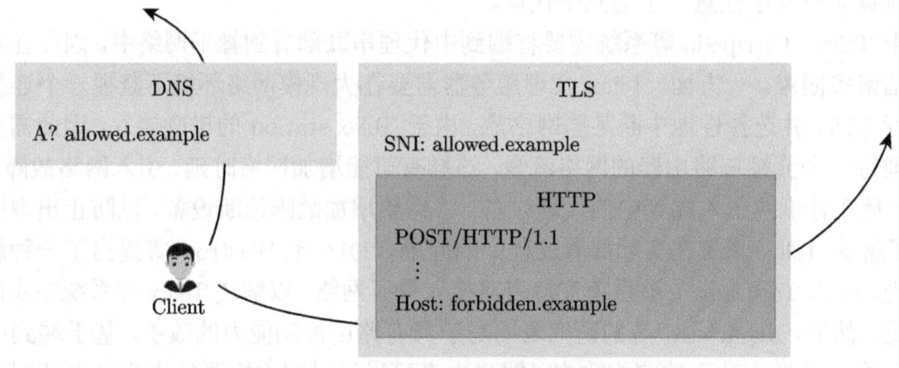

图 5.11 域名前置

域名前置技术可以将客户端的流量伪装成访问外层 Web 服务的流量，而用户真正访问的目的地则隐藏在 HTTPS 协议头的 Host 字段。具体地讲，当一个用户访问前端域名技术提供的 Web 服务时，用户发出的 HTTPS 请求的目的地址包含三部分：IP 地址、TLS 服务器名称指示扩展以及 HTTPS 请求的 Host 头部。其中真正的隐蔽服务的地址信息则加密在 HTTPS 的应用层数据中，攻击者只能看到用户访问云服务提供商的 IP 地址和 SNI 扩展信息。一旦数据包到达云服务商的前端域名地址，云服务商的服务器则会根据 HTTP 头的 Host 字段重定向到真正的目的地址。

3. Meek

2015 年，Fifield 等提出一种基于前端域名技术的传输层隐蔽通信插件，并将其应用到 Tor 项目组发布的 Meek 插件中，其主要的思想是利用云平台的前端域名机制，让用户请求云平台的域名，然后解析得到其 IP 地址，Meek 利用云平台作为中继节点，并将真正的 Tor 流量利用 HTTP Host 字段重定向到 Meek 服务器端，其过程跟用户访问 Google 的搜索服务以及访问 Amazon、Microsoft 云平台的过程完全一致，其通信过程如图 5.12 所示。

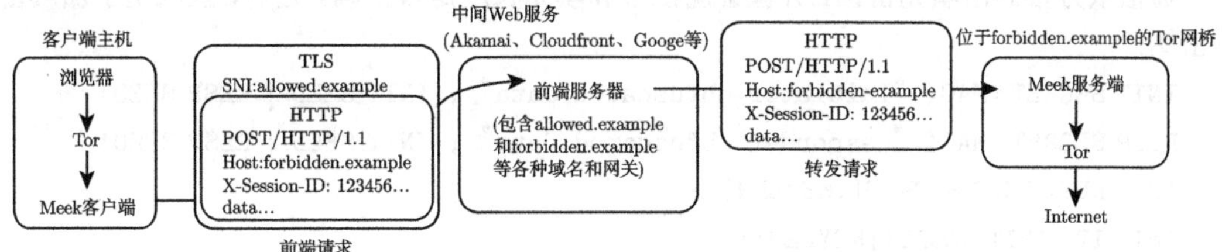

图 5.12 Meek 通信过程

当 Tor 的数据流量到达云计算平台之后，会经过 Tor 的 Meek-Server 转发到 Tor 匿名网络，最终转向真正的目标地址。跟以前其他传输层插件不同的是它不是模仿某一协议，而是直接运行 Firefox 目标协议，即将 Tor 的流量封装到 Firefox 的 HTTPS 载荷中，而 HTTPS 协议头则为 Firefox 跟云平台的通信的协议头，在到达云平台的服务器后，再解析出 HTTPS 内容，并经 Meek-Server 转发给 Tor 匿名网络。因此 Meek 传输层插件具有以下两方面的优点。

(1) 隐蔽性强，Meek 传输层插件不是伪装而是直接运行目标协议，因此其协议特征跟目标协议特征具有很强的相似性。

(2) 不像网桥机制那样需要直接发布接入点地址，而是利用云平台的前端域名机制。

5.5 协议拟态技术

现有的匿名通信系统 (如 Tor、I2P 等) 在设计之初是为了保护用户的隐私，实现通信主体的身份隐藏，因此这些系统很难抵御网络审查和深度流分析。为了解决这些问题，国内外的研究者开始从协议混淆的角度提出各种不同的隐蔽通信方式，主要包括如下几种类型。

5.5.1 流量随机化

流量随机化是将通信过程中的流模式加以混淆，如通过数据加密、流量混淆 (报文延迟、乱序、报文填充等) 以消除消息外观。2011 年，Wiley 等提出一种全随机化的协议 Dust，该系统通过对隐蔽通信协议的每一个数据包的内容和大小进行随机化，以消除隐蔽通信协议的统计特征。下面以 Obfs2 为例详细阐述流量随机化的设计方法和原理。

Obfs2 提出一种全随机的网络流混淆协议，其基本思想是对 Tor 的 TLS 连接采用流密码加密算法 (AES-CTR-128) 进行加密，以此消除 Tor 的流量特征。Obfs2 通信过程包括两个阶段：协议握手阶段和输出传输阶段。

在协议握手阶段，Initiator (Tor 客户端) 和 The responder (Tor 入口节点) 首先利用随

机数生成器生成 16B 的初始随机种子 INIT_SEED，然后创建用于握手的填充密钥、MAC (“Responder obfuscated data”, INIT_SEED)[:16] (注意,“Responder”由“Initiator”替代，具体取决于双方的角色)。MAC 被定义为 SHA256 散列函数：$\mathrm{MAC}(s, x) = \mathrm{SHA256}(s|x|s)$。此后通信双方交换如下信息：

```
INIT_SEED |E(INIT_PAD_KEY, UINT32(MAGIC_VALUE) | UINT32(PADLEN) | WR(PADLEN))
RESP_SEED |E(RESP_PAD_KEY, UINT32(MAGIC_VALUE) | UINT32(PADLEN) | WR(PADLEN))
```

通信双方推断出填充密钥，并验证魔法值和填充长度是否正确。之后，生成用于加解密的密钥：

```
INIT_SECRET=MAC( “Initiator obfuscated data” , INIT_SEED | RESP_SEED)
RESP_SECRET=MAC( “Responder obfuscated data” , INIT_SEED | RESP_SEED)
INIT_KEY=INIT_SECRET[:KEYLEN]
INIT_IV=INIT_SECRET[KEYLEN:]
RESP_KEY = RESP_SECRET[:KEYLEN]
RESP_IV = RESP_SECRET[KEYLEN:]
```

INIT_KEY 和 INIT_IV 为 Tor 客户端的加解密密钥，而 RESP_KEY 和 RESP_IV 被 Tor 入口节点用作加解密密钥。在数据传输阶段，通信双方利用 AES-CTR-128 算法加密通信流量。但是，攻击者可以通过中间人攻击 (man-in-the-middle) 解密出 Obfs2 的流量。

为此，Tor 项目组开发了 Obfs3，该协议通过定制的 Diffie-Hellman 握手来改进 Obfs2 的上述问题。然而 Obfs2、Obfs3 既不能够防范主动探测攻击，还存在统计上的特征。因此，后续的改进版本 ScrambleSuit 和 Obfs4 除了通过重加密机制混淆传输层上的通信流量，还对包的大小分布、内部到达时间进行了混淆，以抵御攻击者针对网络流量的统计特征进行攻击。此外，ScrambleSuit 和 Obfs4 还引入单包认证机制，以抵御攻击者的主动扫描攻击。

5.5.2 协议伪装

协议伪装是逃避网络审查和深度流分析的主要手段，协议伪装的主要思想是通过模仿或者伪装为流行的掩体协议如 HTTP 协议、Skype 协议等，以逃避网络审查，类似于协议层面的“傍大款”。由于 Tor 等匿名通信系统的流量容易被检测和识别，为了解决此类问题，Weinberg 等提出 StegoTorus，其主要思想是将 Tor 客户端的流量伪装成用户访问无辜 Web 站点的浏览。为了实现这一目标，StegoTorus 在 Tor 流量基础上增加了两个额外的混淆协议层：整型 (chopping) 和隐写 (steganography)。整型是指将 Tor 协议规范中有序、固定大小的数据单元 (cell) 转换成可变大小的数据块 (block)，然后将它乱序发送出去。为了支持后续的隐写，每个数据块利用新的密码学算法重新加密，以保证输出的每个字节跟随机数在计算上是不可区分的。

如图 5.13 所示，StegoTorus 可支持模拟不同类型的掩体协议方案：嵌入式隐写模块和 HTTP 隐写模块。嵌入式隐写模块是利用加密的对等网络作为掩体协议，由于 Skype 和 Ventrilo 协议的每个数据报文的语音字段是加密的，因此数据报文的语音载荷部分可以直接用 StegoTorus 的加密数据替换，而不用担心攻击者监测，而协议头的明文部分，如包的大小、包的内部间隔时间等特征对于攻击者是可见的。HTTP 隐写模块模拟未加密的 HTTP 协议流，具体地，StegoTorus 尽可能真实地模仿浏览器和 Web 站点的行为，然后通过各种隐写术将隐蔽消息嵌入一个预先生成的 HTTP 请求和响应的载荷之中，但是在客户端和服务器端，HTTP 模块依赖于预先录制 (编码) 的 HTTP 请求和响应数据记录，例如，客户端发送一个 PDF 文档请求，服务器则需要生成一个 PDF 掩体文档。HTTP 模块包含了两个部分：请求发生器和响应发生器。由于客户端到服务端都是 get 或 post 请求，因此用户的请求数据可以被隐藏在 URI 字段和 cookie 字段。请求发生器可以产生客户端请求，HTTP 模块中的响应模块能够隐藏任何数据，生成的掩体数据都遵守已知的文件格式，如 PDF 和 Flash 文件等。任意用户可设计自己喜欢的隐写方案，并在此基础之上构建自己的模糊化协议层，以此将 Tor 的流量伪装成任意其他协议。StegoTorus 不需要保障数据块的有序发送，可以将 Tor 数据承载在许多掩体协议之上，从而增强检测的难度。

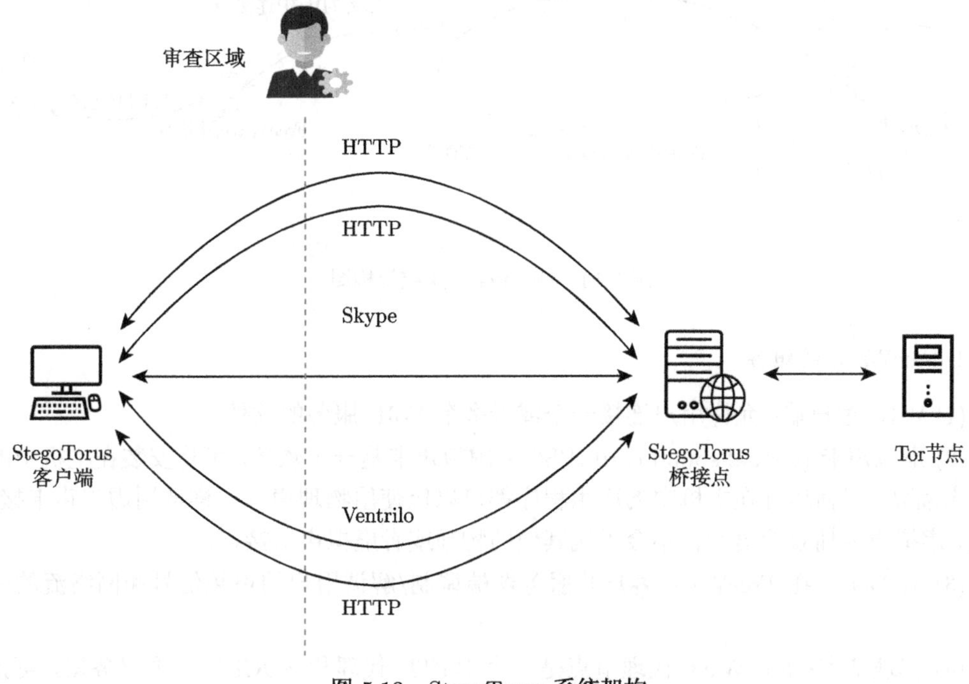

图 5.13 StegoTorus 系统架构

5.5.3 隧道技术和隐蔽信道

隧道协议是一种隐蔽性更强的隐蔽信道构建方式。相对于协议伪装和模仿方法，隐蔽隧道的主要思想不是伪装和模仿，而是运行真实的目标协议，并将目标协议承载到掩体协议 (如 VOIP、P2P、UGC 等) 之上，以实现通信行为的不可检测性。构建隐蔽隧道协议的主要挑战在于寻找合适的掩体协议，并在系统架构、通信信道及传输内容上与掩体协议完美匹配。这方面的典型工作有 FreeWave、Censorspoofer 等。下面将以 FreeWave 为例重点阐述隧道协议的系统架构、设计原理、实现机理。

1. FreeWave 架构

首先，用户需要获取 FreeWave 客户端软件 (利用带外的方式)，并在自己的计算机上安装该软件。然后，在客户端配置自己的 VoIP ID 和公开发布的 FreeWave 服务端的 VoIP ID。

配置好后，FreeWave 客户端软件便可以呼叫服务器端的 VoIP ID，以发起语音或视频服务，此时的 FreeWave 服务器端配置成忽略所有客户端发起的 VoIP 连接，这样客户端便会随机选择一个不经意的 VoIP 对等节点 (如 Skype 的超级节点) 中继用户的连接，这是 FreeWave 抵御攻击者 IP 地址过滤的关键特性。由于 FreeWave 的 VoIP 连接是端到端加密的，攻击者不能够通过分析用户流量的内容识别出某一用户的连接为 FreeWave，从而阻断用户和服务端的 VoIP ID 的连接。为了中继用户的流量，FreeWave 客户端需要将用户的 Internet 流调制成音频信号，并将它承载在 VoIP 的连接之上，而 FreeWave 服务端则从音频信号中解调出客户端的 Internet 流，并将它转发到目的地。图 5.14 所示为 FreeWave 的系统架构。

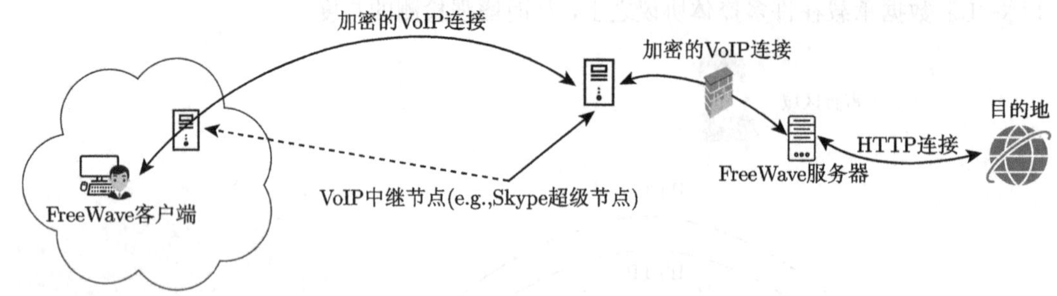

图 5.14 FreeWave 系统架构图

2. FreeWave 的组件

(1) VoIP 客户端：允许用户连接一个或者多个 VoIP 服务的软件。

(2) 虚拟声卡 (virtual sound card, VSC)：虚拟声卡是一个软件，可将安装在主机中的物理声卡隔离，任何运行在主机中的应用程序都可以像使用物理声卡一样调用虚拟声卡接口，因此，虚拟声卡捕获的语音将不会干扰其他的物理或者虚拟声卡接口。

(3) MoDem：在 FreeWave 客户和服务器端调制/解调用户的声频信号和网络流的应用软件。

(4) 代理节点：FreeWave 代理节点是一个 HTTP 代理和 SOCKS 代理服务器，可接收 VoIP 连接，能够将 FreeWave 客户端流量中继到最终的目的地。

前面介绍了 FreeWave 的核心思想、系统架构和主要的组件，下面将重点介绍 FreeWave 的客户端和服务端设计。

3. FreeWave 客户端

FreeWave 客户端软件安装在用户侧主机之上，主要包括三部分：VoIP 客户端应用程序、虚拟声卡、MoDem 软件。图 5.15(a) 显示了 FreeWave 客户端的设计。其中 MoDem 将浏览器发出的网络连接数据调制为音频信号并发送到 VSC 组件，同时还监听来自虚拟声卡的音频数据，并将其提取出来后调制成 Internet 流，然后发送给 Web 浏览器。

虚拟声卡在 MoDem 和 VoIP 客户端组件之间扮演代理角色，如虚拟声卡在它们之间转换音频信号。特别地，VoIP 客户端将虚拟声卡作为它自己的麦克风设备 (VoIP 应用程序允许用户选择物理或虚拟声卡)，这样，MoDem 和 VoIP 客户端之间可以交换包含调制音频信号的网络流。

为了连接到一个特别的 FreeWave 服务器，FreeWave 客户端仅仅需要知道该 FreeWave 服务器的 VoIP ID，而不需要知道服务端的 IP 地址。用户每次启动 FreeWave 客户端应用程序，客户端的 VoIP 应用将发起一次到已知的 VoIP ID 的语音或者视频呼叫服务。

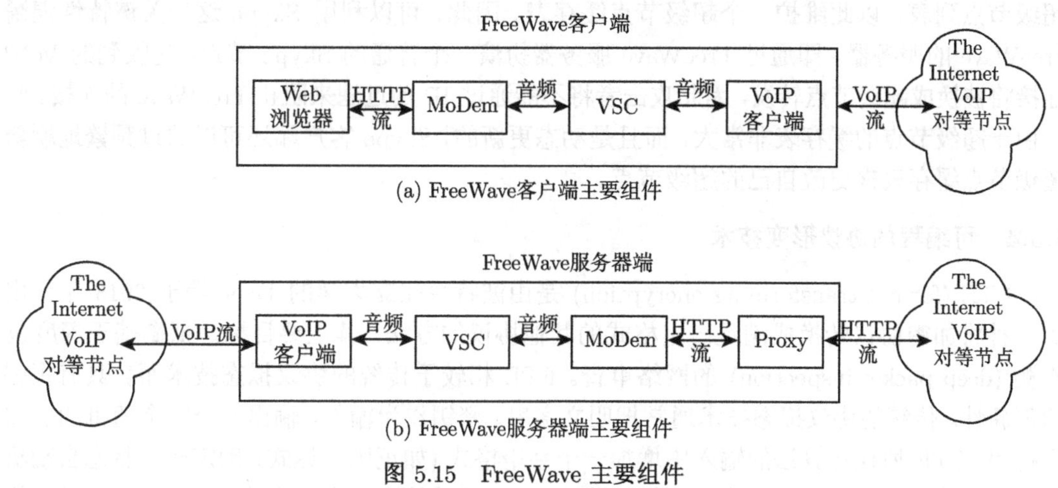

(a) FreeWave客户端主要组件

(b) FreeWave服务器端主要组件

图 5.15 FreeWave 主要组件

4. FreeWave 服务端

图 5.15(b) 显示了 FreeWave 服务器端的设计，从图中可以看出服务端主要包括四个组件。FreeWave 服务器需要事先配置一个或者多个 VoIP ID，以供 FreeWave 客户端使用，并利用 VoIP 客户端应用程序与 FreeWave 客户端建立 VoIP 连接，并与之通信。

运行在 FreeWave 服务器之上的 VoIP 客户端使用一个或者多个虚拟声卡作为自己的“麦克风”设备。虚拟声卡的个数取决于部署的场景，MoDem 组件利用 VSC 转换网络流量进入音频信号，反之亦然。具体地讲，MoDem 从接收到的 VoIP 连接中提取音频信号，并将之解调成 Internet 流，然后将它转发到 FreeWave 代理。同样地，MoDem 将代理组件中收到的 Internet 流调制成音频信号，并通过 VSC 接口将其转发到 VoIP 客户端软件。FreeWave 代理是一个跟 HTTP 代理类似的普通网络代理程序，FreeWave 服务器用它来中继 FreeWave 客户端和开放互联网之间的连接。

5. 通信协议

当前有许多免费或者付费的 VoIP 服务用于 FreeWave，如 Skype、Vonage、iCal 等。VoIP 服务提供商通常给互联网用户提供他们的 VoIP 客户端软件，也有一些 VoIP 软件可以使用不同的 VoIP 账号，如 PhonerLite。下面阐述一种用于 FreeWave 的 VoIP 服务 Skype。

Skype 是一种 P2P 网络架构的 VoIP，为互联网用户提供便捷的语音和视频呼叫、即时通信服务。Skype 是当前最流行的 VoIP 服务提供商之一，拥有超过 6.63 亿用户。Skype 包含两种类型的节点：普通节点和超级节点。任何拥有公网 IP 地址、具有足够的计算资源和网络带宽的客户端都可以成为一个超级节点。所有其他节点为普通节点。此外，Skype 除了登录过程是集中式的认证过程，其他通信都是点对点通信方式，包括用户查找、用户上线和下线通知等。

Skype 普通用户为了连接到 Skype 网络、发起或者接收 VoIP 呼叫服务、或者更新自己的状态，可以部署一些超级节点作为自己的代理。当用户呼叫一个到普通 Skype 节点的连接将被它的超级节点转发，而每一个普通节点通过 Skype 发现协议跟踪自己附近可访问的超级节点列表，以此维护一个超级节点缓存表。因此，可以利用 Skype 这一关键特性混淆 FreeWave 的服务器。即通过 FreeWave 服务器扮演一个普通的 Skype 节点，它收到的 VoIP 连接将被换成超级节点转发，因此攻击者将不能通过 IP 的过滤来阻止 FreeWave 的连接。此外由于超级节点的缓存表非常大，而且是动态更新的，Skype 客户端还可以通过频繁地刷新超级节点缓存表来更改自己的超级节点。

5.5.4　可编程的协议形变技术

FTE (format-transforming encryption) 是由波特兰州立大学的 Dyer 等于 2013 年提出的一种将加密协议转换成满足一定格式的其他协议的方法，其主要目标是抵御基于深度包检测 (deep packet inspection) 的网络审查。FTE 相较于传统的协议拟态技术而言具有很强的创新性。传统的协议拟态技术通常把明文字串、密钥作为输入，输出一个完全随机的密文字符串，FTE 协议在算法的输入中增加一个字串格式 (如正则表达式，确定有限状态自动机等)，然后将密钥、明文和正则表达式 R 作为输入，最终输出一个符合该格式的密文字串。其中正则表达式会在内部模块中先转换成非确定的有穷状态自动机 (NFA)，然后将 NFA 转换成确定有限自动机 (DFA)，其中 DFA 和认证加密模块的输出结果会作为 Unrank 模块的输入，以便将密文构造成正则表达式所要求的协议形式。

在实际应用中，很多 DPI 系统是根据固定的规则来检测报文的格式、协议类型等。因此，FTE 会通过用户自定义的规则 (如正则表达式) 生成流行的无辜协议格式，并根据 DPI 的检测规则来构造能够绕过该规则的明文字符串，从而达到抵抗网络审查的目的。图 5.16 展示了利用 FTE 协议构造的 HTTP 报文绕过网络审查的过程。Dyer 等根据该思想设计并开发了一个通用的框架 LibFTE，以帮助开发人员构建真实的、协议拟态的加密方案。由于 FTE 等拟态协议存在用户不能自定义的协议类型，模拟和伪装的协议跟目标协议存在语义不匹配等问题，此后，Dyer 等提出一种可编程的网络协议拟态方法 —— Marionette，Marionette 能够同时控制各种级别的加密流量特征，包括密文格式、状态协议语义和统计属性。

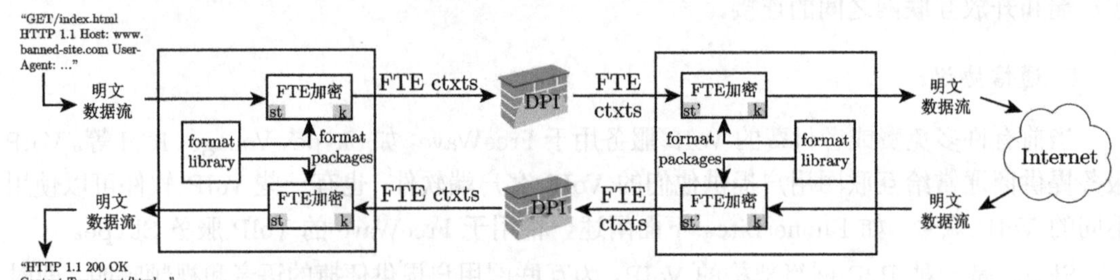

图 5.16　FTE 的系统架构

参 考 文 献

Bocovich C, Goldberg I, 2016. Slitheen: perfectly imitated decoy routing through traffic replacement.

Proceedings of the 2016 ACM SIGSAC Conference on Computer and Communications Security: 1702-1714.

Dyer K P, Coull S E, Ristenpart T, et al, 2013. Protocol misidentification made easy with format-transforming encryption. Proceedings of the 2013 ACM SIGSAC conference on Computer & communications security: 61-72.

Dyer K P, Coull S E, Shrimpton T, 2015. Marionette: a programmable network-traffic obfuscation system. SEC'15 Proceedings of the 24th USENIX Conference on Security Symposium: 367-382.

Fifield D, Hardison N, Ellithorpe J, et al, 2012. Evading censorship with browser-based proxies. PETS'12 Proceedings of the 12th International Conference on Privacy Enhancing Technologies: 239-258.

Fifield D, Lan C, Hynes R, et al, 2015. Blocking-resistant communication through domain fronting. Proceedings on Privacy Enhancing Technologies, 2: 46-64.

Houmansadr A, Nguyen G T K, Caesar M, et al, 2011. Cirripede: circumvention in frastructure using router redirection with plausible deniability. Proceedings of the 18th ACM conference on Computer and communications security: 187-200.

Luchaup D, Dyer K P, Jha S, et al, 2014. Libfte: a toolkit for constructing practical, format-abiding encryption schemes. SEC'14 Proceedings of the 23rd USENIX conference on Security Symposium: 877-891.

McCoy D, Morales J A, Levchenko K, 2011. Proximax: measurement-driven proxy dissemination (short paper). FC'11 Proceedings of the 15th international conference on Financial Cryptography and Data Security: 260-267.

Nobori D, Shinjo Y, 2014. Vpngate: a volunteer-organized public vpn relay system with blocking resistance for bypassing government censorship firewalls. NSDI'14 Proceedings of the 11th USENIX Conference on Networked Systems Design and Implementation: 229-241.

Schuchard M, Geddes J, Thompson C, et al, 2012. Routing around decoys. Proceedings of the 2012 ACM Conference on Computer and Communications Security: 85: 96.

Smits R, Jain D, Pidcock S, et al, 2011. Bridgespa: improving tor bridges with single packet authorization. Proceedings of the 10th Annual ACM Workshop on Privacy n the Electronic Society: 93-102.

Vasserman E Y, Hopper N, Tyra J, 2009. Silentknock: practical, provably undetectable authentication. International Journal of Information Security, 8(2): 121-135.

Wang Q, Gong X, Nguyen G T K, et al, 2012. Censorspoofer: asymmetric communication using ip spoofing for censorship-resistant web browsing. Proceedings of the 2012 ACM Conference on Computer and Communications Security: 121-132.

Weinberg Z, Wang J, Yegneswaran V, et al, 2012. Stegotorus: a camouflage proxy for the tor anonymity system. Proceedings of the 2012 ACM Conference on Computer and Communications Security: 109-120.

Wustrow E, Wolchok S, Goldberg I, et al, 2011. Telex: anticensorship in the network infrastructure. SEC'11 Proceedings of the 20th USENIX Conference on Security: 30.

Wustrow E, Swanson C M, Halderman J A, 2014. Tapdance: end-to-middle anticensorship without flow blocking. Proceedings of the 23rd USENIX Conference on Security Symposium, SEC'14: 159-174.

第6章 匿名追踪

近年来，随着 Internet 技术的高速发展，网络安全与隐私泄露问题日趋严重，匿名通信技术作为一种主要的隐私增强技术被广泛应用于 Web 浏览、电子商务、电子邮件、即时通信，甚至军事通信、情报交换等方面。一方面，在匿名滥用问题中，Tor、I2P 等匿名网络为在线用户提供更高级别的隐私保护需求的同时，常常被用于传递政治、经济等敏感信息和实施网络攻击；另一方面，随着匿名通信技术在全球范围内的飞速发展及其在网络空间安全影响的日益增大，未来的匿名网络将呈现更强的匿名性和更高的对抗性，以防止安全监管机构的监管和追查。

为了应对以上挑战，国内外学者开展了大量的研究工作，当前匿名网络溯源可以分为如下几种主要的方法。① 从敌手的攻击能力来看，匿名通信系统及其之上的暗网追踪溯源问题可以分为被动攻击和主动攻击两类。被动攻击型的敌手只能够监视和记录进入或者离开匿名网络的流量，而主动攻击型敌手除了具有被动攻击的能力，还能通过控制网络链路(如注入、篡改、丢弃数据报文等操作)，植入节点等操纵网络流量。② 从攻击者的可见性(visibility) 来看，敌手被动监视或者主动操作网络的范围，可分为全局或局部敌手 (a global or partial adversary)。全局敌手能监视或者操纵匿名网络中客户端和服务器端之间的所有网络链路，即该类型的攻击者可以实施端到端的流量关联攻击；局部敌手仅仅能够监视或操纵进入某一特别节点或者节点集合的网络链路，即该类型攻击者只能监视匿名网络的一端，如实施 Web 指纹攻击。本章将重点介绍流量关联攻击和 Web 指纹攻击。

6.1 流量关联

流量关联技术主要研究各种形式的流分析技术及关联模型和方法，以应对加密流量及其匿名通信环境中流追踪和定位问题，提高流分析的有效性和鲁棒性。近年来，在匿名通信溯源领域中流量关联技术得到了广泛的研究，在抗匿名变换的流水印技术、压缩流分析技术、流量关联模型和方法等方面形成了一系列成果。

图 6.1 显示了流量关联攻击的主要应用场景。该场景中由包含 M 个输入流量和 N 个输出流量的计算机网络组成 (如 Tor 的网络)。由于匿名网络采用加密等内容混淆技术 (如洋葱加密)，简单使用包内容检测方式并不能够识别出输入流量和输出流量之间的对应关系。例如，在 Tor 匿名网络，F_i 和 F_j 分别是一个 Tor 连接的入口流量和出口流量 (图 6.1)，敌手可以通过运行恶意的 Tor 中继节点或在互联网自治域 (ASes) 或互联网交换点 (internet exchange points, IXPs) 处窃听、监控 Tor 的流量。但是，由于洋葱路由的通信数据采用分层加密和存储转发机制，所以直接监视 F_i 和 F_j 的通信内容，攻击者并不能检测出它们的关联关系。在该场景中敌手的目标是通过比较所有入口和出口流量的特征 (如报文时间和大小)来识别匿名网络中发送者匿名集合和接收者匿名集合中的通信链路，例如，(F_i, F_j) 使用流

量特征关联通信链路的流对称为流量关联。

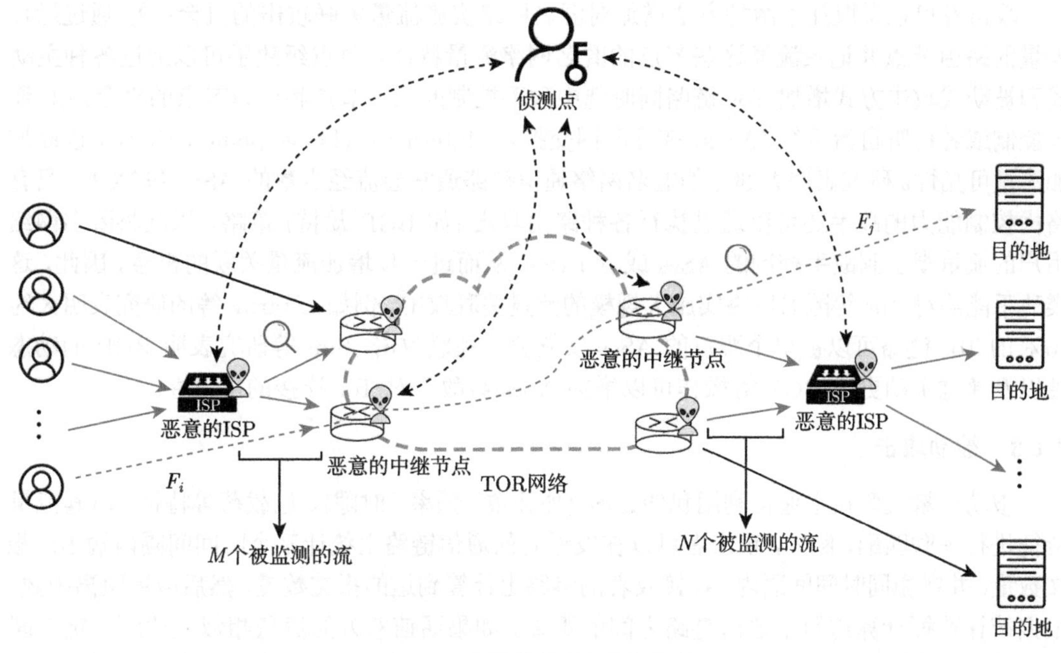

图 6.1 流量关联攻击应用场景

6.1.1 攻击者建模

通常匿名通信的威胁模型都是假设攻击者是掌握局部流量的攻击者，例如，在 Tor 的设计文档中提到，Tor 并不能抵御可观察全局流量的攻击者，因此流量关联攻击是匿名网络追踪溯源最为有效的方法之一。在这种攻击场景中，攻击者同时监视 Tor 网络用户进入匿名网络的流量和流出匿名网络的流量，然后应用各种流量关联算法找出匿名网络的用户及其通信的目的地。

考虑 R_1 和 R_3 分别记为 Tor 链路中的入口节点和出口节点，该节点由攻击者控制，或者攻击者能够监视进入 R_1 的流量和从 R_3 流出匿名网络的流量，攻击者的目标是关联出某一时刻具体是哪一个用户进入 R_1，然后从 R_3 访问了某个目的地。让 $x_1,\cdots,x_n$ 为攻击者在出口节点 R_3 处监视到的数据单元，$y_1,\cdots,y_n$ 为攻击者在入口处监视到的数据单元。对于每一个 x_i，攻击者的目标是确定是否存在一个 y_i，使得 x_i 和 y_i 为相同的流。

6.1.2 基本思想和方法

对于一个能够观察用户的流量进入和离开匿名网络的攻击者来说，匿名网络是脆弱的。通过流量关联分析，可以破解通信双方的匿名性。流量关联攻击旨在使用被动或主动攻击方法关联客户端和服务器之间的通信关系。为了执行攻击，攻击者应该控制或监视发送方和接收方的网络节点 (如路由节点或 Tor 入口和出口节点)。然后通过关联算法和模型度量进入匿名网络的链路与流出匿名网络链路的相似程度，以便在发送者匿名集和接收者匿名集中关联出消息的发送者与接收者。通常，基于流量关联的匿名网络溯源可分为两大步骤：① 通过主动或者被动流分析技术找出匿名集；② 通过关联算法识别出匿名集合中匿名流量的来源。

攻击者可以采取如下两种方法增加对匿名网络实施流量关联攻击的机会：① 通过运行大量的路由节点并记录流经这些节点的匿名网络流量特征。节点级敌手可以通过各种主动式和被动式攻击方式增加 Tor 链路同时选中敌手控制的入口节点和出口节点的机会。② 通过控制或者窃听自治系统 (ASes) 或互联网交换点 (Internet exchange points，IXPs)，以此增加流量可见性。研究表明大部分的匿名网络通信链路通常会流经少数的 ASes 和 IXPs。具有路由控制能力的敌手还可以通过执行各种路由攻击 (如 BGP 劫持) 策略，以此将匿名网络用户的流量牵引到敌手控制的 ASes 或者 IXPs，从而进一步增加流量关联的机会。因此，这类敌手能够对 Tor 等匿名网络实施大规模的流量关联攻击。例如，Starov 等的研究表明大约 40% 的 Tor 链路可以被单个恶意的 ASes 实施流量关联攻击，Sun 等研究表明 BGP 的动态性以及通过主动更新 BGP 等操作可以增加 ASes 级敌手对 Tor 连接的可见性。

6.1.3　被动攻击

被动流量关联技术通常利用包的计时 (如计数、频率、时隙)、包载荷等特征，对其流量特征进行关联匹配，例如，攻击者可以在发送者的通信链路上统计某个时间间隔内输出的报文数量，并在相同时间间隔内，在接收者的链路上计算到达的报文数量。然后应用距离函数，根据统计特征计算这两个通信链路之间的距离。如果通信双方的流量相似性达到一定的阈值，则认为通信双方正在通信。被动攻击的目标是被动地记录网络流量，并根据关联算法估计发送方发送的网络流量与接收方收到的网络流量在统计特征之间的相似性。

1. *模式识别*

在介绍模式识别之前需要简单介绍网络流量特征，通常人们在刻画某个事物时，都是基于该对象的特征，如飞机的机翼、大小、外形等。像这种对事物某些方面的特点进行刻画的属性，称为特征。在网络流量识别中，基于网络安全专家的经验，人们发现包的大小等特征可以有效地识别 Tor 协议，但是包载荷的内容跟 Tor 协议没有任何关系，即一个随机加密的流量在内容上看起看来跟 Tor 的载荷具有同样的特征。因此，不同的特征对于协议识别有着重要的意义。特征是机器学习和模式识别中的重要概念，对于同样的网络流量，可以从不同的维度提取各种特征，如计时 (如计数、频率、时隙)、包载荷等。在网络流分析过程中，我们往往根据网络流量具有的一些模式来刻画用户的行为，例如，某个用户在某个时刻访问了百度，之后访问了新浪，最后上 163 邮箱服务器发送邮件，根据用户访问同一站点不同页面及不同站点的 Web 指纹，可以刻画用户的浏览行为。例如，在图 6.2 中，将时间窗口 w 内数据单元的个数作为流量模式，就可以计算出两个流之间的相关性，从而刻画某个用户在进入匿名网络的流模式跟离开匿名网络的流模式是否具有高度的相似性。

那么，在数学上如何表示特征和特征向量呢？考虑 x_1 表示包的大小，x_2 表示包的计数，可以把描述用户行为的流量模式组合在一起，表示一个特征向量，如 (x_1, x_2)。一般地，一个 n 维的特征向量可以表示为 $X = (x_1, x_2, \cdots, x_n)$。

有了特征向量，就可以把特征向量中的点 (特征值) 在一个特征空间中表示，其中可以用特征空间中点和点之间的距离来衡量它们之间的相似程度。一般地，对于 n 维特征空间，可以使用特征点之间的距离 d 来表示不同网络流量之间的相似程度。例如，考虑时间序列

$\{z_i\}_w$ 的数据包，关联攻击时，首先需要确定时间窗口的大小 w，将流 z 按照时间窗口大小 w 分割，然后计算每一个时间窗口的包数量，构建一个时间序列包计数的向量，最后通过关联算法计算特征空间上不同特征向量之间的距离，从而衡量不同流量之间的相似度。

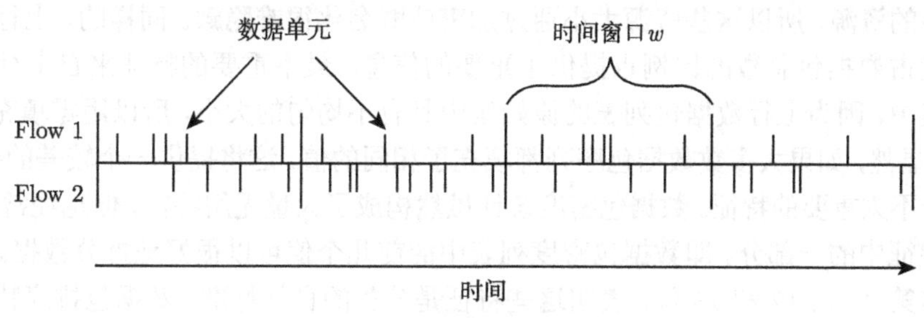

图 6.2 端到端关联方法

2. 特征选择

为了系统评估特征的重要性，Hayes 等通过网络流量特征构成的特征向量和对应网站的标签数据集，研究在封闭世界场景中训练随机森林分类器，然后使用基尼系数作为特征拆分分支的纯度标准，并使用 Breiman 描述的标准方法来估计特征的重要性。具体地讲，当决策树在特征上分支时，两个后代节点的基尼杂质指数的加权和高于父节点的纯度，通过将整个森林中每个特征的基尼减少量相加来获得特征重要性的一致度量。研究者从每个数据包序列中提取以下特征并评估其重要性。

(1) 数据包数量统计：数据包的总数及传输过程中上行数据包的数量和下行数据包的数量。

(2) 上行和下行数据包占总数据包的比例：上行和下行数据包的数量占数据包总数的比例。

(3) 数据包排序统计：对于每个连续的上行和下行数据包，在序列中在其之前看到的数据包总数。包括上行数据包排序列表的标准偏差和上行数据包排序列表的平均值、下行数据包排序列表的标准偏差和下行数据包排序列表的平均值。

(4) 上行数据包的密度；如数据包序列分成 20 个数据包的非重叠块，计算每个块中的上行数据包的数量；与整个块序列一起，提取块序列的标准偏差、平均值、中值和最大值。

(5) 第一个和最后 30 个数据包中上行和下行数据包的密度：前 30 个数据包中上行和下行数据包的数量，最后 30 个数据包中下行和上行数据包的数量。

(6) 每秒数据包的数量：每秒钟数据包数量的平均值、标准偏差、最小值、最大值、中值。

(7) 可选密度特征：该特征的子集基于上行数据包特征列表的密度。上行数据包特征列表分成 20 个均匀大小的子集并对每个子集求和。

(8) 数据包到达间隔时间统计：对于总数据包、上行和下行数据包提取数据包之间的到达间隔时间列表。对于每个列表提取最大值、平均值、标准偏差和第三个四分位数。

(9) 传输时间统计：对于总数据包、上行和下行数据包序列，提取第一、第二、第三个四分位数和总传输时间。

(10) 每秒钟数据包可选数量的特征：对于每秒钟数据包数量的特征列表，创建 20 个均匀大小的子集并对每个子集求和。

研究表明，下行数据包的总数是信息量最大的特征。可以预期的是，由于不同的网页具有不同大小的资源，所以这些资源大小通过加密或匿名化很难隐藏。同样的，上行和下行数据包的数量占数据包总数的比例也提供了重要的信息。最不重要的特征来自上行数据包列表的填充集中，因为上行数据包列表的原始集中具有不均匀的大小，所以用零填充以给出一致的长度。显然，如果大多数数据包序列都填充了相同的值，这将提供一个较差的拆分标准，因此是一个不太重要的特征。数据包密度统计虽然构成了大量无用特征，但也经常构成前 30 个最重要特征中的一部分。即数据包密度列表中的前几个值可以很好地拆分数据。数据包排序特征排名第 4、7、12 和 13 位，表明这些特征是分类的良好标准。数据包排序特征利用浏览器请求资源和终端服务器命令发送资源的方式泄露的信息。此外，研究还发现前 30 个数据包中的上行和下行数据包的数量 (排名第 19 和 20 位) 比最后 30 个数据包中的上行和下行数据包的数量 (排名第 50 和 55 位) 更重要。每秒钟可选数量数据包的特征列表中，较早的特征是比列表中的后续特征更好的拆分标准。即数据包序列的开头泄露的信息多于数据包序列的末尾。表 6.1 总结了排名前 20 的特征。

表 6.1　排名前 20 的特征

排名	特征描述
1	下行数据包的数量
2	上行数据包的数量占数据包总数的比例
3	下行数据包的数量占数据包总数的比例
4	上行数据包排序列表的标准差
5	上行数据包的数量
6	可选集中特征列表中的所有项目的总和
7	上行数据包排序列表的平均值
8	下行数据包、上行数据包和数据包总数的总和
9	每秒钟可选数量数据包的总和
10	数据包的总数
11~18	数据包密度和排序特征列表
19	在前 30 个数据包中下行数据包统计值的总数
20	在前 30 个数据包中上行数据包统计值的总数

3. 关联模型和算法

关联算法可以计算网络流量特征的相似程度，当前相似度计算方法都是基于向量的，本质上是计算两个向量的距离，距离越小相似度越大。具体地关联算法思想为：首先攻击者将记录到的网络流量按照时间序列分割成相邻大小的时间窗口 w，建议 $w = 1\text{s}$。然后，计算每一个时间窗口内数据包的个数，其中 x_k 和 y_k 分别记为入口节点和出口节点在第 k 个时间窗口的包计数。最后，针对每一个可能的出口流量和入口流量特征向量的组合，利用关联算法计算出它们之间的相关系数 ρ。下面详细介绍几种常用的相似度计算方法。

1) 互信息

Shannon 于 1948 年首次定义了互信息 (mutual information)，用来度量两个变量 X、Y

之间的相互依赖程度：

$$I(X,Y)=\sum p(x,y)\log\left(\frac{p(x,y)}{p(x)p(y)}\right) \tag{6.1}$$

其中，$p(x,y)$ 是变量 X 和 Y 的联合概率密度函数；$p(x)$ 和 $p(y)$ 分别是 X 和 Y 的边缘密度函数。互信息可以衡量两个随机变量的依赖性。因此，它可以用于量化两个网络流量特征的相关性，例如，Tor 出口流量特征通常依赖于其相应的入口流量特征。Chothia 和 Zhu 等使用互信息技术关联匿名网络客户端和目的地的通信链路。由于基于互信息的度量方法需要建立和比较目标链路的流量实际的特征分布，所以，需要较长的特征向量以便做出可靠的决策。

2) 皮尔逊相关系数

在统计学中，皮尔逊相关系数 (Pearson correlation coefficient) 是英国统计学家皮尔逊于 20 世纪提出的一种计算直线相关的方法。假设有两个变量 X、Y，两个变量间的皮尔逊相关系数可通过以下公式计算：

$$\begin{aligned}\rho_{X,Y}&=\frac{E[(X-\mu_X)(Y-\mu_Y)]}{\sigma_X\sigma_Y}\\&=\frac{\sum_{i=1}^{n}(X_i-\overline{X})(Y_i-\overline{Y})}{\sqrt{\sum_{i=1}^{n}(X_i-\overline{X})^2}\sqrt{\sum_{i=1}^{n}(Y_i-\overline{Y})^2}}\end{aligned} \tag{6.2}$$

皮尔逊相关系数 ρ 通常被看作两个随机变量间线性相关性强弱的指标，取值为 $[-1,+1]$。ρ 的值越接近 1，表示两个变量正相关，线性相关性越强；越接近 -1，表示负相关；接近或者等于 0，表示两个变量之间的线性关系很弱或不是线性关系。使用皮尔逊线性相关系数必须假设数据是成对地从正态分布中取得的，并且数据至少在逻辑范畴内必须是等间距的数据。

由上述公式可知，皮尔逊相关系数是用协方差除以两个变量的标准差得到的，虽然协方差能反映两个随机变量的相关程度，但是协方差值的大小并不能很好地度量两个随机变量的关联程度。为了更好地度量两个随机变量的相关程度，引入了皮尔逊相关系数，其在协方差的基础上除以两个随机变量的标准差。皮尔逊相关系数是随机变量之间线性相关的经典的统计度量方法。与互信息度量不同，皮尔逊相关系数的度量方法不需要建立与其相关变量的经验分布，因此可以应用于较短的数据长度。

3) 斯皮尔曼等级相关系数

斯皮尔曼等级相关系数 (Spearman's rank correlation coefficient) 又称秩相关系数或等级相关系数，是利用 2 个变量的秩做线性相关分析，用来衡量 2 个变量间是否单调相关。斯皮尔曼相关系数 $\rho_{X,Y}$ 被定义为 2 个 n 维随机变量 $X=(X_1,X_2,\cdots,X_n)$ 和 $Y=(Y_1,Y_2,\cdots,Y_n)$ 的秩之间的斯皮尔曼相关系数：

$$\rho_{X,Y}=\frac{\sum_{i=1}^{n}(r_i-\overline{r})(s_i-\overline{s})}{\sqrt{\sum_{i=1}^{n}(r_i-\overline{r})^2}\sqrt{\sum_{i=1}^{n}(s_i-\overline{s})^2}} \tag{6.3}$$

其中，r_i 和 s_i 分别是 x_i 和 y_i 的秩，$i=1,2,\cdots,n$。ρ 的取值范围为 $[-1,1]$。当一个变量随另一个变量单调递增的时候，$\rho_{X,Y}=1$，反之，$\rho=-1$。

假设两个随机变量分别为 X、Y，它们的元素个数均为 n，第 $i(1\leqslant i\leqslant n)$ 个随机变量的值分别用 X_i、Y_i 表示。对 X、Y 进行排序 (随机变量的元素同时为升序或降序)，得到两个有序的集合 x、y，将集合 x、y 中的元素对应相减得到一个等级的差值集合 d，其中 $d_i=x_i-y_i$，$1\leqslant i\leqslant n$。则 $\rho_{X,Y}$ 可由如下公式计算得出：

$$\rho_{X,Y}=1-\frac{6\sum d_i^2}{n(n^2-1)} \tag{6.4}$$

4) 余弦相似度 (cosine similarity)

两个向量间的余弦值可以通过使用欧几里得点积公式求出：

$$a\cdot b=\|a\|\|b\|\cos(\theta) \tag{6.5}$$

给定两个属性向量 $\boldsymbol{X}$ 和 $\boldsymbol{Y}$，其余弦相似性 θ 由点积和向量长度给出

$$\rho_{X,Y}=\cos(\theta)=\frac{\sum_{i=1}^{n}X_iY_i}{\sqrt{\sum_{i=1}^{n}(X_i)^2}\sqrt{\sum_{i=1}^{n}(Y_i)^2}} \tag{6.6}$$

其中，X_i、Y_i 分别表示向量 $\boldsymbol{X}$ 和向量 $\boldsymbol{Y}$ 的各个分量，取值范围为 $[-1,1]$。-1 意味着两个向量指向的方向正好截然相反，1 表示它们的指向是完全相同的，0 通常表示它们之间是独立的，而在 $[-1,1]$ 之间的值则表示中间的相似性或相异性。

4. 小结

被动攻击的主要优点是隐秘性好，因为攻击者只是监听网络流量。被动攻击的缺点是准确性低、误报率高，而且容易受到网络时延、带宽等网络抖动因素的影响。因此，攻击者需要有足够的时间来监视匿名网络用户的流量，以此找到发送者和接收者之间的流量模式，以便减少误报数，提高攻击的准确性。

6.1.4　主动攻击

从流分析的视角来看，攻击者需要通过监测进入匿名网络的流量和流出匿名网络的流量，从而找出匿名消息的发送者和接收者集合。由于监视匿名网络的流量涉及识别某个匿名网络的客户端，以及互联网上任意可能的主机或网络。因此，攻击者很难直接确定这两个集合，以及它们之间的关系。

过去数十年已经有研究者提出了各种方法以减少需要监视的主机或中继节点的集合，为了方便描述，在本书中将这个需要监测的集合简称为匿名集。在实践中，一些研究者描述了如何通过女巫攻击 (Sybil 攻击) 来确定这个匿名集，即攻击者运行若干恶意中继节点，以便让匿名网络的用户选中攻击者控制的中继节点，从而监视进入和离开匿名网络的流量。对于 AS 级敌手，其策略包括监视自治系统 (AS) 或互联网交换点 (IXPs/IXes) 中的流量，以及干

扰匿名网络客户端到入口节点的通信链路，或者通过选择性拒绝服务攻击等策略来减少匿名集合。

对于具有主动攻击能力的敌手，可以通过在匿名网络的一端嵌入特定信号，从而“标出”或“着色”每一个客户端的流量，如图 6.3 所示。当流量经过各个中继节点时，处理客户端流量的中继节点会保持这种可识别的流模式。同时攻击者观察对端的流量并检测流量中是否携带嵌入的信号，若信号被检测到则可确认通信双方的关系。从信号的嵌入位置，又可以将主动流分析分为网络层、协议层和应用层流量关联攻击。下面阐述主动流量分析方法，然后介绍如何利用关联算法计算两个通信链路流量特征的相似性。

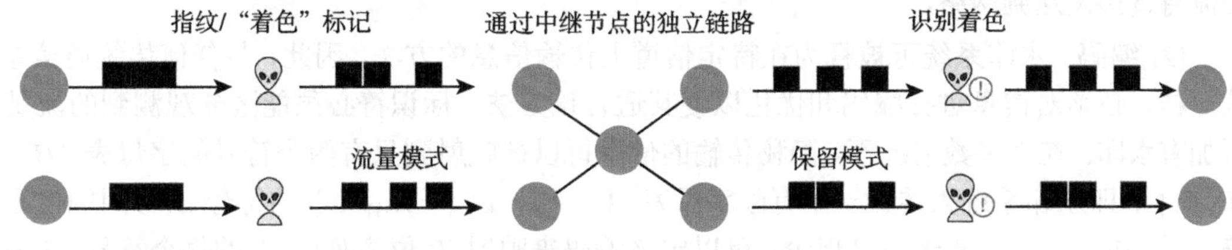

图 6.3 流指纹和“着色”攻击示意图

1. 流水印

流水印可以广泛应用于网络流关联、用户访问的网站推断、VoIP 跟踪、攻击源和僵尸网络 (botnet) 跟踪等。在网络层，攻击者可以利用网络流量速率、数据包延迟间隔和数据包大小等功能将信号嵌入目标流量。其中，网络流水印技术是网络层最主要的流量关联方法之一，该方法主要是通过控制匿名网络入口节点和出口节点，并在其中一端数据包注入流水印，在通信的另一端检测水印来实现链路关联分析。水印载体通常有包载荷、流速率和包时间 3 种类型，形成了基于 RAINBOW、时隙质心、IBW、直序扩频等流水印模型和算法。

网络流水印技术通过两个主要部分实现：水印编码工具和水印检测器。水印编码工具负责将信息转换为具有某些特定属性的水印编码并将其嵌入目标流中。相反，水印检测器观测网络中流经的特定流量并分析流量的特征，以便检测嵌入水印的流并解码水印，从而获得嵌入其中的任何信息。图 6.4 描述了这两部分的主要步骤。

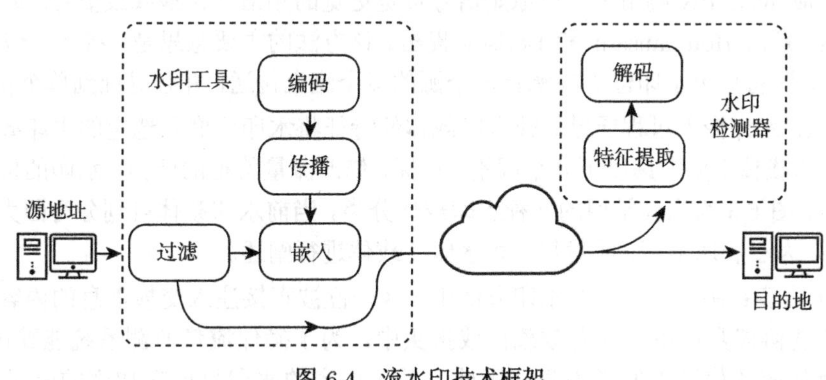

图 6.4 流水印技术框架

1) 水印编码工具

定义流为从源通过网络协议发送到目的地的单向且有序的消息序列。在 TCP/IP 协议套件封装 IP 数据包之前，可以对源主机在应用层生成的消息进行分段/聚合和加密。IP 层 (IP-level) 流是由五个 IP 属性 (源 IP 地址、目的地 IP 地址、源端口、目的地端口和 IP 协议字段) 的相同值标识的单向且有序的 IP 数据包序列。图 6.4 描述了水印编码工具执行的四个操作：过滤、编码、传播和嵌入。编码和传播可以在离线模式下处理，过滤和嵌入只能在线和实时执行。

(1) 过滤：在嵌入程序之前，水印工具通过选择将要嵌入水印的目标流来过滤；未选择的流将直接发送到网络。

(2) 编码：水印系统可被视为在特定信道上传输信息的方法。因此，与任何传统通信系统一样，必须对信息进行编码和优化以使其适合该方法，标识符必须能区分观测到的流是否加有水印。在大多数情况下，隐秘传输的信息可以被映射到只有两个符号的字母表 ($B = \{b_0, b_1\}$)，即水印系统为传输一个有限字母表 $A = \{a_0, a_1, \cdots, a_{W-1}\}$ 的符号 a，其中 W 是符号数 ($W = |A|$)。基于信息理论，可以定义编码来映射 L 位序列中 A 的每个符号，$L = \ulcorner \log_2 W \urcorner$。

在流中传达单个水印位 $b \in \{b_0, b_1\}$ 的策略主要有以下两种：基于 (1) 和基于 (0/1)。在基于 (1) 的水印中，当嵌入比特 $b = b_1$ 时，必须修改目标流的特征，否则流特征保持不变。相反，在基于 (0/1) 的水印中，流特征总是由水印工具修改，因此两个符号是可区分的。

(3) 传播：与所有通信信道一样，携带水印比特的信道也可能有噪声，并且水印载体的抖动可能破坏水印。因此，研究者用水印分集方案 (diversity schemes) 来提高水印系统的鲁棒性和嵌入水印的可靠性。基本上，水印方案允许原始信号在特定域中传播。当前主要有三种不同的水印传播类型：时间分集 (time diversity)、频域分集 (frequency diversity) 和空间分集 (space diversity)。水印分集的类别主要取决于所选择的水印载体。时间分集方案是将单个水印位 b 在不同时间复制 M 次，这种时间分集方法常常被研究者用在基于时序的载波信号中。稀疏化是另一种时间分集方法，其中单个水印位 b 被确定性地映射到 M 位的长序列。频率分集也是一种常见的分集方法，该方法通常称为直接序列扩频 (DSSS) 方案，扩频是无线通信中常用的一种传输技术，利用伪噪声码 (PN 码) 将信号所占带宽扩展至远大于其所需的最小带宽进行传输，在接收方使用相同的 PN 码对扩频后的信号解码以后恢复出原始信号，即将 M 位的 PN 码用于在比原始信号带宽更宽的频谱上传播载波信号。最常用的空间分集方案，是由 Houmansadr 和 Borisov 提出。该方法的主要意思是，将水印嵌入到几个不同的信道，即将单个水印位 b 在源自多个源的多个流上传送，并且寻址到单个目的地。

(4) 嵌入：水印嵌入过程通过修改水印载体的特征将水印位嵌入选定的水印载体中。选择特定的水印载体主要考虑以下几个因素：目标、修改流量特征的能力、水印的位置、流量是否加密等。图 6.5 为当前常用的几种水印载体分类。当前水印载体可划分为四大类：基于内容、时序、大小和速率。下面对每一种水印的载体进行阐述。

① 基于内容：在基于内容的水印方法中，水印位被直接注入交换消息的内容。可以将水印插入所选协议数据单元的有效载荷或报头中。为了确保流量监测系统能够读取水印，必须在没有加密的信道上发送消息。因此，基于内容的水印目前在加密的流量中几乎没

有用。

② 基于时序：在基于时序的水印方法中，水印载体是在网络中的某个侦测点监测到流数据包的到达 (或离开) 时间的序列。可以通过向目标流的所选数据包引入一定程度的延迟来嵌入水印。通常，考虑数据包间延迟 (IPD) 而不是数据包到达时间。给定由 N 个有序数据包序列组成的流，t_i (其中 $i=0,\cdots,N-1$) 是水印到达时间，第一个包的到达时间 t_0 固定为时间轴原点 ($t_0=0$)。定义符号 $\tau_{i,j}=t_i-t_j$，其中 $i>j$，用于表示两个不同到达时间之间的 IPD。当 $i=j+1$，其中 $i=1,\cdots,N-1$ 时，在连续数据包之间考虑延迟。为简单起见，连续分组之间的 IPD 由 $\tau_i=t_i-t_{i-1}$ 表示，其中 $i=1,\cdots,N-1$。

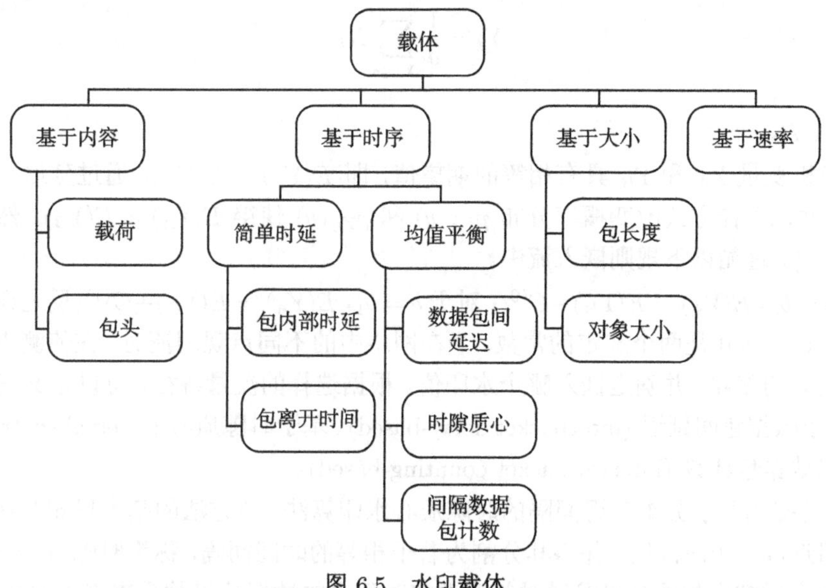

图 6.5 水印载体

下面介绍嵌入单个水印位 b 的两种不同机制：简单时延和均值平衡。

a. 简单时延。我们将简单时延称为水印嵌入过程，根据以下关系改变数据包间延迟 (或数据包离开时间)：

$$\tau_{i,j}^b=\tau_{i,j}+\Delta_{i,j}(b,\boldsymbol{x},\boldsymbol{r}) \tag{6.7}$$

其中，$\tau_{i,j}$ 和 $\tau_{i,j}^b$ 分别为水印嵌入前和嵌入后的 IPD；$\Delta_{i,j}(b,x,r)$ 是加法延迟，主要是单个水印位 b 的函数。根据算法的特征，可以是某些确定性参数的向量 x 和 (或) 在水印算法中适当定义的概率参数的向量 $\boldsymbol{r}$ 的函数。两个向量 $\boldsymbol{x}$ 和 $\boldsymbol{r}$ 中的一些参数必须在水印编码工具和检测器之间秘密共享。

研究者提出顺序数据包 IPD 的算法，其中第 i 个延迟 $\Delta_i(b,s,\tau_i)$ 仅为三个分量：单个水印位、第 i 个 IPD τ_i 和量化步长常数 s。在其他研究工作中，Δ_i 也可以是 IPD 的值 $\tau_1,\tau_2,\cdots,\tau_i$，$\tau_1^b,\tau_2^b,\cdots,\tau_i^b$，单个水印位 b 和量化步长 s 的函数。Houmansadr 等提出了一种名为 RAINBOW 的水印策略，其中附加延迟 Δ_i 仅是 b(其中 $b\in\{0,1\}$) 和概率分量的函数：

$$\Delta_i=br_i$$

其中，r_i 是一个随机变量，假设为两个实数中的一个使得 $r_i \in \{r^{(0)}, r^{(1)}\}$，其中 $r^{(0)} > 0$ 且 $r^{(1)} \leqslant 0$，两者都有相同的概率。

b. 均值平衡。均值平衡是一种基于概率时序的水印嵌入范式。均值平衡基于特定流量特征 x 的选择，其可以在流上测量或计算至少 $2d$ 次，其中 d 是正整数，其基于嵌入单个位的特征数量来选择。所选特征可以假设离散或连续、有限或无限域 D 中的值。令 x_i 是从目标流提取特征的第 i 个值，其中 $i = 1, \cdots, 2d$，并且利用概率分布 $p_{X_i}(x)$ 实现随机变量 X_i。随机变量集合 $\{X_i\}_{i=1,\cdots,2d}$ 可以伪随机地或确定地分成两组 A 和 B，每组由 d 个随机变量组成。设 Y_A 和 Y_B 是两个新的随机变量，分别由 A 和 B 中随机变量的平均值得到：

$$Y_\jmath = \frac{1}{d} \sum_{X_i \in \jmath} X_i \tag{6.8}$$

其中，$\jmath = A, B$。

如果随机变量 Y_A 和 Y_B 具有相等的期望值，即 $E(Y_A) = E(Y_B)$，通过延迟一些目标流的数据包，并以受控方式改变概率分布 $p_{Y_A}(y)$ 和 $p_{Y_B}(y)$ 使得 $E(Y_A) \neq E(Y_B)$，然后将水印位 $b \in \{b_0, b_1\}$，遵循以下规则嵌入流中。

对于 $b = b_0$，$E(Y_A) = E(Y_B) - C^{(0)}$；对于 $b = b_1$，$E(Y_A) = E(Y_B) + C^{(1)}$(反之亦然)，其中 $C^{(0)} \geqslant 0$ 和 $C^{(1)} > 0$ 是两个选定的常数。当在网络中的不同点观测流时，在侦测点可以计算两个实现之间的差异，并确定嵌入哪个水印值。根据选择的流量特征，可以定义三个均值嵌入类别：基于数据包间延迟 (interpacket delay-based)、基于时隙质心 (interval centroid-based) 和基于间隔数据包计数 (interval packet counting-based)。

Wang 等提出基于分组延迟间隔的时隙质心水印算法。该方法的基本思想是在整个持续时间内随机选取一个时间段，并将其分割为若干相等的时间间隔，称为时隙 (Interval)，通过改变落在每个时隙内数据分组发送时刻或调整时隙内的数据分组数量来嵌入水印 W。为了在目标流中嵌入信号，给定流量持续时间 T_f，选择偏移量 $o > 0$(起始点) 并将参考持续时间 $T_p(T_p < T_f - o)$ 分割为 $2d$ 个相等长度的时隙 $I_1, I_2, \cdots, I_{2d}$，由于每个时隙具有持续时间 T。第 i 个时隙 I_i 将包含 n_i 个数据包，因此可选择平衡特征：

$$x_i = \frac{1}{n_i} \sum_{h=1}^{n_i} [(t_h - o) \mod T] \tag{6.9}$$

其中，$i = 1, \cdots, 2d$; t_h 是第 h 个数据包在时隙 I_i 中的到达时间，则时隙质心可以表示为

$$\mathrm{Cent}(I_i) = \frac{1}{n_i} \sum_{j=0}^{n_i - 1} \Delta t_{i_j} \tag{6.10}$$

其中，n_i 为落在时隙 I_i 内的包分组个数；Δt_{i_j} 为时隙 I_i 中第 j 个数据分组距离 t_o 的时间偏移量，通常 t_{i_j} 服从均匀分布，为此可以计算得到 $2d$ 个时隙的质心值。将这 $2d$ 个时隙随机分为 A、B 两组，每组各有 d 个时隙，并将延迟的分组记为 A' 和 B'。为了编码 W 位水印，攻击者需要按照某一概率 $\left(\text{如 } \dfrac{1}{|W|}\right)$ 分别从这两组中各取 r 个时隙，并用这 r 个时隙

的平均质心代表 A 组和 B 组的质心。

$$A_i = \frac{\sum_{j=0}^{r-1}[N_{i,j}^A \text{Cent}(I_{i,j}^A)]}{\sum_{j=0}^{r-1} N_{i,j}^A} \tag{6.11}$$

$$B_i = \frac{\sum_{j=0}^{r-1}[N_{i,j}^B \text{Cent}(I_{i,j}^B)]}{\sum_{j=0}^{r-1} N_{i,j}^B} \tag{6.12}$$

其中，$I_{i,j}^A$ 和 $I_{i,j}^B$ 分别表示嵌入水印位 b_i 时，所取 r 个时隙中的第 $j(j=0,\cdots,r-1)$ 个时隙，$N_{i,j}^A$ 和 $N_{i,j}^B$ 为时隙 $I_{i,j}^A$ 和 $I_{i,j}^B$ 中所包含的数据分组个数。由于 $Y_i = A_i - B_i$ 服从均值为 0 的均匀分布，因此可通过给 A_i 或 B_i 增加 $a(0<a<T)$，使 Y_i 分布的对称轴由 0 变为 $\frac{a}{2}$ 或 $-\frac{a}{2}$，根据这一变化的不同来表示水印位 b_i 为 0 或 1，以此完成水印位 b_i 的嵌入。

Pyun 等于 2007 年提出了一种基于时间间隔的算法，该算法不是使用质心，而是在每个间隔中考虑了数据包的数量，称为基于间隔数据包计数的算法，该算法选择平衡的特征是

$$x_i = n_i, \quad i = 1,\cdots,2d$$

除了 Pyun 之外，还有一些研究者在他们的研究中也使用了基于间隔数据包计数的算法。

③ 基于大小：两个通信方之间交换的信息内容的大小，可以通过观测目标流的数据包长度来推断，这是被动流分析中常用的特征之一。为了在主动流分析中利用此特征，需要改变数据包长度或改变封装在网络流中的内容大小；在流量被加密的情况下，只有在加密之前执行该过程时才能实现。通常，水印工具在加密之前不能操纵端点处的流量，这使得该载波非常不具吸引力。

a. 数据包长度。当水印在加密前访问数据包时，数据包长度可以根据以下关系进行修改：

$$\ell_i^b = \ell_i + \Lambda_i(b, x, r) \tag{6.13}$$

其中，ℓ_i 和 ℓ_i^b 分别是水印嵌入之前和之后目标流中第 i 个数据包的长度，而 $\Lambda_i(b,x,r)$ 是位 b 的函数的附加正填充。根据算法的特性，Λ 可以是某些确定性参数的向量 $\boldsymbol{x}$，或在水印算法中适当定义的概率参数的向量 $\boldsymbol{r}$ 的函数。两个向量 $\boldsymbol{x}$ 和 $\boldsymbol{r}$ 中的一些参数必须在水印工具和检测器之间隐蔽地共享。

b. 对象大小。在 Arp 等对 Tor 的攻击中可以看到基于对象大小的水印算法的应用案例，Arp 等证明，如果攻击者可以利用 Tor 用户访问网页的 JavaScript 代码生成一些流量，则可以在通信中注入具有固定大小的驱动资源 (driven resources)，即通过创建具有固定大小的网页请求和回复，攻击者便可以通过识别请求/回复的内容大小的方式攻击 Tor 用户的匿名性。

④ 基于速率：在网络中注入掩护流量 (dummy traffic) 可能会影响当时通过同一网段的实际流量速率。通过控制流量注入可以在目标流上生成可识别的速率模式，将水印位 b 嵌入目标流中。实际上，Yu 等利用这一思想将水印位 b 嵌入目标流中，当水印工具想要嵌入位 $b=b_0$ 时，则对流施加弱干扰；当 $b=b_1$ 时，则施加强干扰。因此，当受到干扰影响时，以平均流量速率 R 为特征的流可根据以下关系描述速率：

$$R_{T_i}^b = R_{T_i} + \Gamma_i(b) \tag{6.14}$$

其中，R_{T_i} 和 $R_{T_i}^b$ 分别是在水印嵌入之前和之后目标流中第 i 个持续时间周期 T 的比特率；$\Gamma_i(b)$ 是由于干扰导致的速率变化，是位 b 的函数。Γ_i 可以写成：

$$\Gamma_i = \begin{cases} C, & b=b_1 \\ D, & b=b_0 \end{cases} \tag{6.15}$$

其中，C 和 D 是与干扰强度相关的两个负参数，$C<D\leqslant 0$。同样的水印理念后来被其他研究者使用，其方法主要基于所采用的传播功能而彼此不同。

2) 水印检测器

(1) 特征提取：检测器根据所选的水印载体提取可能传输水印位的流数据包的特征。所选特征的集合将是观测到流的描述符向量。当水印载体基于时序时，将提取流数据包的到达时间戳。此外，需要基于速率的算法来测量数据包的时间戳，而针对基于大小的水印载体，标识符需要读取数据包长度的序列。当水印载体基于内容时，标识符必须读取并分析数据包有效载荷中的内容以便找到隐藏信息。

(2) 解码：在提取要检查的流量特征之后，标识符计算所提取的特征函数的值及先前水印工具分配的参数。该值可以表示水印位 b 是 b_0 还是 b_1 (在基于 (0/1) 的水印的情况下)，或者可选地，表示流是否加水印 (在基于 (1) 的水印的情况下)。检测问题可以看作分类的问题，其中检测器需要为每个观察到的流分配类别标签。基于 (0/1) 的策略包括三类：未加水印、用位 b_0 加水印和用位 b_1 加水印。其中基于 (1) 的策略的分类问题属于二分类：未加水印和加水印。这种分类问题的算法通常比在被动流分析中使用的算法更加简单和快速，且其中流量特征没有主动改变。目前，水印解码算法有两种类型：盲水印和非盲水印算法。当水印是非盲时，标识符需要知道在水印点处测量水印载体的值以做出决定，而在盲水印系统的情况下，检测器可以基于在检测时观测到的特征来确定。下面将介绍有关四种水印载体决策程序的一些细节。

① 基于内容：当有效载荷中注入水印时，不得对流量进行加密，否则检测器将无法读取水印。检测器扫描观测到的所有数据包的有效载荷，以便找到用水印工具预定义的可识别标签。

② 基于时序：给定 $\widetilde{N}$ 个有序数据包的流量，让 $\widetilde{t}_i(i=0,\cdots,\widetilde{N}-1)$ 是第 i 个检测点的到达时间，第一个数据包的到达时间 t_0 固定为时间轴原点 ($\widetilde{t}_0=0$)。$\widetilde{\tau}_{i,j}=\widetilde{t}_i-\widetilde{t}_j$ 表示两个不同到达时间数据包之间的差，记为 IPD，其中 $i>j$。当通过水印添加简单延迟 $\Delta_{i,j}(b,x,r)$ 时，检测器计算出估计的位 $\widetilde{b}$ 作为商定的数据包的 IPD 的函数：

$$\widetilde{b} = f(\widetilde{\tau}_{i,j}, \boldsymbol{x}, g(\boldsymbol{r})) \tag{6.16}$$

其中，先前已经共享了确定性参数的向量 $\boldsymbol{x}$，而函数 $g(\boldsymbol{r})$ 表示概率分量 $\boldsymbol{r}$ 的统计特征。在基于 (0/1) 的水印策略的情况下，如果信息通道中没有干扰，则检测器准确地显示水印，并且水印特征 (即数据包间延迟) 恰好是与水印嵌入点相同。在均值平衡水印的情况下，解码过程简单地计算函数：

$$D(\widetilde{y}_A,\widetilde{y}_B)=\frac{1}{d}\sum_{\widetilde{x}_i\in A}\widetilde{x}_i-\frac{1}{d}\sum_{\widetilde{x}_i\in B}\widetilde{x}_i=\widetilde{y}_A-\widetilde{y}_B \tag{6.17}$$

其中，$\widetilde{x}_i$ 是在检测点计算或测量的第 i 个流量特征值；$\widetilde{y}_A$ 和 $\widetilde{y}_B$ 是式 (6.8) 的 y_A 和 y_B 的相应值，在检测点处计算。定义两个阈值 $c_{\text{th}}^{(0)}\geqslant 0$，$c_{\text{th}}^{(1)}\geqslant 0$，使得 $c_{\text{th}}^{(0)}<c^{(0)}$ 和 $c_{\text{th}}^{(1)}<c^{(1)}$，如果 $D(\widetilde{y}_A,\widetilde{y}_B)>c_{\text{th}}^{(1)}$，则该流被分类为加水印的位 b_1。如果 $D(\widetilde{y}_A,\widetilde{y}_B)<-c_{\text{th}}^{(0)}$，则该流被分类为加水印的位 b_0，否则该流被认为是未加水印的。

③ 基于大小：基于大小的水印检测需要分析流数据包长度。通过对观测到的预处理长度应用简单的判定规则，可以估计是否嵌入了位 b_0 或 b_1。

④ 基于速率：基于速率的水印检测需要分析流速变化；通过对观测到的速率应用简单的决策规则，可以估计是否嵌入了位 b_0 或 b_1。

2. 流量确认攻击

通常流量确认攻击是建立在流分析技术之上的，主要是利用匿名通信协议的侧信道或者协议缺陷等方法破解其匿名性。在流量确认攻击场景中假定敌手能够控制或监视匿名网络的两跳节点。当客户端选择中继节点创建链路之时，攻击者控制的两个节点之一被选中为路由路径的第一跳，另一个节点被选中作为最后一跳。此时，攻击者可以监视进入入口节点的用户集合，以及从出口节点离开后到达目的地的接收者匿名集合。如果攻击者可以在其中一个节点处篡改、删除、添加通信协议的数据单元，在另一端能够检测到篡改、删除或注入的数据单元，则可以确认用户与目的地之间的关联关系。

由于 Tor 采用 AES 计数器方式 (AES-CTR) 对数据单元进行加解密，被攻击者修改后的数据单元将干扰中间节点与出口节点的计数器，并导致在出口节点处数据单元解密后无法正确识别。由此，Fu 等基于 Tor 采用 AES 计数器模式 (AES counter mode，AES-CTR) 对其数据包进行加密的协议缺陷，提出一种主动的流量关联攻击方法。该方法假设攻击者控制匿名通信链路的入口与出口节点。若 Tor 客户端所建立的链路选中了攻击者控制的 Tor 入口节点，则攻击者便可在入口节点处对数据包进行重放攻击，重放的数据包将起到扰乱链路中其他 Tor 节点 AES 计数器的效果，在 Tor 出口节点处由于 AES 计数器不匹配而无法正确地解密重放的数据包，因此该出口节点将被迫关闭此链路，攻击者将数据单元解密后未能正确识别作为流量关联中的协议特征，若攻击者在入口节点与出口节点处同时发现这种未识别的数据单元，则可确认 Tor 客户端和目的服务器之间的通信链路。这种主动攻击技术是通过发现异常情况来确定通信链路的发送者和接收者之间的通信关系，而发现此异常后节点将关闭正常的通信链路，这将会导致用户的通信被短暂切断，进而有可能被匿名网络用户怀疑自己的通信链路被监控。

为了改进这种协议级主动攻击的隐蔽性，Ling 等提出一种新的协议级别攻击方法。该方法同样假设攻击者控制了用户 TCP 流所在链路上的入口与出口节点，并假设攻击者可以验证 Tor 客户端的电路是否在入口和出口节点位置选中了自己的恶意节点。具体地讲，攻击者在入口节点处复制、修改、插入或删除 Tor 客户端 TCP 流中的数据单元。虽然这种操作会导致中间节点处的数据单元识别错误，但是数据单元仍然会被中继到出口节点，并导致出口节点识别错误。在此期间，攻击者需要在入口节点处记录客户端的 IP 地址和端口、链路标识符及处理数据单元的具体时间等相关信息。由于重放或插入伪造数据单元将导致中间节点和出口节点处的计数器增加，而删除数据单元将导致计数器减少。这些操作将导致中间节点和出口节点的 AES 计数器与客户端不同步，最终导致出口节点上的数据单元解密失败。这种类型的解密失败在正常链路中相当罕见，因此攻击者可以使用这种特征来检测受控的数据单元是否通过攻击者控制的 Tor 出口节点。一旦攻击者在出口节点处识别出数据单元解密失败这种行为，入口节点处的攻击者就知道通信链路的发送者，而出口节点处的共谋节点则可以监听到链路的目的地。通过这种方式，攻击者可以简单地确认电路的源和目的地之间的通信关系。

类似的端到端确认攻击还可以用于发现隐藏的服务，例如，在 2013 年，Biryukov 等提出了一种基于填充 (padding) 数据包破解 Tor 隐藏服务匿名性的方法，该方法通过在 RP(rendezvous point) 节点注入特定个数的填充数据包 (padding cell) 并在受控 Guard 节点进行流量关联分析，判断受控 Guard 节点是否位于当前链路的 Guard 位置。如果是，则可以识别 HS 隐藏服务的真实地址。

在给定某个 onion 地址的前提下，用户模拟客户端访问 HS 的过程，人为地选择受控恶意节点作为 RP(rendezvous point) 节点，迫使 HS 与 RP 建立连接。通过观察流量的模式，识别当前链路中的 Guard 节点是否为自己的受控节点。如果是，则可以破解 HS 的位置信息。如图 6.6 所示，具体的攻击步骤如下。

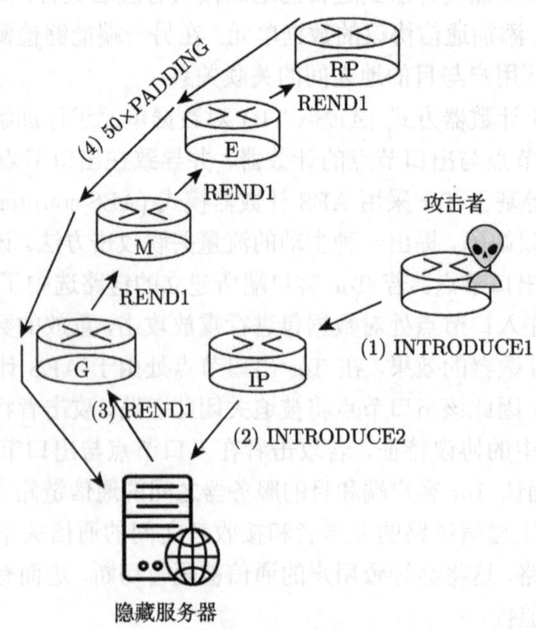

图 6.6　基于填充数据包的追踪方法

(1) 攻击者随机地向 HS 的一个 IP(introduction point) 节点发送 RELAY_COMMAND_INTRODUCE1 信息，将 RP 节点信息告诉 HS。

(2) IP 节点在收到 RELAY_COMMAND_INTRODUCE1 信息之后，将里面的信息封装在 RELAY_COMMAND_INTRODUCE2 中，转发给 HS。

(3) 当收到 RELAY_COMMAND_INTRODUCE2，HS 就会与 RP 建立一条包含 3 个节点的链路，并且向 RP 发送 RELAY_COMMAND_RENDEZVOUS1。

(4) 当 RP 节点收到 RELAY_COMMAND_RENDEZVOUS1 后，攻击者控制 RP 节点发送 50 个 PADDING 包。

(5) RP 发送一个 DESTORY 命令关闭当前链路。

查看受控节点的日志文件，如果发现在 RP 节点收到 RELAY_COMMAND_RENDEZVOUS1 之后，受控节点收到了一个 DESTORY 命令，并且当前链路发送了 3 个数据包，接收了 53 个数据包，说明当前链路的 GUARD 节点是受控节点，进而确认 Tor 隐藏服务的位置信息。

6.2 Web 指纹

6.2.1 基本思想

通过学习特定网站经由匿名网络返回的网络数据包特征，形成相应的网站 (网页) 指纹，再通过观察匿名网络用户的网络数据包特征来判断匿名网络用户访问的目标站点。不同于流量关联攻击，Web 指纹攻击只需要监视匿名网络的一端，如用户侧的流量，而不需要同时监视目标网站侧的流量，但 Web 指纹攻击的准确性更容易受到流量整型、网络抖动等外在因素的影响。跟流量关联攻击类似的是 Web 指纹攻击也需要利用包的时间、频率、方向、大小等各种流量特征，然后在流量特征向量之上构建机器学习模型和算法以检测识别用户访问的网页。

如图 6.7 所示，攻击者首先选择某个网站中需要监测的页面列表，每次当客户端访问 Web 页面时，攻击者的目标是识别客户端正在访问的页面是哪一个页面。在实验环境中，研究者通常只考虑封闭世界的应用场景，即客户只访问被监视的页面，但是在实际应用环境中，客户端可以访问任意的页面，即访问的页面是一个开放的集合。Web 指纹攻击通常包括两个阶段：训练和测试阶段。在训练阶段，攻击者通过访问目标网页列表中的每个页面并重复此过程一定次数。在开放世界中，攻击者还需要访问一定数量的非监视页面，访问页面的目的是训练分类器，该分类器使用机器学习算法将流量分为不同类别的页面。在测试阶段，攻击者通过捕获到用户加密的网络流量，并尝试对客户端正在访问的页面进行自动分类。

Web 指纹攻击可以形式化地定义为如下过程：若包的序列形式化地定义为一个序列 $P =< (t_1,\ell_1),(t_2,\ell_2),\cdots,(t_{|P|},\ell_{|P|}) >$。其中，$t_i$ 是第 $i-1$ 个包和第 i 个包之间的时间间隔，$t_1=0$。ℓ_i 是包的长度和方向，正号代表上行数据包，负号代表下行数据包，$|\ell|$ 代表包的长度。对于集合 P 中第 i 个包记为 P_i，对于第 i 个包的长度记为 ℓ_i，T_i 代表 P_1 到 P_i 总的时间，$T_{|P|}$ 表示包序列 P 总的持续时间。所有的包序列的集合记为 S。因此 Web 指纹攻击的目标是给定 $(P_{\text{train}},c(P_{\text{train}}))$ 和测试样本 $P_{\text{test}}\in S_{\text{test}}$，预测 $c(P_{\text{test}})$ 的类别，其中

$P_{\text{train}} \in S_{\text{train}}$ 。

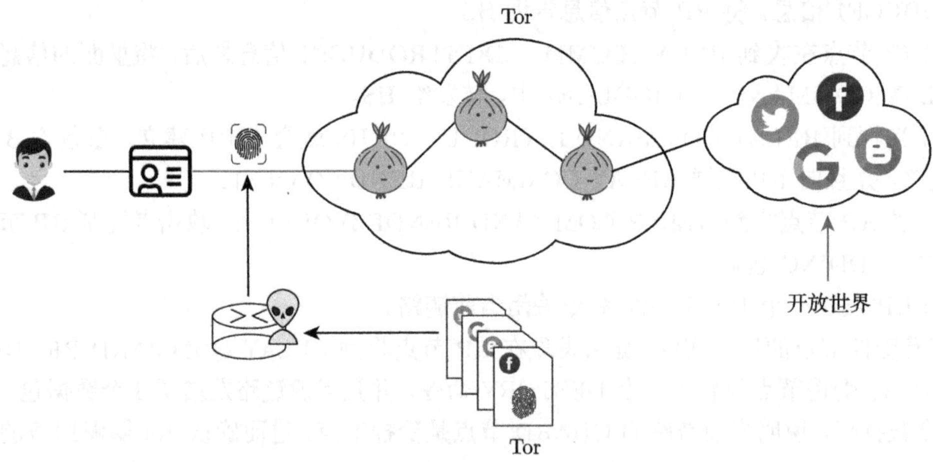

图 6.7　Web 指纹攻击示意图

6.2.2　典型攻击方法

研究者利用网站指纹攻击破坏用户的匿名性，该方法使用的机器学习算法通常包括支持向量机 (SVM)、k 近邻 (k-NN) 算法、K-Fingerprinting 或者深度神经网络等。

1. k 近邻算法

k 近邻 (k-nearest neighbor，k-NN) 算法是数据挖掘分类技术中最重要的方法之一，是 1968 年 Cover 和 Hart 提出的，广泛应用于文本分类、图像识别等领域。k 近邻算法的基本思想是：如果一个样本在特征空间中的 k 个最相似 (即特征空间中最邻近) 样本中的大多数属于某一个类别，则该样本属于这个类别。在分类决策过程中，k 近邻算法中采用多数表决方法。下面用一个具体的示例来说明 k 近邻算法的原理，图 6.8 所示的问题为判断图中圆点的形状是三角形还是正方形。

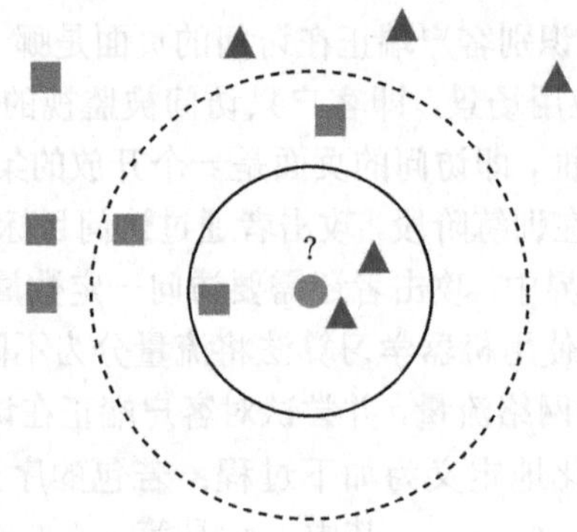

图 6.8　k 近邻算法的例子

如果 k=3 (图中实线部分)，则可以看到离圆点最近的 3 个点为 2 个三角形和 1 个正方形，根据多数表决原则，圆点将被赋予三角形类，如果 k=5 (图中虚线部分)，则离圆点最近的 5 个点为 3 个正方形和 2 个三角形，因此圆点被赋予正方形类。由此可见，k 值的选择对

k 近邻算法的结果会产生巨大影响。在实际应用中，k 值一般取一个比较小的数值，通常采用交叉验证的方法选择最优 k 值。

该算法假定每个样本对应于 n 维欧氏空间中的一个点，一般地，把任意的样本 x 表示为如下特征向量：

$$< a_1(x), a_2(x), \cdots a_n(x) >$$

其中，$a_r(x)$ 表示样本 x 的第 r 个属性值。那么两个样本 x_i 和 x_j 之间的距离定义为

$$d(x_i, x_j) = \sqrt{\sum_{r=1}^{n}(a_r(x_i) - a_r(x_j))^2}$$

在 k 近邻模型中最常使用的距离是欧氏距离，也可以是其他距离，如欧氏距离的一般形式 Minkowski 距离。曼哈顿距离对应 L_1-范数，也就是在欧氏空间的固定直角坐标系上两点所形成的线段对轴产生的投影的距离总和。定义两个点 $X = (x_1, x_2, \cdots, x_n) \in \mathbb{R}$ 和 $Y = (y_1, y_2, \cdots, y_n) \in \mathbb{R}$ 之间的 Minkowski 距离为

$$\text{dist}(X, Y) = \left(\sum_{i=1}^{n}|x_i - y_i|^p\right)^{\frac{1}{p}}$$

当 $p = 2$ 时，Minkowski 距离变成欧氏距离：

$$\text{dist}(X, Y) = \|X - Y\|_2 = \sqrt{\sum_{i=1}^{n}|x_i - y_i|^2}$$

当 $p = 1$ 时，Minkowski 距离成为曼哈顿距离：

$$\text{dist}(X, Y) = \|X - Y\|_1 = \sum_{i=1}^{n}|x_i - y_i|^1$$

1) 问题定义

基于 k 近邻的 Web 指纹攻击方法是根据不同网页特征值之间的距离来进行分类的一种简单的机器学习方法。假设训练集是 S_{train}、测试集是 S_{test}。在训练阶段，让 $S_{\text{train}} = \{P_1, P_2, \cdots\}$ 记为匿名网络 Web 浏览的包序列集合，其中集合中每个点 P_i 为一个包的序列，让 $c(P_i)$ 记为 P_i 的类别。给定一个测试集 $P_{\text{test}} \in S_{\text{test}}$，$k$ 近邻算法将会为每一个 $P_{\text{train}} \in S_{\text{train}}$ 计算距离 $d(P_{\text{test}}, P_{\text{train}})$。然后，该算法基于 P_{test} 中距离 k 个类别最近的点对 P_{test} 进行分类。

k-NN 算法使用距离指标 d 表征两个包序列的相似性。因此，k-NN 算法首先需要从包序列中提取特征集 $F = \{f_1, f_2, \cdots\}$，其中每个特征是一个函数 f，它接收一个包序列 P 作为输入，然后计算 $f(P)$。其中，页面 P 和 P' 的距离为

$$d(P, P') = \sum_{i=1}^{|F|} w_i|f_i(P) - f_i(P')|$$

其中，$W=\{w_1,w_2,\cdots,w_{|F|}\}$ 为权值。

2) 特征提取

机器学习主要是根据网络流量的统计特征建立分类模型，特征选择对于网络流量分类具有直接的影响。Wang 等通过启发式方法提取了 3000 多个特征，如包的大小、时间、包个数、包序列、Traffic Bursts 等，具体包括以下几个方面。

(1) 一般特征：包括总传输大小、总传输时间以及输入和输出数据包的数量。

(2) 唯一的包长度特征：对于数据包长度为 1~1500 的每个方向的数据包，如果它出现在数据集中，则定义为 1；如果不出现，则定义为 0。

(3) 数据包排序特征：每一个上行数据包之前的数据包总数，同时增加一个特征代表上行数据包与前一个数据包之间的下行数据包数量。

(4) 初始数据包特征：前 20 个数据包 (包括不同的方向) 的长度。

(5) Bursts 数据包特征：将上行数据包的 bursts 定义为一系列输出数据包，它们之中没有两个相邻的输入数据包，其中以 burst 包中最大、平均长度以及 burst 包的数量为特征。

在特征数据处理方面，由于某些特征集合，如数据包排序，其特征的数量是可变的。因此不同的点会有不同的特征集合大小，这里，用特殊字符 (X) 填充以到达最大特征数。对于每个特征 f_i，如果两个值中有一个是 X，则将 $d_{f_i}(P,P')$ 记为 0，使其忽略差异并且不对总的距离做贡献。

3) 权值学习

通过提取数据包序列的特征，可以计算数据包序列之间的距离作为其特征向量之间的距离。形式化定义一个特征集合为 $F^1=(f_1^1,f_2^1,\cdots,f_n^1)$ 和 $F^2=(f_1^2,f_2^2,\cdots,f_n^2)$，其 L^p 范数为

$$d(F^1,F^2)=\left(\sum_{i=1}^{n}|f_i^1-f_i^2|^p\right)^{1/p}$$

如果 f_i^1 或者 f_i^2 存在值 X，则 $|f_i^1-f_i^2|$ 记为 0。

由于网络流量的特征存在大量的冗余，其中大部分对分类效果并不明显，此外，客户端应用程序还可以通过混淆算法来防范 Web 指纹攻击，例如，Tor 采用固定大小的数据单元，从而消除唯一数据包长度的特征。因此，在特征选择方面，需要从大量的冗余特征集中学习出计算精度和开销最优的特征。因此需要研究如何调整不同特征权值的学习算法，并基于学习到的特征权值确定不同特征的重要程度，然后摒弃无效的特征，即将 W_i 的权值设置为 0。一个主要的权重学习算法是基于特征距离的学习算法。下面阐述如何通过 WLLCC(Weight Learning by Locally Collapsing Classes) 算法学习不同的特征的权值 $W=\{w_1,w_2,\cdots,w_{|F|}\}$。

在距离度量指标学习中，学习算法输入标注的数据集 S，并求解出距离指标 d，以便 d 合并到某个类别，使得来自相同类别的元素有较小的距离 d，然而对于不同类别的元素有较大的距离 d。研究者提出了各种基于距离的学习算法，下面介绍 Wang 等提出的 WLLCC 距离度量指标学习算法。该算法使用带权的 L^1 范数：

$$d(F^1,F^2)=\sum_{i=1}^{n}w_i|f_i^1-f_i^2|$$

对于某一特征 f_i, 定义 d_{f_i} 的距离为

$$d_{f_i}(F^1,F^2)=w_i|f_i^1-f_i^2|$$

因此距离 d 可以当作 d_{f_i} 的和。具体的权值学习过程包括以下两个步骤。

(1) 权重推荐。权重推荐的目标是找到我们想要减少的权。在权值推荐步骤中，首先计算 P_{train} 和所有其他 $P'_{\text{train}}\in S_{\text{train}}$ 之间的距离。然后在同一类别中选取 k_{reco} 个最接近的点 $S_{\text{good}}=\{P_1,P_2,\cdots,P_{k_{\text{reco}}}\}$，在其他类别同样选择 k_{reco} 个最接近的点 $S_{\text{bad}}=\{P'_1,P'_2,\cdots,P'_{k_{\text{reco}}}\}$。定义 d_{maxgood_i} 为 P_{train} 和 S_{good} 中所有点 P 之间的距离 d_{f_i} 的最大值。

$$d_{\text{maxgood}_i}=\max\{d_{f_i}(P_{\text{train}},P)|P\in S_{\text{good}}\}$$

定义 $d(P,S)$ 为 P 和集合 S 中每一个包序列的距离之和，S 为包序列的集合。

然后，对每一个特征计算无效距离的数量 n_{bad_i}，记为

$$n_{\text{bad}_i}=|\{P'\in S_{\text{bad}}:d_{f_i}(P_{\text{train}},P')\leqslant d_{\text{maxgood}_i}\}| \tag{6.18}$$

其中，n_{bad_i} 暗示特征 f_i 对于区分 S_{bad} 和 S_{good} 是否有帮助。n_{bad_i} 的值越大，意味着特征 f_i 对于将 P_{train} 成员从其他类别的成员中区分出来的效果越差。因此，WLLCC 将减少 f_i 的权重。相反，如果 n_{bad_i} 的值很小，则特征 f_i 是有效的，WLLCC 需要增加其权重。

(2) 权重调整。通过固定 $d(P_{\text{train}},S_{\text{bad}})$，减少 $d(P_{\text{train}},S_{\text{good}})$ 的方式调整特征的权重。对于每个 i，将权重减少到 $\Delta w_i=0.01w_i$，使得 $n_{\text{bad}_i}\neq\min(\{n_{\text{bad}_1},n_{\text{bad}_2},\cdots,n_{\text{bad}_{|F|}}\})$，然后用 $n_{\text{bad}_i}=\min(\{n_{\text{bad}_1},n_{\text{bad}_2},\cdots,n_{\text{bad}_{|F|}}\})$ 增加所有权重 w_i，让 $d(P_{\text{train}},S_{\text{bad}})$ 保持不变。

2. 朴素贝叶斯

朴素贝叶斯分类器是基于贝叶斯定理与特征条件独立假设的分类方法，是一种简单、高效的分类模型。假定我们想确定包序列 P 是否属于某个类别 C，则可以从包序列 P 中提取特征向量 $S(P)=\{(\ell_1,f_{\ell_1}),(\ell_2,f_{\ell_2}),\cdots,(\ell_n,f_{\ell_n})\}$。其中，$\ell_i$ 是 P 中包的大小，f_{ℓ_i} 是 ℓ_i 在包 P 中出现的次数，则分类器 M_C 记为

$$M_C=\{(\ell_1,F_{\ell_1}),(\ell_2,F_{\ell_2}),\cdots,(\ell_N,F_{\ell_N})\}$$

其中，F_{ℓ_i} 是每一个包序列中唯一包大小频率的集合，即 f_{ℓ_i} 的集合。如果有 $|C_{\text{train}}|$ 个训练集合，则 F_i 的大小为 $|C_{\text{train}}|$。假设包的唯一大小 ℓ_i 和它们的频率 f_{ℓ_i} 跟其他包的唯一大小和频率是相互独立的。则对于每一个包序列 $P\in C$ 赋予一个概率值:

$$p(P\in C)=\prod_{1\leqslant i\leqslant|S(P)|}p(f_{\ell_i}\in F_{\ell_i})$$

其中，概率 $p(f_{\ell_i}\in F_{\ell_i})$ 可以用核密度估计 (kernel density estimation) 函数计算:

$$p(f_{\ell_i}\in F_{\ell_i})=\frac{1}{\sigma_i}\mathrm{e}^{-\frac{(f_{\ell_i}-\mu_i)^2}{\sigma_i^2}}$$

其中，μ_i 和 σ_i 为 F_{ℓ_i} 的均值和标准差。

6.3 压缩感知流分析

大规模跨域追踪需要在多个自治域上协同侦测，并实时采集、分析、处理巨大的网络流量，因而人们对网络流量分析的采样速率、传输带宽和存储空间的要求也就变得越来越高。如何在有效提取承载在流量中有用信息的同时尽可能减少流量的采样数量，是大规模跨域流分析需要解决的重要问题。事实上，在信号处理领域，Donoho 等提出的压缩感知 (compressive sensing) 方法，充分运用了大部分信号，在预知的一组基上可以稀疏表示这一先验知识，利用随机投影可实现在远少于 Nyquist 采样定理要求的采样频率下对压缩数据直接采集。该方法已广泛应用于人脸识别、语音识别、遥感成像等研究领域。2017 年 Nasr 等首次提出基于压缩感知理论的流分析方法，并将之应用于 Web 指纹和流量关联分析，本节将以此为基础详细阐述压缩感知流分析的基本思想和方法。

6.3.1 压缩感知

压缩感知理论表明只要信号在某个变换域是稀疏的，就可以用一个与变换基不相关的观测矩阵将高维信号投影到一个低维空间上，然后通过求解一个优化问题就可以从这些少量的投影中以高概率重构出原信号。在电子工程尤其是信号处理中，压缩感知被广泛应用于获取和重构稀疏信号 (可压缩的信号)。

其中，f 为 k 稀疏的信号 (只在 k 个时刻非零)，$\boldsymbol{\Phi}$ 为感知矩阵，对信号 f 压缩采样的过程表示为将原始信号 f 投影到特定的感知矩阵上，得到一组压缩观测向量 $\boldsymbol{y}$。形式化为

$$f \times [\Phi_1, \Phi_2, \cdots, \Phi_m]^{\mathrm{T}} = \boldsymbol{y} \xrightarrow{\ell_1\text{最小化}} \hat{f}$$

压缩感知利用信号的稀疏性原则，以远少于 Nyquist 采样定理所要求的采样数目精确或近似精确地重构原始信号。稀疏信号是在某个表示域中系数接近或等于零的信号，例如，当用小波域 (wavelet domain) 表示时，数字图像中具有许多零或接近零的分量。由于压缩样本是信号分量的加权线性组合，假设信号 $\boldsymbol{X}_{N\times1}$ 是大小为 N 的向量。压缩测度 $\boldsymbol{Y}_{M\times1}$ 可以由如下公式推导得出：

$$\boldsymbol{Y}_{M\times1} = \boldsymbol{\Phi}_{M\times N} \times \boldsymbol{X}_{N\times1}$$

其中，$\boldsymbol{\Phi}_{M\times N}$ 是感知矩阵；$\boldsymbol{Y}_{M\times1}$ 是包含 M 个元素的压缩向量，则压缩比率为 $R = \dfrac{N}{M}$，压缩感知的目标是使压缩比尽可能大，即 $M \ll N$。

由于很多信号都是稀疏的，在适当的表示域中，很多系数都等于或约等于零。压缩感知利用信号中存在大量的冗余 (这些信号并非完全是噪声)。在信号获取阶段，压缩感知在信号并不稀疏的域对信号进行线性测度。为了从压缩样本中重构出原始信号，压缩感知求解一个称为 L_1 范数正则化的最小二乘问题。从理论上可以证明，在某些条件下，这个正则化最小二乘问题的解正是非确定线性系统的稀疏解。其中基追踪 (basis pursuit) 为求解该问题最有名的算法之一，形式化为

$$\hat{X}_{N\times1} = \min_{f_{N\times1}\in\mathbb{R}^N} \|f_{N\times1}\|_1 \quad \text{s.t.} \quad \Phi_{M\times N} \times f_{N\times1} = Y_{M\times1}$$

其中，$\|\cdot\|_1$ 是 L_1 规范。只要满足 $M = O(K \log N)$，则该重构算法对于噪声是鲁棒的，其中 K 为信号的稀疏程度 (K 个时刻非零值的数量)。

6.3.2 压缩感知流分析方法

压缩感知也可以用在流分析领域，由于网络流量的特征向量满足压缩感知的两个前提条件。

(1) 稀疏性。在前面已经介绍过压缩感知可以广泛应用在稀疏信号上，而流分析中常用的流量特性，即数据包时序和数据包大小都是稀疏信号。图 6.9 显示了 500 个 Tor 连接的直方图，图 6.10 显示了从 2016 年 CAIDA 数据集中选择的 1000 个网络流，并提取包的内部时延特征。从这两个图中可以看出包的时延和包大小等特征满足信号稀疏性。

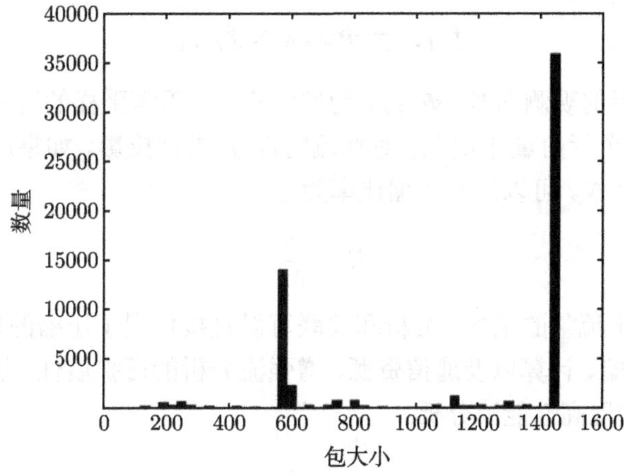

图 6.9　500 个 Tor 连接的直方图

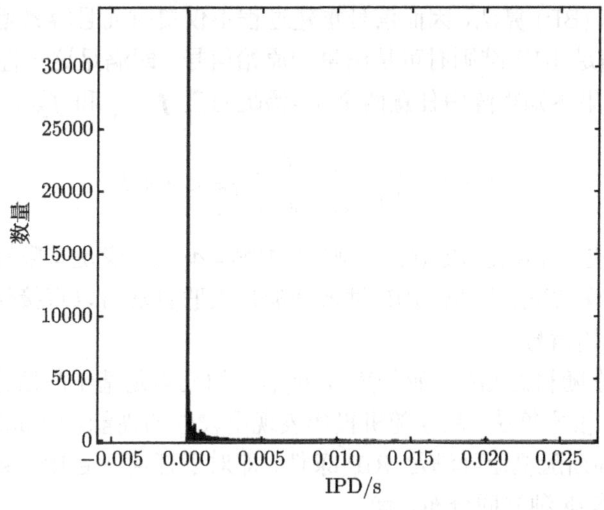

图 6.10　10000 个网络流的直方图

(2) 等距约束性准则。在压缩流量特征信号重构的过程中，压缩流量特征是一个计算密集型的工作 (基追踪算法需要求解一个线性规划问题)，如果特征向量不是稀疏的可能会增加噪声。如果用于压缩感知的线性投影算法可以在流量特征之间保留欧氏距离，则流分析算法可以直接作用于压缩流量特征，即不需要重构压缩的流量特征。研究表明，如果感知矩阵 $\boldsymbol{\Phi}$ 满足等距约束性准则 (restricted isometry property，RIP) 属性，则可以保留欧氏距离。问题的关键是设计满足 RIP 的感知矩阵。

在压缩流分析中，利用随机投影或确定性线性投影算法来压缩流量特征，如报文计时、报文时延和报文大小等。考虑一个网络流为包的序列，记为 $P = <(t_1, s_1), (t_2, s_2), \cdots, (t_n, s_n)>$，其中 t_i 为包的内部时间间隔，其中 $t_1 = 0$。$|s_i|$ 表示数据包的大小，正负表示方向，n 为包序列 P 的大小。通常，可以用一个特征向量表征该网络流指纹，如 $\boldsymbol{P}_t$ 表示内部包时延的特征向量；$\boldsymbol{P}_s$ 表示包大小的特征向量。记 $\boldsymbol{f}_{N\times 1}$ 为包序列 P 上的 N 维特征向量，根据压缩感知理论，压缩的特征向量可以根据如下公式求解：

$$\hat{\boldsymbol{f}}_{M\times 1} = \boldsymbol{\Phi}_{M\times N} \times \boldsymbol{f}_{N\times 1}$$

其中，$\hat{\boldsymbol{f}}_{\boldsymbol{M}\times 1}$ 为压缩后的观测向量；$\boldsymbol{\Phi}_{\boldsymbol{M}\times 1}$ 为感知矩阵。压缩采样的过程实际上就是利用感知矩阵 $\boldsymbol{\Phi}_{\boldsymbol{M}\times 1}$ 的 M 个行向量 $\{\eta_j\}_{j=1}^{M}$ 对稀疏向量 $\boldsymbol{f}$ 进行投影。如果压缩的特征向量包含 M 个特征值，且 $M < N$。可以定义压缩比率为

$$R = \frac{N}{M}$$

在压缩流分析中，由于流量的采集、分析和关联可以直接作用于压缩的特征向量，因此可以极大地节约网络的存储、计算以及通信资源，增强流分析的可扩展性。压缩流分析的目标是以较大的压缩比 R 实现高性能流分析。

1. 线性投影算法

由于重构原始信号需要转变为一个凸优化问题求解，典型的凸范数最小化求解方法是基于线性规划的基追踪 (BP) 算法，因而信号重建过程不仅费时而且容易增加噪声。然而，Tao 等已证明感知矩阵满足 RIP 准则时可精确重构原始信号，即满足这一性质的压缩特征向量将保留欧拉距离，如果感知矩阵中任意两个 K-稀疏向量 $\boldsymbol{f}_{N\times 1}$ 和 $\boldsymbol{f}'_{N\times 1}$ 满足如下不等式：

$$1-\delta \leqslant \frac{\|\hat{f}_{M\times 1} - \hat{f}'_{N\times 1}\|_2^2}{\|f_{N\times 1} - f'_{N\times 1}\|_2^2} \leqslant 1+\delta$$

其中，$\|\cdot\|_2$ 为 L_2 范式，且存在 $\delta \in (0,1)$，则感知矩阵 $\boldsymbol{\Phi}_{M\times 1}$ 满足有限等距性质。如果 δ 很小，压缩特征向量将保留欧拉距离，RIP 性质使流量关联算法可以直接作用于压缩的特征向量，而不需要重构原始信号。

(1) 随机感知。在随机感知中，感知矩阵 $\boldsymbol{\Phi}_{M\times 1}$ 的元素是基于高斯分布随机生成的，相对于其他类型的随机投影算法，高斯随机投影表现出较佳的性能。由 Johnson-Lindenstrauss (JL) 定理可以知道高斯随机矩阵满足 RIP 条件，即对于任何 $x \in \mathbb{R}^d$ s.t. $|x| \leqslant 1, |x'| \leqslant 1$ 且 $m \times d$ 跟高斯矩阵 $\boldsymbol{\Phi}$ 独立同分布，有

$$\Pr(|\|\Phi_x\|_2^2 - 1| > \delta) < \epsilon$$

其中，$m = O(\delta^{-2}\log(1/\epsilon))$。

(2) 确定性感知。随机投影是欧氏空间中一种比较传统的降维方法，而在实际应用中，确定性投影算法更受欢迎，其主要原因包括以下三个方面：① 随机投影过程中信号压缩和信号重构需要共享感知矩阵，而确定性感知矩阵只需要共享其中一些参数即可；② 随机矩阵只在统计意义上概率满足 RIP 和弱相关性；③ 确定性感知在信号重建方面存在贪心算法，因而效率更高。

当前国内外学者提出了各种确定性投影算法，本节重点介绍基于 BCH 码的感知算法，对于任意两个整数 $m>2$ 和 $t>2$，二元双 BCH 码是一个大小为$M\times N$ 的 {0，1}矩阵，其中 $M=2^m-1$ 且 $N=2^{mt}$。然后利用双极映射：$0\to+\dfrac{1}{\sqrt{M}}$；$1\to-\dfrac{1}{\sqrt{M}}$；可以从二元 BCH 矩阵中构造一个确定性感知矩阵 $\boldsymbol{\Phi}$，以便对于任意两个 K-稀疏特征向量使得矩阵 $\boldsymbol{\Phi}$ 满足 RIP 性质，其中 $\delta\leqslant\dfrac{2K(t-1)}{\sqrt{M}}$。

2. 基于压缩感知的流量关联

跟传统的流量关联算法一样，压缩流关联算法也可以采样类似包计时、包大小等特征的网络流量。图 6.11 所示为压缩流关联系统框图，其中压缩采样模块使用压缩算法采集监视到的每个流量特征。为了判断监视到的流是否与先前观察到的任何流量相关，压缩采样模块需要首先压缩网络流量，再将压缩后的特征向量与存储在后台数据库中的压缩特征向量进行交叉关联。

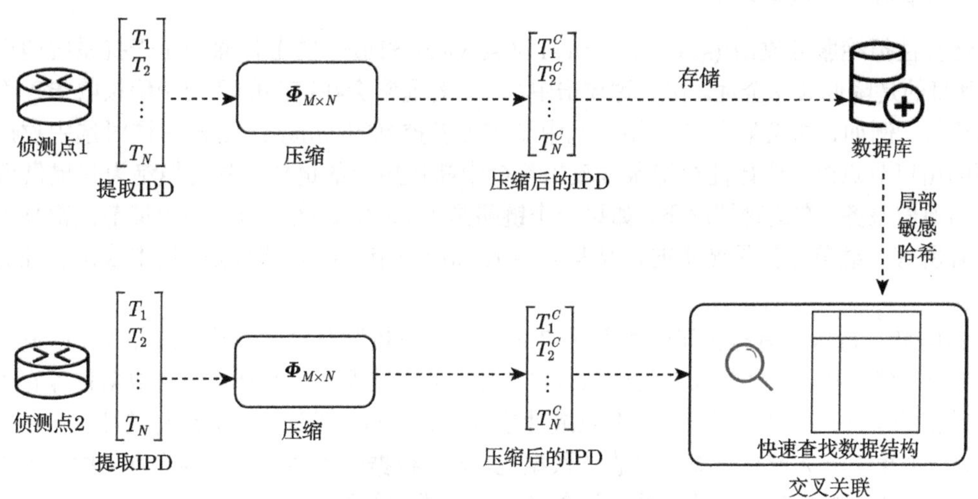

图 6.11 压缩流关联系统框图

1) 压缩算法

考虑长度为 $N+1$ 的包计时信息 $\{t_i|i=1,2,\cdots,N+1\}$，其中 i 是包的索引，其 IPD 特征向量可以记为

$$\boldsymbol{\tau}_{N\times 1}=\{\tau_i|i=1,2,\cdots,N\}$$

其中，$\tau_i=t_{i+1}-t_i$。

根据压缩感知理论，假设原始的特征向量记为 $\boldsymbol{\tau}$，则压缩采样的特征向量可以通过如下算法构造：

$$\boldsymbol{\tau}^C_{M\times 1} = \boldsymbol{\Phi}_{M\times N} \times \boldsymbol{\tau}_{N\times 1}$$

其中，$\boldsymbol{\tau}^C_{M\times 1}$ 为压缩后的 IPD 向量；$\boldsymbol{\Phi}_{M\times N}$ 为感知矩阵，$M < N$。

根据上面介绍的方法，可以利用随机性投影算法和确定性投影算法构造感知矩阵。

2) 关联算法

在被动流量关联算法部分已经介绍了多种关联算法，如余弦相似度、皮尔逊相关系数等，压缩感知流量关联同样适用于这类相关性关联算法。对于压缩后的向量 $\boldsymbol{\tau}^C_1$ 和 $\boldsymbol{\tau}^C_2$，基于余弦相似度的压缩流量特征关联算法可以由如下公式得出：

$$C(\tau^C_1, \tau^C_2) = \frac{\sum\limits_{i=1}^{M} \tau^C_1(i)\tau^C_2(i)}{\sqrt{\sum\limits_{i=1}^{M} \tau^C_1(i)^2}\sqrt{\sum\limits_{i=1}^{M} \tau^C_2(i)^2}}$$

6.4 其他攻击方法

6.4.1 路径选择算法攻击

1. 选择性拒绝服务攻击

选择性拒绝服务攻击 (selective denial of service，SDoS) 的工作原理是干扰系统的可靠性，其目的是降低其安全性。在这种攻击中，攻击者通常会在链路的两端拒绝接收未攻陷链路的连接。例如，如果某个 Tor 用户选中了攻击者控制的 Guard，当没有同时选中攻击者控制的出口节点时，选择性拒绝服务攻击将会中断该用户的链路，从而拒绝为其提供可靠的匿名通信服务。在这种情况下，如果一个链路是可靠的，那么它所有的中继节点都是可靠的并且所有中继节点都是诚实的，或者 Guard 和出口节点同时被攻陷 (选中攻击者控制的节点)。

2014 年，Jansen 等提出了一种利用 Tor 本身转发机制漏洞的方法，该方法可以使任意 Tor 节点下线。Tor 的数据包在两个 relay 节点的传输过程中，需要事先将数据包保存到前一跳节点的缓冲区，如果下一跳的节点成功接收该数据包，则前一跳节点将缓冲区中的数据包删除。如果下一条节点一直不接收该数据包，则该数据包就会一直保存在前一跳节点的缓冲区中。如果缓冲区过大，操作系统就会将该 Tor 进程终结。

如图 6.12 所示，攻击者建立一条链路，选择自己的一个恶意节点作为出口节点，目标节点作为入口节点。攻击者从目标网站请求下载一个大文件，出口节点忽略窗口大小不断地向中间节点发送数据包。攻击者的 OP 不断请求信息但是不接收入口节点的数据包。一段时间后，入口节点的缓冲区过大，Tor 进程被操作系统终结。

为了防止攻击者被发现，攻击者还可以在目标节点之前添加三跳链路，以隐藏自己的 IP 地址。攻击者通过三跳的 Tor 链路，以代理的方式连接目标节点作为入口节点，然后建立链路，与服务器建立连接。在从服务器下载文件的过程中，攻击者停止接收数据包，导致第一条链路的出口节点也停止接收数据包，一段时间后，目标节点的缓冲区过大，Tor 进程被操作系统终结。作者在真实网络中测试了该方法的有效性。将每 10 条链路分为一组 (team)，其中 9 条链路作为攻击使用，一条链路探测节点的阻塞程度，以此来决定 OP 端发送 SENDME 包的速度。通过实验发现普通攻击与匿名攻击的消耗速度相差不多，其平均内存消耗速度为 903.3KB/s 和 849.9KB/s。通过这个方法，可以在 29min 内使在 relay-list 中前 20 名的 exit 节点全部下线。

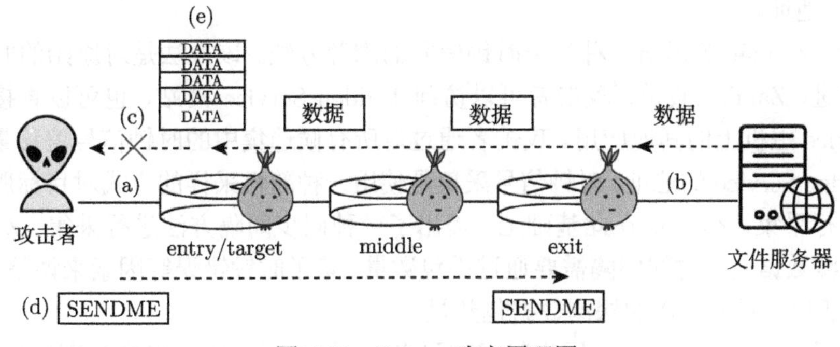

图 6.12 Sniper 攻击原理图

2. 低资源路由攻击

Bauer 等提出一种基于低资源路由的攻击方法，该方法通过攻击 Tor 的路径选择算法来增加选中恶意中继节点的概率。攻击者通过在 Tor 匿名网络中部署多个低资源节点，并有意地宣称自己的节点是高带宽、低时延的节点。当 Tor 客户端建立链路时，由于 Tor 的路由选择算法将偏向选择更高带宽的路由节点，因此它们将会以更高的概率选中恶意节点。为了提高攻击的有效性，攻击者联合选择性拒绝服务攻击，如果攻击者未能同时控制某一链路的入口节点和出口节点，则攻击者通过在恶意节点上执行选择性拒绝服务攻击的方式中断客户端的链路。为了执行此攻击，每个恶意中继节点都会记录有关其连接的统计信息，如 IP 地址、端口以及时间戳，并将日志报告给实时运行链路关联分析的后台服务器。在私有 Tor 网络上的实验显示：如果攻击者控制 10% 的网络节点，则低资源路由攻击能够攻陷多达 47% 的 Tor 客户端的链路。虽然在真实的 Tor 网络上可能会引入高的误报，但是攻击者可以采用更复杂的端到端确认攻击来改进在线实验结果的准确性、降低误报率。

此后，Tor 官方上线了 Tor 中继节点的带宽测量算法，这些测量可用于计算 consensus 文件中发布的带宽权重。虽然此类测量在一定程度上可以防止低资源路由攻击，但是自适应恶意节点仍然可以与测量算法进行“猫和老鼠”的游戏以夸大其带宽。

6.4.2 侧信道

通常各种类型的侧信道攻击技术是建立在流分析技术之上的，主要利用匿名通信协议的侧信道或者用户误操作、协议缺陷、软件漏洞等方法破解其匿名性。Pries 等利用 Tor 采用 AES 计数器模式对其数据包加密的缺陷设计并实现一种基于重放攻击的通信流量主动追踪技术。Murdoch 和 Zander 等通过测量 Tor 隐藏服务器时间戳的改变，关联 Tor 隐藏服务器的温度和访问负载变化，从而揭示 Tor 隐藏服务的位置。Jansen 等提出了一种 Snipper 攻击方法，以代价低、破坏性高的方法对任意 Tor 中继节点发起拒绝服务攻击，从而选择性地攻陷某些中继节点以干扰 Tor 网络的路径选择，实现对 Tor 隐藏服务的匿名性破解。此外，Øverlier 等针对现有的匿名网络提出前驱攻击 (predecessor attack)、距离攻击 (distance attack)、控制客户端和 RP 节点方法。

基于时钟信号的侧信道分析是指使用探测节点记录一段时间内某一暗网服务和所有公网 IP 服务器与该节点的时钟偏差，通过查找关联暗网服务与公网 IP 的偏差序列来确认通信双方的 IP 地址。

2008 年，Zander 等提出一种基于时钟信号的溯源方法。该方法是对原始的时钟信号探测方法的改进，Zander 假设，攻击者可以访问 Hidden Service 网站，也可以直接访问运行 Hidden Service 主机上的其他应用。攻击者通过对所有候选集中的时钟信号偏移量进行关联来确定 Hidden Service 的地址。时钟信号采集是使用一种随机采样的方式对目标服务器的时钟偏移量进行采集，Zander 在此基础上，提出了一种同步间隔方法进行采集。Zander 认为每次发送探测数据包的时间间隔需要通过丢包数量、量子时钟错误等因素来调整，根据此算法，可以降低攻击者所发送的探测数据包数量。

在局域网与 Internet 中使用同步时间间隔采样、随机时间间隔采样和高精度 (UDP) 采样进行探测，持续 24h，发现在准确率上使用同步时间间隔的方法比随机时间间隔的采样方法提高两个数量级，比高精度的方法提高一个数量级。

6.4.3　软件漏洞

如果用户正在运行的软件泄露了自己的位置信息，则任何匿名通信系统都无法保障用户的匿名性。2018 年 10 月，Zerodium 在 Twitter 上披露了一个 NoScript 漏洞，NoScript 是一款流行的 Firefox 扩展，其目标是让 JavaScript、Java 和 Flash 插件仅在受信任的网站上执行来保护用户免受恶意脚本的侵害。Tor 浏览器基于 Firefox，默认情况下开启 NoScript 扩展。即便用户将 Tor 浏览器的安全级别设置为“最安全”以阻止来自所有网站的恶意 JavaScript 代码，该漏洞仍将允许网站或 Tor 隐藏服务绕过所有 NoScript 限制并执行任何恶意 JavaScript，如图 6.13 所示。在 2013 年 8 月，研究者发现类似的攻击方法，攻击者入侵 Tor 隐藏服务，其目标是向访问这些隐藏服务的 Tor 客户端发送恶意的 JavaScript 代码，以便利用特定版本的 Firefox 漏洞执行恶意 JavaScript 代码，该代码可以从 JavaScript 沙箱中逃逸出来，作为浏览器进程的一部分在本地运行。这样，作为本地运行的 JavaScript 代码便可以调用主机的操作系统，获得 Tor 客户端的真实 IP 地址、MAC 地址以及其他信息，并把它们发送给攻击者控制的服务器。

因此，匿名通信协议仅仅靠自身的协议安全并不能完全阻止软件漏洞泄露用户的身份信息，研究者提出通过 Nymix 机制探索系统级的安全解决方案，如图 6.14 所示。Nymix 是一个 USB 启动的 Linux 操作系统原型，利用虚拟机来提高软件漏洞的防御能力。其基本思想是：在 Nymix 平台的宿主操作系统中运行匿名通信工具的客户端软件 (如 Tor 客户端)，把它可能依赖的浏览器以及浏览器插件和扩展隔离在单独访问的“虚拟机 (guest VM)”内，如图 6.14 所示。虚拟机中的所有软件都无权限访问物理主机操作系统或与其网络配置有关的信息，虚拟机只能看到标准的私有 (NAT)IP 地址 (如 192.168.1.1) 以及虚拟机设备的假 MAC 地址。因此，即使通过浏览器漏洞注入本地代码，也不会泄露客户端真实的 IP 地址，恶意代码也不能逃出虚拟机。

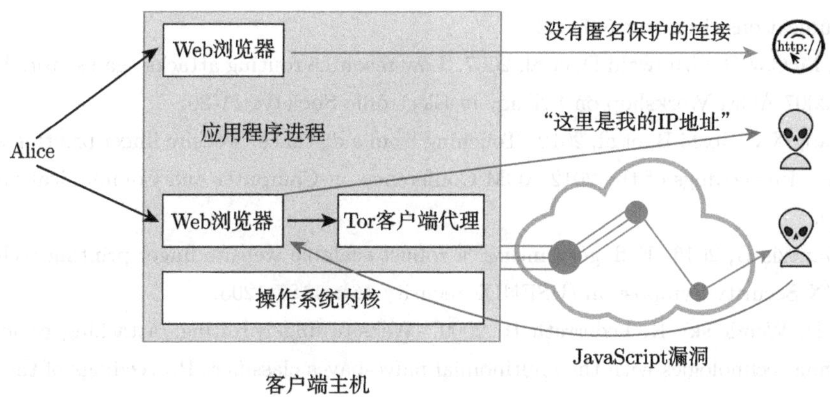

图 6.13 软件漏洞攻击示例

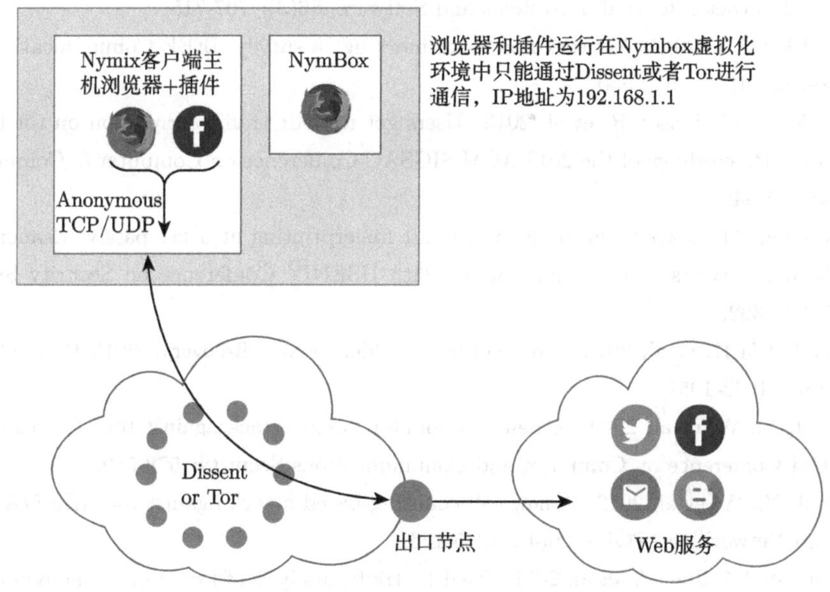

图 6.14 基于 NymBoxes 加固的操作系统

Nymix 把虚拟机状态实例和匿名管理层的假名绑定在一起，支持用户使用不同的虚拟机 (NymBoxes) 来同时发起多个假名。当需要以最低的风险降低用户长期使用匿名通信系统而导致身份信息暴露给交集攻击的敌手时，Nymix 会安全地消除 NymBoxes 中包含的所有假名状态。这种假名与虚拟机状态实例的绑定关系让用户更容易保持与一个逻辑假名的状态 (如用户的 Web cookies 和未退出的登录状态)，同时提供了更强的保护，避免用户偶然地把不同的假名虚拟机关联起来，因为它们看起来处于完全独立的操作系统环境中，而不是不同的浏览器窗口或页签。

参 考 文 献

Arp D, Yamaguchi F, Rieck K, 2015. Torben: a practical side-channel attack for deanonymizing tor communication. Proceedings of the 10th ACM Symposium on Information, Computer and

Communications Security: 597-602.

Bauer K S, McCoy D, Grunwald D, et al, 2007. Low-resource routing attacks against tor. Proceedings of the 2007 ACM Workshop on Privacy in Electronic Society: 11-20.

Cais X, Zhang X C, Joshi B, et al, 2012. Touching from a distance: website finger printing attacks and defenses. Proceedings of the 2012 ACM Conference on Computer and Communications Security: 605-616.

Hayes J, Danezis G, 2016. K-fingerprinting: a robust scalable website finger printing technique.25th USENIX Security Symposium (USENIX Security 16): 1187-1203.

Herrmann D, Wendolsky R, Federrath H, 2009. Website fingerprinting: attacking popular privacy enhancing technologies with the multinomial naïve-bayes classifier. Proceedings of the 2009 ACM Workshop on Cloud Computing Security: 31-42.

Houmansadr A, Borisov N, et al, 2012. Botmosaic: collaborative network watermark for the detection of irc-based botnets. Journal of Systems and Software, 86(3): 707-715.

Iacovazzi A, Elovici Y, 2017. Network flow watermarking: a survey. IEEE Communications Surveys and Tutorials, 19(1): 512-530.

Johnson A, Wacek C, Jansen R, et al, 2013. Users get routed: traffic correlation on tor by realistic adversaries. Proceedings of the 2013 ACM SIGSAC Conference on Computer & Communications Security: 337-348.

Kwon A, AlSabah M, Lazar D, et al, 2015. Circuit fingerprinting attacks: passive deanonymization of tor hidden services. Proceedings of the 24th USENIX Conference on Security Symposium, SEC'15: 287-302.

Ling Z, Luo J, Wu K, et al, 2013. Protocol-level hidden server discovery. 2013 Proceedings IEEE INFOCOM: 1043-1051.

Ling Z, Luo J, Yu W, et al, 2009. A new cell counter based attack against tor. Proceedings of the 16th ACM Conference on Computer and Communications Security: 578-589.

Ling Z, Luo J, Yu W, et al, 2012. A new cell-counting-based attack against tor. IEEE/ACM Transactions on Networking (TON), 20(4): 1245-1261.

Mittal P, Khurshid A, Juen A, et al, 2011. Stealthy traffic analysis of low latency anonymous communication using throughput fingerprinting. Proceedings of the 18th ACM Conference on Computer and Communications Security, CCS'11: 215-226.

Murdoch S J, Zieliński P, 2007. Sampled traffic analysis by internet-exchange-level adversaries. International Workshop on Privacy Enhancing Technologies: 167-183.

Murdoch S J, 2006. Hot or not: revealing hidden services by their clock skew. Proceedings of the 13th ACM Conference on Computer and Communications Security: 27-36.

Nasr M, Bahramali A, Houmansadr A, 2018. Deepcorr: strong flow correlation attacks on tor using deep learning. CCS 2018: The 25th ACM Conference on Computer and Communications Security: 1962-1976.

Nasr M, Houmansadr A, Mazumdar A, 2017. Compressive traffic analysis: a new paradigm for scalable traffic analysis. Proceedings of the 2017 ACM SIGSAC Conference on Computer and Communications Security, CCS '17: 2053-2069.

Pries R, Yu W, Fu X, et al, 2008. A new replay attack against anonymous communication networks. 2008 IEEE International Conference on Communications: 1578-1582.

Pyun Y J, Park Y H, Wang X, et al, 2007. Tracing traffic through intermediate hosts that repacketize flows. IEEE INFOCOM 2007-26th IEEE International Conference on Computer Communications: 634-642.

Sun Y, Edmundson A, Vanbever L, et al, 2015. Raptor: routing attacks on privacy in tor. 24th USENIX Security Symposium (USENIX Security 15): 271-286.

Tsang P P, Kapadia A, Cornelius C, et al, 2011. Nymble: blocking misbehaving users in anonymizing networks. IEEE Transactions on Dependable and Secure Computing, 8(2): 256-269.

Wang T, Cai X, Nithyanand R, et al, 2014. Efiective attacks and provable defenses for website flngerprinting. SEC'14 Proceedings of the 23rd USENIX conference on Security Symposium: 143-157.

Wang X, Chen S, Jajodia S, 2007. Network flow watermarking attack on low-latency anonymous communication systems. 2007 IEEE Symposium on Security and Privacy (SP'07): 116-130.

Wolinsky D I, Jackowitz D, Ford B, 2014. Managing nymboxes for identity and tracking protection.International Conference on Timely Results in Operating Systems: 11.

Yu W, Fu x, Graham S, et al, 2007. Dsss-based flow marking technique for invisible traceback. 2007 IEEE Symposium on Security and Privacy (SP'07): 18-32.

Zand A, Vigna G, Kemmerer R A, 2014. Rippler: delay injection for service dependency detection. IEEE INFOCOM 2014-IEEE Conference on Computer Communications: 2157-2165.

Zander S, Murdoch S J, 2008. An improved clock-skew measurement technique for revealing hidden services. SS'08 Proceedings of the 17th Conference on Security Symposium: 211, 225.

Zhu Y, Fu X, Graham B, et al, 2010. Correlation-based traffic analysis attacks on anonymity networks. IEEE Transactions on Parallel and Distributed Systems, 21(7): 954-967.